Innovation, productivité et durabilité de l'agriculture au Canada

Cet ouvrage est publié sous la responsabilité du Secrétaire général de l'OCDE. Les opinions et les interprétations exprimées ne reflètent pas nécessairement les vues officielles des pays membres de l'OCDE.

Ce document et toute carte qu'il peut comprendre sont sans préjudice du statut de tout territoire, de la souveraineté s'exerçant sur ce dernier, du tracé des frontières et limites internationales, et du nom de tout territoire, ville ou région.

Merci de citer cet ouvrage comme suit :
OCDE (2015), *Innovation, productivité et durabilité de l'agriculture au Canada*, Éditions OCDE, Paris.
http://dx.doi.org/10.1787/9789264238633-fr

ISBN 978-92-64-23862-6 (imprimé)
ISBN 978-92-64-23863-3 (PDF)

Version révisée, Janvier 2016
Les détails des révisions sont disponibles à l'adresse :
http://www.oecd.org/fr/apropos/editionsocde/Corrigendum-IAPSCanada2015-FR.pdf

Les données statistiques concernant Israël sont fournies par et sous la responsabilité des autorités israéliennes compétentes. L'utilisation de ces données par l'OCDE est sans préjudice du statut des hauteurs du Golan, de Jérusalem-Est et des colonies de peuplement israéliennes en Cisjordanie aux termes du droit international.

Crédits photo : Couverture © Alexander Kolomietz

Les corrigenda des publications de l'OCDE sont disponibles sur : *www.oecd.org/about/publishing/corrigenda.htm*.

© OCDE 2015

La copie, le téléchargement ou l'impression du contenu OCDE pour une utilisation personnelle sont autorisés. Il est possible d'inclure des extraits de publications, de bases de données et de produits multimédia de l'OCDE dans des documents, présentations, blogs, sites internet et matériel pédagogique, sous réserve de faire mention de la source et du copyright. Toute demande en vue d'un usage public ou commercial ou concernant les droits de traduction devra être adressée à *rights@oecd.org*. Toute demande d'autorisation de photocopier une partie de ce contenu à des fins publiques ou commerciales devra être soumise au Copyright Clearance Center (CCC), *info@copyright.com*, ou au Centre français d'exploitation du droit de copie (CFC), *contact@cfcopies.com*.

Avant-Propos

Innovation, productivité et durabilité dans l'agriculture au Canada fait partie d'une série d'Examens de l'OCDE sur l'agriculture et l'alimentation. Cet examen a été entrepris à la demande des autorités canadiennes représentées par Agriculture et Agroalimentaire Canada (AAC). Il analyse les conditions pour l'innovation dans les entreprises agricoles et agroalimentaires, qui permettent d'accroître la productivité et la durabilité environnementale. Il débute par une vue d'ensemble du secteur agricole et agroalimentaire en soulignant les difficultés et perspectives pour son développement (chapitre 2). Un vaste éventail de politiques jouant sur les incitations à l'innovation est ensuite examiné : la stabilité économique, la gouvernance et la confiance dans les institutions (chapitre 3) ; un environnement favorable et prévisible pour l'investissement (chapitre 4) ; les capacités et services publics permettant le développement des entreprises (chapitre 5) ; la politique agricole (chapitre 6) et le fonctionnement du système d'innovation agricole (chapitre 7).

Les politiques du pays sont analysées à l'aide d'un cadre mis au point par l'OCDE lors de ses travaux sur l'innovation dans le secteur agricole et en réponse à une demande du G20 sous la Présidence du Mexique en 2012. Afin de le tester, ce cadre d'analyse a été appliqué aux politiques de l'Australie, du Brésil et du Canada dans un premier temps. D'autres pays seront étudiés dans l'avenir et le cadre est continuellement révisé et amélioré, notamment pour renforcer la considération des questions de durabilité et d'ajustement structurel.

Cet examen a été préparé par Catherine Moreddu. Lihan Wei et Christine Arriola ont apporté une assistance pour le traitement des statistiques. Hélène Dernis de la Direction de la science, de la technologie et de l'innovation de l'OCDE et Douglas Lippoldt, anciennement de l'OCDE, ont apporté leur expertise sur la protection de la propriété intellectuelle et fournit les données correspondantes. Martina Abderrahmane a apporté une aide rédactionnelle et Michèle Patterson a aidé à l'édition et à la préparation de la publication. Cet examen a bénéficié des commentaires de Ken Ash, Frank Van Tongeren, et Olga Melyukhina.

Cet examen s'appuie largement sur des informations de référence collectées par AAC à partir des réponses au questionnaire développé au sein du cadre d'analyse, fournies par plusieurs services du gouvernement fédéral et des gouvernements provinciaux. Ces informations ont été complétés par un rapport établi par la consultante Shelley Thompson, qui synthétise les points de vues des acteurs de l'innovation sur l'action publique, par des informations tirées de diverses publications de l'OCDE, et par des indicateurs permettant des comparaisons entre pays, émanant des bases de données de l'OCDE et d'autres bases de données internationales.

Cet examen doit beaucoup au soutien et à la coopération des fonctionnaires canadiens, au niveau fédéral et provincial, en particulier Brooke Fridfinnson qui a coordonné la collecte des informations de référence et des commentaires fournis, Colette Kaminsky, Lidija Lebar et tous leurs collègues d'AAC, qui ont fourni des informations et des commentaires précieux.

Cet examen a été déclassifié par le Groupe de travail des politiques et des marchés agricoles en décembre 2014.

Abréviations

AAC	Agriculture et Agroalimentaire Canada
ACIA	Agence canadienne d'inspection des aliments
ACSA	Association canadienne de sécurité agricole
ADN	Acide désoxyribonucléique
AECG	Accord économique et commercial global
AFCAMV	Association des facultés canadiennes d'agriculture et de médicine vétérinaire
ALENA	Accord de libre-échange nord-américain
APECA	Agence de promotion économique du Canada Atlantique
ARC	Agence du revenu du Canada
ARLA	Agence de règlementation de la lutte antiparasitaire
ATA	Admission Temporaire
BPIC	Bureau de la propriété intellectuelle et de la commercialisation
BRIICS	Brésil, Fédération de Russie, Inde, Indonésie, Chine, Afrique du Sud
BVE	Bureau de la vérification et de l'évaluation
CA	Cultivons l'avenir
CAC	Conseil des académies canadiennes
CCB	Commission canadienne du blé
CCRHA	Conseil canadien pour les ressources humaines en agriculture
CGIAR	Groupe consultatif pour la recherche agricole internationale
CIA	Comité des innovateurs en agriculture
CJAEC	Concours des jeunes agriculteurs d'élite du Canada
CCL	Commission canadienne du lait
CCR	Conseil de coopération en matière de réglementation
CDGP	Comité de développement des grains des Prairies
CGRR	Cadre de gestion et de responsabilisation axé sur les résultats
CLA	Centre de la lutte antiparasitaire
CNRC	Conseil national de recherche Canada
CRDI	Centre de recherches pour le développement international
CRDM	Centre pour la recherche et le développement des médicaments
CRHSTA	Conseil des ressources humaines du secteur de la transformation des aliments
CRSH	Conseil de recherches en sciences humaines du Canada
CRSNG	Conseil de recherches en sciences naturelles et en génie du Canada
CSTI	Conseil des sciences, de la technologie et de l'innovation
DPI	Droits de propriété intellectuelle
DIRDE	Dépense intérieure brute de R-D des entreprises
ECÉ	Entreprise commerciale d'État
ECGC	Exonération cumulative des gains en capital
ESSG	Estimation du soutien aux services d'intérêt général

FAC	Financement agricole Canada
FCI	Fondation canadienne pour l'innovation
FIA	Fonds d'innovation de l'Atlantique
FRGO	Fondation de recherches sur le grain de l'Ouest
GBIF	Système mondial d'information sur la biodiversité
GFTC	Guelph Food Technology Centre
GRE	Gestion des risques de l'entreprise
HACCP	Hazard Analysis Critical Control Point
IAT	Initiative Agri-transformation
IICG	Institut international du Canada pour le grain
IDB	Indicateurs de la Banque mondiale
IDE	Investissement direct étranger
IPC	Indice des prix à la consommation
ISF	International Seed Federation
IRSC	Instituts canadiens de recherche en santé
LCPA	Loi sur la commercialisation des produits agricoles
LCPA	Loi canadienne sur les prêts agricoles
LPACFC	Loi sur les prêtes destinés aux améliorations agricoles et à la commercialisation selon la formule coopérative
NPF	Nation la plus favorisé
OI	Organisations internationales
OMC	Organisation mondiale du commerce
ONG	Organisation non gouvernementale
OPIC	Office de la propriété intellectuelle du Canada
PACR	Plan d'action pour le capital de risque
PAE	Programme des plans agroenvironnementaux
PARI	Programme d'aide à la recherche industrielle
PCAA	Programme canadien d'adaptation agricole
PCRGA	Programme canadien des ressources génétiques animales
PCT	Traité de coopération en matière de brevets
PIA	Programme d'innovation en agriculture
PIB	Produit intérieur brut
PIPRA	International Platform for Coordinating IPR Issues
PISA	Programme international pour le suivi des acquis des élèves
PME	Petites et moyennes entreprises
POV	Protection des obtentions végétales
PPCI	Programme canadien pour la commercialisation des innovations
PPP	Partenariat public-privé
PPPP	Partenariat public-privé-producteur
PTAS	Programme des travailleurs agricoles saisonniers
PTET	Programme des travailleurs étrangers temporaires
PTF	Productivité totale des facteurs

RCE	Réseaux de centres d'excellence
R-D	Recherche et développement
RPB	Règlement sur les produits biologiques
RPC	Ressources Phytogénétiques du Canada
RMP	réglementation des marchés de produits
RS&DE	Recherche scientifique et développement expérimental
SADC	Sociétés d'aide au développement des collectivités
SCIB	Système canadien d'information sur la biodiversité
SCRT	Société de capital-risque de travailleurs
TIC	Technologies de l'information et de la communication
TPP	Trans-Pacific Partnership (accord de libre-échange transpacifique)
TPRA	Table pancanadienne de la relève agricole
TRCV	Tables rondes sur les chaînes de valeur
UPOV	Union Internationale pour la Protection des obtentions végétales
WB	Banque mondiale
WEF	Forum économique mondial

Table des matières

Tableaux

Figures

Encadrés

Résumé

Pour l'essentiel, le secteur canadien agricole et agroalimentaire est compétitif et axé sur les exportations. Bien que les défis et opportunités du secteur agricole canadien varient nettement selon les régions, le secteur agricole primaire bénéficie d'abondantes ressources naturelles et les contraintes environnementales auxquelles il est assujetti sont limitées. Du fait de son climat et de sa géographie, le Canada diffère notamment de nombreux autres pays exportateurs nets dans la mesure où son agriculture représente une part de l'utilisation des terres et de l'eau bien moindre. Les principales atteintes à l'environnement qui lui sont dues tiennent à la pollution de l'eau par les éléments nutritifs localisée dans certains endroits. Les gains de productivité résultant de l'innovation et des changements structurels ont entraîné une hausse de la production et des revenus sans trop peser sur les ressources. Le secteur agricole canadien, axé sur les exportations, doit impérativement être capable d'innover pour tirer profit de l'augmentation et de l'évolution de la demande mondiale de produits agroalimentaires.

La situation économique et le contexte général de l'action des pouvoirs publics sont propices aux investissements nécessaires pour accélérer la croissance de la productivité. Le système agroalimentaire bénéficie de la stabilité des fondamentaux macroéconomiques et d'une bonne gouvernance, d'une solide réglementation qui garantit le jeu de la concurrence, et d'une large ouverture aux échanges de biens et de capitaux qui facilite l'accès aux facteurs de production et la participation au système commercial international. La fiscalité des entreprises est relativement modeste, et les infrastructures et les services sont de bonne qualité, y compris en zone rurale. Enfin, la population est instruite.

Cependant, dans un certain nombre de domaines, **le cadre d'action global en matière d'innovation pourrait être encore amélioré pour accroître la productivité et la durabilité**. Actuellement, les autorités fédérales et provinciales simplifient et modernisent la réglementation afin de mieux répondre aux besoins à venir, notamment en adoptant des mesures de facilitation des échanges. Bien qu'un certain décalage persiste entre offre et demande de main-d'œuvre, des dispositions sont prises pour y remédier moyennant une amélioration du système éducatif, du développement de compétences, des programmes de reconversion et de la politique de l'immigration. Le secteur agricole a accès au crédit, mais le capital-risque est plus rare, alors qu'il s'agit d'un instrument particulièrement important pour des entreprises innovantes. De ce fait, les autorités ont pris des mesures en faveur du développement du capital-risque. S'établissant au niveau médian de la zone de l'OCDE, le taux de l'impôt sur les sociétés est relativement modeste, mais comme il est plus bas pour les petites entreprises, celles-ci peuvent être dissuadées de se développer. Les allègements fiscaux en faveur de la recherche-développement (R-D) profitent tout d'abord aux grandes entreprises innovantes ; un ciblage plus précis pourrait améliorer l'efficacité du dispositif. Les services publics sont très répandus en zone rurale, bien que l'utilisation des technologies de l'information et de la communication puisse être davantage développée.

Les mesures incitatives directes en faveur de l'innovation sont plus nombreuses dans la politique agricole depuis quelque temps. Ces mesures visent principalement à favoriser la coopération entre secteurs public et privé, et à encourager le secteur agroalimentaire à adopter les innovations. Globalement, la politique agricole reste très axée sur la gestion du risque et le soutien à l'investissement. D'autres volets de la politique agricole, comme les accords de péréquation des prix qui ne récompensent pas les agriculteurs innovants, et les systèmes de « gestion de l'offre » qui contrôlent la production et les prix, peuvent dissuader les acteurs du secteur de procéder à des ajustements et d'innover. En retour, cela pourrait freiner la croissance de la productivité et le renforcement de l'attention portée aux produits nouveaux et aux occasions sur les marchés d'exportation. La suppression de ces obstacles aux ajustements structurels pourrait faciliter la croissance de la productivité dans ces secteurs.

Le système d'innovation agricole fonctionne relativement bien. À en juger par le nombre de brevets et de publications scientifiques, le Canada est un acteur mondial important de l'innovation agricole et de la coopération internationale dans ce domaine. Les innovations sont largement adoptées au niveau des exploitations, les formations et les programmes de vulgarisation sont diversifiés et les services largement accessibles. Certains programmes spécialisés portent sur la façon de faciliter l'adoption d'innovations et comprennent des conseils de gestion. Bien que le système d'innovation agricole compte une grande variété d'acteurs et présente des différences régionales, divers mécanismes de coordination permettent de mieux comprendre collectivement comment les gouvernements au niveau fédéral, provincial et territorial procèdent pour financer, soutenir et encourager l'innovation. En outre, les parties prenantes sont largement consultées. L'investissement public dans la R-D agricole a baissé, mais l'intensité en R-D reste élevée par comparaison avec les autres pays. L'infrastructure du savoir, qui se compose d'institutions, de réseaux et de bases de données, est bien développée mais nécessitera un financement stable afin de conserver ses capacités. Les droits de propriété intellectuelle sont bien protégés en général, mais à l'heure actuelle, ils le sont moins que dans les pays partenaires en ce qui concerne les obtentions végétales. Cet état de fait risque de limiter la disponibilité de variétés nouvelles et à rendement élevé. Une proposition de législation visant à renforcer les droits des obtenteurs de variétés végétales est en cours d'examen. La collaboration et les partenariats de recherche et d'innovation entre acteurs publics et privés sont de plus en plus encouragés, mais il reste matière à amélioration au niveau de l'investissement privé.

Les recommandations pour l'action publique portent sur les quatre grandes questions suivantes :

- **Renforcer les incitations en faveur de l'investissement privé**, notamment en poursuivant les efforts déployés pour assurer la stabilité macroéconomique ; en faisant davantage pour réduire les coûts inutiles liés aux cadres réglementaires, aussi bien entre provinces qu'au niveau international ; en continuant à développer les marchés de capital-risque ; en étudiant les effets des incitations fiscales destinées aux petites entreprises ; en réformant les avantages fiscaux prévus par le programme de RS&DE.

- **Améliorer les capacités et les services en faveur de l'innovation,** notamment par une intégration plus importante des systèmes d'enseignement, de développement des compétences, de formation en cours d'emploi et de recherche d'emploi, mais aussi par l'ouverture de secteurs essentiels de services comme les télécommunications, aussi bien à l'échelon des provinces qu'à l'échelon national.

- **Éliminer les obstacles imprévus à l'innovation** en réformant les instruments de la politique de soutien à l'agriculture, qui font obstacle aux ajustements structurels ou aux investissements et qui risquent de réduire l'incitation à innover.

- **Renforcer les incitations directes en faveur de l'innovation dans le secteur agricole et agroalimentaire,** par exemple en plaçant de manière croissante l'innovation au cœur de la politique agricole à l'avenir et en évaluant les propositions existantes et nouvelles sous l'angle de leurs retombées sur la croissance de la productivité et sur la durabilité de l'utilisation des ressources ; en simplifiant les innombrables mesures incitatives existantes, notamment par la création d'un guichet unique qui permettrait au secteur agricole de trouver les aides à sa disposition ; en examinant les autres sources de financement publiques et privées, ainsi que les partenariats public-privé possibles, pour développer l'infrastructure d'innovation et non pas seulement l'entretenir ; en renforçant les droits des obtenteurs de variétés végétales et en veillant en permanence à garantir l'équilibre entre défense des droits de propriété intellectuelle et diffusion élargie et en temps voulu des connaissances.

Chapitre 1

Évaluation générale et recommandations

Ce chapitre présente le cadre utilisé dans cet examen pour analyser la mesure dans laquelle les politiques canadiennes facilitent l'innovation au service de la productivité et de la durabilité, ainsi que les résultats de l'examen d'un large éventail de politiques. Des recommandations spécifiques sont développées pour chaque domaine d'action.

Cadre d'analyse des politiques favorisant l'innovation, la productivité et la durabilité dans le secteur agricole et agroalimentaire

Une progression de bonne qualité de la productivité est nécessaire pour répondre à la demande croissante en produits alimentaires, aliments pour animaux, carburants et fibres mais elle doit également répondre aux exigences de développement durable, qui passent par une meilleure utilisation des ressources naturelles et humaines. On constate souvent que de nombreuses politiques économiques générales agissent sur les performances du secteur de l'agriculture et de l'agroalimentaire, et doivent donc être envisagé en plus des mesures purement agricoles. Reconnaissant que l'innovation joue un rôle essentiel dans l'amélioration durable de la productivité sur l'ensemble de la chaîne agroalimentaire, l'OCDE a axé ses travaux sur les performances des systèmes d'innovation dans l'agriculture.

Le cadre d'analyse des politiques canadiennes utilisé dans ce rapport porte sur les mesures d'incitation et de dissuasion pour l'innovation, les changements structurels et l'accès aux ressources naturelles, qui sont les principaux vecteurs de la croissance de la productivité et de l'utilisation durable des ressources (voir diagramme plus loin). Ce sont les systèmes d'innovation dans l'agriculture qui sont examinés au premier titre. The Manuel d'Oslo définit l'innovation comme la mise en œuvre d'un produit (bien ou service) ou d'un procédé nouveau ou sensiblement amélioré, d'une nouvelle méthode de commercialisation ou d'une méthode d'organisation nouvelle en termes de pratiques de l'entreprise, d'organisation du lieu de travail ou de relations extérieures (OCDE et Eurostat, 2005).

Ce rapport commence par un aperçu des caractéristiques et des performances du secteur agricole et agroalimentaire, dont il souligne les difficultés et les perspectives (chapitre 1). Un large éventail de politiques est ensuite analysé, au regard des quatre grands axes ou domaines d'incitation de l'action publique, qui agissent sur les vecteurs de la productivité et de l'utilisation durable des ressources. Ces grands axes sont les suivants :

- La stabilité économique et la confiance dans les institutions (justice, sécurité, droits fonciers), qui sont essentielles pour attirer des investissements à long terme (chapitre 2) ;
- L'investissement privé, qui nécessite un environnement transparent et prévisible veillant à l'équilibre des intérêts des investisseurs et de la société (chapitre 3) ;
- Le renforcement des capacités, y compris la prestation des services publics essentiels (chapitre 4) ;
- Des incitations ciblant le secteur agricole et agroalimentaire, et qui garantissent que les systèmes d'innovation agricole font correspondre l'offre d'innovation à la demande du secteur et qui facilitent l'adoption de méthodes innovantes sur l'exploitation et dans l'entreprise (chapitre 5).

Un domaine d'action peut se répercuter sur l'innovation par différents vecteurs. Une politique publique peut en effet avoir des effets positifs ou négatifs sur l'innovation, en fonction du type et de l'intensité des mesures prises. Ce rapport relaie les informations déjà disponibles dans le pays.

Graphique 1.1. Vecteurs d'action de l'innovation, de la productivité et de la durabilité du secteur agricole et agroalimentaire

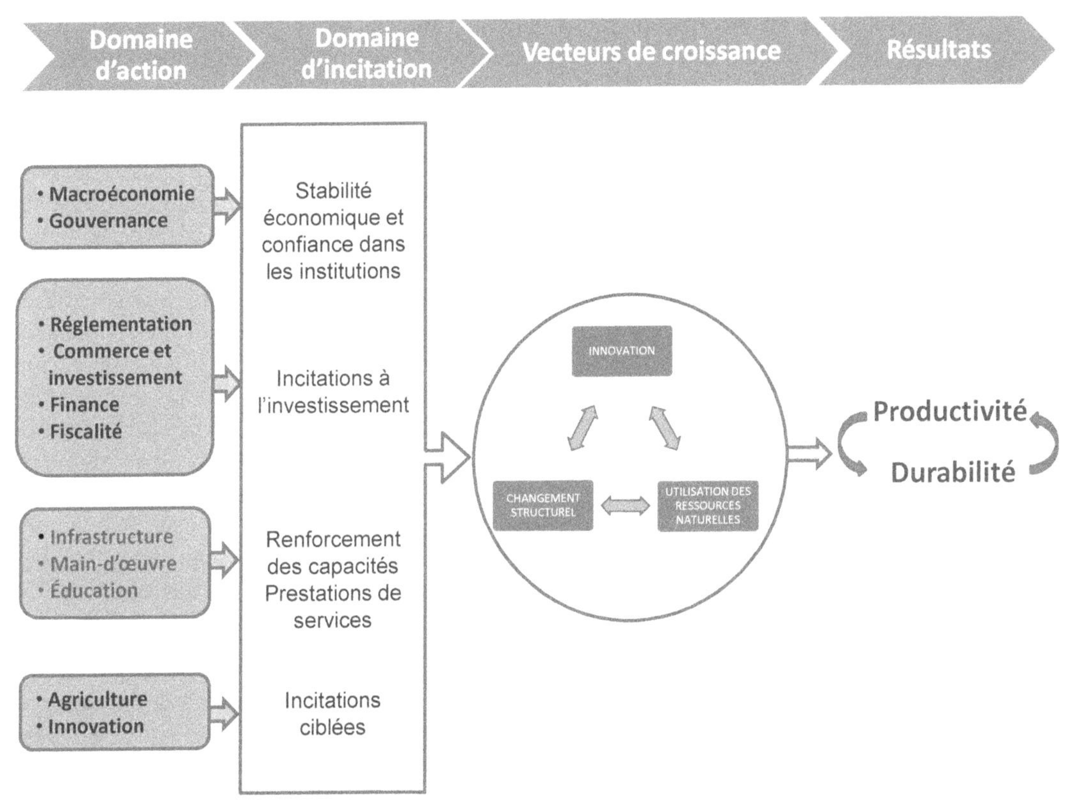

Source : OCDE (2014), « Analyse des politiques visant à améliorer la croissance de la productivité agricole, durablement : cadre révisé ». www.oecd.org/agriculture/policies/innovation.

Ce rapport vise à examiner dans quelle mesure l'action publique au Canada contribue à accroître la productivité et à permettre une utilisation durable des ressources dans le secteur agricole et agroalimentaire en stimulant le développement et l'adoption de méthodes innovantes. Tout au long du rapport, les retombées éventuelles de chaque domaine d'intervention sur l'innovation sont tout d'abord présentées en général. Puis des mesures nationales spécifiques sont analysées. L'examen aboutit à une évaluation générale et à la formulation de recommandations sur un large éventail de domaines d'actions.

Vue d'ensemble du secteur agricole et agroalimentaire canadien

Le secteur canadien agricole et agroalimentaire, comme celui des autres pays du monde, est confronté à l'évolution de son environnement, qui se caractérise par une demande plus importante et plus diversifiée de produits alimentaires, aliments pour animaux, carburants et fibres textiles, mais aussi par des exigences plus strictes des consommateurs sur les produits et les pratiques agricoles, par des cours plus fluctuants des produits de base et par une concurrence accrue de la part de pays émergents dont la productivité agricole croît plus rapidement. Face aux défis qui diffèrent nettement entre régions, le secteur agricole et agroalimentaire canadien est toutefois bien placé pour saisir les occasions qui se présentent aussi bien sur le territoire national qu'à l'international. Le pays dispose en effet de ressources naturelles abondantes, de marchés concurrentiels et généralement ouverts, d'une main-d'œuvre instruite, d'un système bancaire sain et d'une bonne gouvernance. L'agriculture canadienne propose une production végétale et animale très variée et la plupart de ses filières sont compétitives et tournées vers les exportations. Quelques sous-secteurs restent toutefois très protégés et réglementés sur le marché intérieur. Des ajustements structurels et l'adoption à grande échelle des innovations dans les filières concurrentielles ont beaucoup augmenté la productivité, mais celle-ci croît à un rythme moins soutenu depuis 2004. Au Canada, le secteur de l'agriculture n'est assujetti qu'à un nombre limité de contraintes environnementales, qui sont principalement liées à la pollution de l'eau par les éléments nutritifs dans certains endroits. L'adoption de pratiques de production innovantes, comme l'agriculture de précision, a permis d'accroître la production tout en limitant la hausse de la pression sur les ressources naturelles.

Le secteur agricole et agroalimentaire canadien opère dans un contexte généralement favorable à l'investissement et à l'innovation. Le Canada jouit d'institutions stables et fiables, d'une bonne protection des droits de propriété intellectuelle et d'un système judiciaire efficace. Sa politique macroéconomique lui a permis de conserver un taux de croissance modeste dans un contexte de crise économique mondiale ; l'assainissement des finances publiques devrait se poursuivre comme prévu aussi bien à l'échelon des provinces qu'au niveau fédéral (OCDE, 2014a). Le développement des entreprises est facilité par l'existence d'un secteur bancaire bien développé et d'une réglementation idoine, mais aussi par une fiscalité relativement modeste des entreprises. Cet environnement très ouvert aux échanges et à l'investissement facilite aussi l'accès aux facteurs de production agricoles, dont le capital, ainsi que la participation au système d'échanges commerciaux internationaux. Le Canada est relativement bien placé en ce qui concerne l'étendue et la qualité des infrastructures, et les services publics sont bien implantés en milieu rural. Quoi qu'il en soit, on constate une pénurie de compétences dans l'économie, en particulier dans le secteur agricole et agroalimentaire, malgré une législation souple sur l'emploi, un système éducatif performant et une population instruite.

Depuis quelque temps, la politique agricole canadienne est davantage orientée vers des initiatives stratégiques visant l'innovation, la compétitivité et la profitabilité sur les marchés, la gestion du risque demeurant un domaine clé. Les filières du lait, de la volaille et des œufs sont très protégées et les marchés intérieurs sont réglementés au moyen de dispositifs de gestion de l'offre. Le système d'innovation agricole du Canada est diversifié et il contribue fortement à l'innovation agricole régionale, nationale et mondiale. Le secteur public joue un rôle important dans la coordination, le financement et l'exécution de la recherche-développement (R-D). Les investissements privés dans la R-D augmentent au Canada, mais restent matière à amélioration. Le secteur agricole et agroalimentaire bénéficie toutefois d'innovations internationales, en partie grâce à son ouverture aux échanges internationaux, et les innovations sont largement adoptées sur les exploitations agricoles.

Cet examen des politiques canadiennes qui agissent sur les facteurs de croissance de la productivité et de durabilité de l'utilisation des ressources propose les recommandations suivantes, tout en reconnaissant que de claires différences existent au niveau fédéral, provincial et territorial dans la façon de financer, soutenir et encourager l'innovation.

Renforcer les incitations en faveur de l'investissement privé

Le **cadre réglementaire** canadien est bien développé et facilite l'investissement en général. La réglementation des marchés de produits (RMP) favorise la concurrence et les faibles obstacles à l'entrepreneuriat facilitent la création d'activités innovantes dans le secteur agroalimentaire. Cette ouverture à la concurrence permet aussi aux exploitants d'avoir accès aux intrants les plus performants au niveau mondial. À l'inverse, les filières soumises à un système de gestion de l'offre sont considérablement isolées de la concurrence internationale. Ces secteurs bénéficient de R-D et d'innovation, mais principalement sur la base de considérations internes plutôt qu'en soutien à la productivité et en réponse aux occasions en matière de nouveaux produits et de nouveaux marchés d'exportation.

L'utilisation des ressources naturelles est réglementée à l'échelon provincial et fédéral, tandis que la réglementation relative à la protection de l'environnement relève des compétences provinciales ou locales. La gouvernance de l'eau varie beaucoup entre provinces, tout comme l'orientation de la politique agro-environnementale. Ces différences reflètent parfois des situations particulières en matière de disponibilité, de qualité et de demande, et il serait utile de comparer les expériences à cet égard. Une concentration importante des exploitations agricoles a eu lieu au Canada, ce qui donne à penser que la réglementation en vigueur permet un fonctionnement sans heurts du marché foncier.

La réglementation qui s'applique aux intrants et aux produits agricoles tient compte des besoins du secteur et les décisions dans ce domaine reposent sur des preuves scientifiques. Par conséquent, l'environnement réglementaire est prévisible, ce qui est essentiel à la promotion de l'innovation et à l'accroissement de la compétitivité. Les efforts que consent le Canada pour répondre aux attentes des producteurs et des consommateurs, mais aussi pour consulter et faire connaître des normes et des informations scientifiquement fondées, facilitent la mise sur le marché de nouveaux produits tout en protégeant les consommateurs et l'environnement. Toutefois, selon un panel de représentants du secteur, les procédures d'homologation peuvent s'avérer longues et coûteuses, le processus réglementaire est parfois davantage guidé par la nécessité de réagir plutôt que d'anticiper, et il reste des domaines dans lesquels la réglementation n'est pas claire, comme celui de la biochimie. C'est pourquoi des efforts sont faits aux échelons fédéral et provincial pour réduire le poids de la réglementation sans compromettre la santé et la sécurité de l'environnement. Dès lors qu'elle est fondée sur les résultats, c'est-à-dire laisse une latitude plus importante dans le choix des procédés utilisés sous réserve que les résultats obtenus correspondent à ceux qui sont visés, la réglementation crée moins de contraintes pour les petites entreprises. La réglementation est en cours de rationalisation et d'actualisation. Des efforts sont déployés pour accroître la transparence et la prédictibilité réglementaires, en vue d'améliorer les services aux entreprises. Ces mesures passent notamment par une réduction des délais d'enregistrement des nouveaux produits, l'anticipation de nouveaux besoins réglementaires, la diminution des tâches effectuées en double, l'allègement des contraintes qui pèsent sur les petites entreprises et une communication plus claire.

Le Canada s'attache à tenir compte des normes internationales lorsqu'il élabore les siennes ou les modifie. Il s'efforce d'actualiser ses normes et de les mettre en conformité avec celles qui s'appliquent aux États-Unis pour donner satisfaction au secteur, qui craint les coûts de mise en conformité et les contraintes excessives sur ses décisions économiques, et pour doper la compétitivité des entreprises canadiennes. L'enquête qui a été réalisée auprès des acteurs du secteur dans le cadre de cet examen ne tient pas compte de la majoration des coûts de commercialisation des produits dans le pays imputable aux différences de réglementation entre provinces.

L'environnement dans lequel s'inscrivent **les échanges et l'investissement** facilite l'accès aux facteurs de production agricole (dont le capital) et la participation au système commercial international, ce qui stimule l'innovation et la croissance de la productivité. Les droits de douane très bas appliqués au capital et à la plupart des biens intermédiaires permettent au secteur agricole et agroalimentaire de se procurer des techniques et du matériel étranger sophistiqué à un prix compétitif. Les filières agricoles canadiennes tournées vers l'exportation sont peu protégées et sont compétitives sur le marché mondial. En revanche, le marché de certains produits agricoles est très protégé, ce qui impose des coûts aux consommateurs et risque d'empêcher des ajustements et l'innovation. Une diminution de la protection, accompagnée de mesures adaptées d'ajustement, pourrait améliorer la compétitivité des filières concernées.

Compte tenu d'une bonne gouvernance et d'une réglementation adaptée, le Canada obtient de bons résultats en matière de facilitation des échanges (procédures douanières et autres mesures à la frontière), ce qui permet la circulation d'intrants et de produits sans entraîner de coûts inutiles pour les négociants. Les efforts supplémentaires dans ce domaine pourraient porter sur l'amélioration de la coopération externe des diverses agences à la frontière. Les obstacles à l'investissement direct étranger (IDE) prennent surtout la forme de restrictions à la propriété foncière et d'un pouvoir discrétionnaire du régulateur sur les fusions-acquisitions. Dans la pratique, toutefois, ces mesures ne sont généralement pas considérées comme ayant un effet dissuasif important. Il existe quelques restrictions particulières à l'IDE dans la transformation alimentaire et les stocks d'IDE dans ce secteur ont considérablement augmenté ces dernières années, l'essentiel des investissements étant réalisé par les États-Unis et des pays européens. Les principales restrictions dans le secteur agricole primaire portent sur l'accès au foncier et varient d'une province à l'autre.

Les exploitants agricoles ont accès au crédit par le biais d'un **système financier et bancaire** bien développé. Le secteur agricole et agroalimentaire bénéficie également de services spécialisés et personnalisés, émanant également de Financement agricole Canada, qui octroie des prêts aux producteurs. En outre, le secteur bénéficie de programmes spéciaux qui réduisent le coût du crédit pour les agriculteurs, les coopératives et la filière agroalimentaire. L'accès aux financements a aidé le secteur agricole à investir et à innover de façon à accroître sa productivité, mais on ne sait pas encore exactement si le soutien à l'investissement continue de se justifier par un mauvais fonctionnement du marché dans le contexte économique et le système financier national actuels.

Comme dans de nombreux autres pays, le capital-risque est insuffisant, alors que ce mode de financement est particulièrement important pour les entreprises qui innovent. Les pouvoirs publics ont donc pris des mesures pour soutenir le développement de ce type de financement. Ce soutien sera principalement destiné aux secteurs où les risques sont les plus élevés, bien qu'il faille prévoir un soutien public sur le long terme. Il convient de veiller à ce que ces marchés ne dépendent pas d'une aide de l'État à longue échéance. Les recommandations de l'OCDE en 2012 visant à stimuler l'innovation dans les entreprises (encadré 1) énoncent en effet ce qui suit :

« Articuler avec soin le soutien au capital-risque en privilégiant les accords strictement temporaires de cofinancement, qui donnent aux partenaires privés l'intégralité de la maîtrise du projet, et le cas échéant en plafonnant le rendement de l'investissement public pour optimiser les rendements privés. Éliminer les crédits d'impôt accordés aux investisseurs individuels dans les fonds de type SCRT (sociétés de capital-risque de travailleurs). Fournir un soutien institutionnel aux fonds d'investisseurs-tuteurs. » (OCDE, 2012a).

Ce rapport recommande aussi de « favoriser des marchés de capitaux efficients et actifs grâce à une meilleure comptabilisation des actifs intellectuels, une concurrence plus vigoureuse dans les services financiers et la mise en œuvre de normes homogènes de haut niveau dans la réglementation des marchés boursiers provinciaux. » (OCDE, 2012a).

Pour le moment, le capital-risque bénéficie principalement aux sociétés spécialisées dans l'informatique et seules quelques rares sociétés agroalimentaires ont réussi à y accéder.

En moyenne, l'**impôt** sur les sociétés est relativement bas, au Canada. Il est proche du taux médian de la zone de l'OCDE et il est plus bas que celui pratiqué aux États-Unis. Les petites entreprises sont imposées à un taux encore plus bas. Cet état de fait peut avoir des conséquences inattendues sur la gestion d'entreprise, y compris en dissuadant certaines petites exploitations agricoles et entreprises agroalimentaires d'investir dans des activités qui les feraient franchir certains seuils d'imposition. En revanche, l'application du même taux d'imposition à toutes les entreprises éliminerait cette distorsion et pourrait favoriser l'investissement et l'innovation.

Des dispositions fiscales spéciales pour les agriculteurs visent à faciliter la transmission à la génération suivante et la gestion des risques. La fiscalité autorise aussi une dépréciation plus rapide des biens d'équipement professionnels des exploitations agricoles et des entreprises de transformation, ce qui stimule l'investissement.

Les autorités fédérales et provinciales offrent des avantages fiscaux afin de soutenir l'investissement du secteur privé dans la R-D. Les allègements fiscaux sont parmi les plus élevés des pays de l'OCDE et ils sont particulièrement importants pour les petites entreprises. Le programme fédéral d'allègements fiscaux RS&DE (recherche scientifique et développement expérimental) correspond à l'une des dépenses fiscales pour la R-D les plus élevées du Canada. L'OCDE recommande de simplifier et de mieux cibler les crédits d'impôt à la R-D de façon à s'assurer que ce soutien profite aux entreprises qui n'auraient pas, sinon, investi dans l'innovation (encadré 1.1). L'OCDE recommande aussi de renforcer la coopération avec les provinces, de façon que les subventions et les crédits d'impôts en faveur de la R-D et du capital-risque dont celles-ci bénéficient soient alignés avec le dispositif fédéral (OCDE, 2012a).

Recommandations visant à renforcer les incitations en faveur de l'investissement privé

- Afin de renforcer la stabilité macroéconomique, poursuivre l'assainissement budgétaire comme prévu, aussi bien à l'échelon fédéral que dans les provinces.
- Poursuivre les efforts de modernisation de la réglementation. Ces derniers passent par une amélioration de la clarté, de la cohérence et de la réactivité aux besoins du secteur et des consommateurs, par un recours plus important à une réglementation axée sur les résultats et par la formulation anticipée de nouveaux règlements sur les produits et les services. Les services réglementaires aux entreprises doivent être renforcés. Pour réduire les coûts de mise en conformité, les informations utiles aux entreprises devraient être mises à disposition sur une plateforme unique. D'autres efforts devraient porter sur la collaboration entre les provinces et leurs principaux partenaires commerciaux en matière de réglementation.
- Réévaluer l'adéquation des programmes de crédit agricole et leur capacité à correspondre à la situation du marché.
- L'accès au capital est essentiel à l'innovation. Il faudrait continuer à favoriser des marchés de capitaux efficients et actifs, comme le préconise l'OCDE (2012a) (encadré 1.1). En outre, la mise à disposition, sur une plateforme unique, d'informations sur les marchés et sur les possibilités offertes par les programmes, améliorerait l'accès au capital.
- Un taux d'imposition plus faible des petites entreprises risque de dissuader ces dernières d'innover et de se développer. En appliquant le même taux d'imposition à toutes les entreprises, on éliminerait cet effet dissuasif (voir aussi l'encadré 1.1 des recommandations de 2012 de l'OCDE sur l'innovation dans les entreprises).

Améliorer les capacités et les services en faveur de l'innovation

Compte tenu de la taille du pays, toute une série d'interventions au niveau fédéral et des provinces cherchent à surmonter la difficulté liée à la fourniture d'une **infrastructure** stratégique pour le développement des zones rurales et un accès de bonne qualité aux services publics. Les services publics sont très répandus en zone rurale. En ce qui concerne les services de santé, des initiatives consistent à exonérer du remboursement de leur prêt d'études le personnel médical qui s'installe en zone rurale. Selon l'indice de compétitivité mondiale (*Global Competitiveness Index – GCI*) du Forum économique mondial, le Canada est relativement bien placé en ce qui concerne la desserte et la qualité des transports, l'approvisionnement en électricité et l'infrastructure de télécommunications, aussi bien en valeur absolue qu'au regard de son importante superficie. Le développement d'infrastructures a bénéficié des efforts de « PPP Canada », qui finance des partenariats public-privé. Toutefois, en ce qui concerne les technologies de l'information et de la communication, les services de téléphonie cellulaire canadiens sont moins bien développés que dans d'autres pays de l'OCDE, tandis que l'utilisation d'Internet est moins développée en zone rurale qu'en zone urbaine.

La législation canadienne sur le **travail** facilite la mobilité professionnelle et le recours à des travailleurs intérimaires et souvent étrangers, notamment pour le travail saisonnier dans l'agriculture. Malgré cette flexibilité, on observe un décalage constant entre offre et demande de main d'œuvre, qui est plus prononcé dans certains secteurs et dans certaines régions, mais auquel le secteur agricole et agroalimentaire est lui aussi exposé. L'action publique vise à rapprocher l'offre et la demande de main d'œuvre entre les régions, les secteurs et les compétences par le biais de l'éducation, du développement des compétences, de la reconversion et de l'immigration, notamment par la délivrance de visas de travail temporaire. En amont, les pouvoirs publics cherchent aussi à promouvoir les métiers de l'agriculture et à développer les compétences dans les affaires, ce qui représente un facteur déterminant de l'adoption de l'innovation.

Le **système éducatif** joue un rôle important dans la fourniture d'une main d'œuvre qualifiée, nécessaire au développement d'une économie de la connaissance qui évolue rapidement. À cet effet, il convient de continuer à faire progresser le taux de fréquentation dans l'enseignement supérieur. Selon un examen récent de l'OCDE, un bon moyen d'y parvenir serait d'inciter les groupes socialement et économiquement défavorisés à suivre des études supérieures tout en améliorant la flexibilité de cet enseignement afin de permettre aux étudiants de passer plus facilement d'un établissement à un autre en vue d'atteindre leurs objectifs d'apprentissage. Il est également possible d'améliorer les compétences en faveur de l'innovation grâce à une intégration plus étroite des formations techniques, commerciales et en communication et à l'ajout, dans les programmes post-secondaires, d'une période d'expérience pratique dans le secteur d'activité ciblé afin de répondre aux demandes du marché du travail. Dans un contexte de restriction des dépenses publiques, on pourrait améliorer la qualité de l'enseignement supérieur en établissant une distinction plus nette entre établissements qui mènent des activités de recherche et ceux qui privilégient l'enseignement, et par une réévaluation des politiques en matière de droits d'inscription dans les provinces où les contraintes sur les finances publiques sont importantes (voir aussi OCDE 2012a, chapitre 2).

Les mesures préconisées précédemment par l'OCDE en vue de combler la pénurie de compétences contribueraient aussi à réduire le décalage entre offre et demande de main d'œuvre dans l'agriculture. En particulier, l'OCDE (2014) recommande de « fournir des informations de meilleure qualité sur le rendement escompté des études post-secondaires afin d'aider les élèves à choisir leurs filières ; [...] continuer de travailler avec les provinces et les territoires pour harmoniser le contenu de tous les programmes d'apprentissage et les conditions d'obtention des certificats d'aptitude sur lesquels ils débouchent à l'échelle nationale, en vue de relever les taux de diplômés et d'accroître la mobilité des apprentis entre provinces ; [...] étendre les possibilités de recyclage offertes aux travailleurs saisonniers ». Le rapport préconise également de « lutter contre les niveaux faibles en calcul et en lecture-écriture, qui constituent des obstacles aux études postsecondaires éventuellement en imposant l'étude des mathématiques et de l'anglais/du français jusqu'à la fin des études secondaires ou en investissant dans des cours de rattrapage au niveau post-secondaire ; Développer la formation pratique dans les programmes universitaires afin que les étudiants acquièrent les compétences non techniques recherchées par les employeurs ; Soutenir les programmes aidant les immigrés à compléter leurs titres et diplômes étrangers et à satisfaire aux normes locales ».

Certains programmes spécialisés de mise à niveau peuvent être proposés à la main d'œuvre agricole, à mesure que ce secteur adopte de nouvelles technologies, mais aussi de nouvelles pratiques de commercialisation et de gestion. L'offre d'enseignement agricole ne semble pas constituer un problème, le système canadien attirant un nombre important d'étudiants. D'après les acteurs du secteur agricole et agroalimentaire, la concurrence dans le système éducatif et sur le marché du travail, due à l'existence de secteurs dynamiques et qui proposent des salaires plus élevés, est une difficulté que le système éducatif ne peut résoudre à lui seul. Le secteur agricole lui-même a un rôle à jouer pour rendre plus attirantes et mieux faire connaître les orientations professionnelles dans ce domaine.

Recommandations en vue d'améliorer les capacités et les services en faveur de l'innovation

- Les compétences dans le domaine de l'innovation pourraient être renforcées grâce à une intégration plus étroite entre enseignement, formation formelle et expérience pratique dans l'enseignement supérieur, ce qui établirait une distinction plus nette entre établissements qui mènent des activités de recherche et ceux qui privilégient l'enseignement, mais aussi grâce à une réévaluation des politiques en matière de droits d'inscription.
- Le secteur privé en particulier devrait faire des efforts supplémentaires pour mieux faire connaître l'évolution des besoins aux établissements d'enseignement et pour promouvoir plus avant des initiatives comme les stages, qui répondent aux besoins changeants des entreprises
- On pourrait davantage s'efforcer de valoriser le secteur agricole et son rôle dans l'économie aux yeux du grand public, y compris en améliorant l'information sur les débouchés du secteur.

Éliminer les obstacles imprévus à l'innovation de la politique agricole

Traditionnellement, la politique agricole canadienne fournit aux producteurs les outils et le soutien dont ils ont besoin pour gérer les risques et investir. Le cadre de la politique agricole le plus récent, Cultivons l'avenir 2 accorde une attention plus importante à l'innovation, avec la mise en œuvre de programmes spéciaux de financement de l'innovation et de promotion de la collaboration entre secteurs public et privé, mais aussi avec l'adoption de méthodes innovantes par le secteur agricole et agroalimentaire. Les incidences des programmes de gestion du risque sur l'innovation vont probablement dépendre de la tolérance des producteurs individuels au risque. Tandis que les mesures de soutien à la gestion du risque à long terme ont peut-être diminué la motivation des producteurs à investir dans l'innovation et ont aidé des agriculteurs à se maintenir en activité, elles ont peut-être aussi incité à investir certains agriculteurs qui ne l'auraient peut-être pas fait sans ce soutien. Quoi qu'il en soit, il serait plus efficace de poursuivre le développement de programmes directement ciblés sur l'innovation, comme le programme Agri-innovation, qui relève du cadre Cultivons l'avenir 2, et de prendre des mesures en faveur de l'investissement privé pour stimuler le développement et l'adoption de méthodes innovantes dans le secteur. Pour être efficace, cette priorité doit être poursuivie et renforcée sur le long terme, à la lumière de l'évaluation des programmes actuels.

Les secteurs des produits laitiers, de la viande de volaille et des œufs fonctionnent dans le cadre d'un système de gestion de l'offre, dans lequel les niveaux de production sont établis pour répondre à la demande nationale, les prix étant fixés réglementairement et de forts droits de douane limitant l'importation de produits étrangers. Les analyses de l'OCDE montrent que de tels mécanismes de soutien des prix du marché affectent les décisions en matière de production et l'ajustement structurel car ils réduisent la motivation à mieux utiliser les facteurs de production. Bien que les rendements laitiers au Canada soient élevés (IFCN, 2013), les chiffres montrent que l'ajustement structurel des exploitations laitières a été plus lent au Canada qu'aux États-Unis et en Nouvelle-Zélande (Barichello, Castellanos et McArthur, 2012 ; Informa Inc., 2010). La concurrence est restreinte au niveau national car le prix élevé des quotas de production augmente le coût d'entrée des producteurs qui doivent acheter des quotas pour pouvoir produire ces produits contingentés (OCDE, 2008). Cette situation décourage l'ajustement structurel, qui est un vecteur de croissance de la productivité important, ainsi que l'innovation[1]. L'élimination de ces obstacles à l'ajustement structurel pourrait faciliter l'adoption de méthodes innovantes qui nécessitent une grande échelle, abaisser les coûts de production et faciliter la hausse de la croissance de la productivité totale des facteurs dans ces secteurs.

Pour transformer la Commission canadienne du blé, en situation de monopole, en organisation de commercialisation à participation volontaire, il faut modifier le mode de fonctionnement du secteur du blé et de l'orge de l'Ouest canadien. Toutefois, il reste à savoir si, et comment, ces changements affecteront l'innovation et la productivité sectorielle.

Recommandations visant à éliminer les obstacles à l'innovation de la politique agricole

- Un soutien élevé maintenu par des mesures internes et aux frontières, comme celles en place pour les produits dont l'offre est contingentée, crée une distorsion sur les marchés et peut avoir un coût important pour les consommateurs intermédiaires et finals. Une diminution du soutien réduirait les distorsions et pourrait aider le secteur à s'adapter aux possibilités offertes par le marché, notamment par le biais d'un renforcement de l'innovation.
- L'élimination des obstacles et/ou des éléments qui ont un effet dissuasif sur l'ajustement structurel pourrait faciliter l'adoption de méthodes innovantes et accroître la productivité.
- Il faudrait continuer à développer les programmes qui ciblent l'innovation directement et encouragent l'investissement privé dans la création et l'adoption de l'innovation.

Renforcer les incitations directes en faveur de l'innovation dans le secteur agricole et agroalimentaire

Au Canada, le secteur public joue un rôle majeur dans la recherche et la diffusion de connaissances, comme le montre le nombre d'articles scientifiques publiés par habitant et les dépenses consacrées à la R-D universitaire en pourcentage du PIB. En revanche, les entreprises investissent peu dans la R-D par rapport à d'autres secteurs et des efforts sont déployés pour mieux relier les initiatives émanant du secteur public et celles provenant du secteur privé. Les recommandations précédentes de l'OCDE sur l'amélioration générale des systèmes d'innovation profiteraient aussi au secteur agricole canadien, car l'innovation dans ce secteur dépend toujours plus des infrastructures du savoir (y compris des technologies de portée générale comme les technologies de l'information et de la communication, des biotechnologies et de ce qui ne relève pas de la technologie), de l'enseignement et du développement de compétences.

Au Canada, le système d'innovation agricole est plutôt performant. Il contribue largement à l'innovation dans le monde et il a fourni des innovations qui ont été largement adoptées au niveau de l'exploitation. Par conséquent, la productivité totale des facteurs a continué à progresser à un rythme relativement soutenu et les ressources naturelles sont utilisées de façon plus efficace.

L'innovation agricole fait intervenir une grande diversité d'acteurs, ce qui nécessite une collaboration et des systèmes de gouvernance solides. Divers mécanismes servent à coordonner les priorités en matière d'innovation et les échanges entre fédération et provinces, tandis que les acteurs sont très largement consultés. Récemment, l'innovation a bénéficié d'une attention accrue dans la politique agricole, mais il est important de veiller à une cohérence encore plus forte entre politique agricole et politique de l'innovation à l'échelle du pays, de façon à ce qu'elles remplissent ensemble l'objectif à long terme d'amélioration de la rentabilité, de la compétitivité et du développement durable du secteur agricole et agroalimentaire.

Le secteur public réalise et finance l'essentiel de la R-D agricole par l'intermédiaire d'institutions et de programmes divers. L'investissement privé dans la R-D agricole augmente, surtout dans le secteur de la transformation, mais en général, il semble que le rôle du secteur privé ait une marge de croissance. Alors que les dépenses publiques consacrées à la R-D agricole diminuent en termes réels, l'intensité de la R-D dans ce secteur — le rapport entre les dépenses engagées et la valeur ajoutée produite — reste élevée par rapport à d'autres pays ayant un niveau de développement similaire et par rapport à la contribution de ce secteur au PIB.

Une part croissante des fonds publics consacrés à la R-D agricole au niveau fédéral est consacrée à des projets précis ou de durée limitée. Des entreprises privées, quelle que soit leur taille, font appel à certains programmes d'innovation agricole aussi bien de portée générale que spécifique, pour réduire leurs risques, lever des capitaux ou encore repérer les méthodes potentiellement innovantes. Le plus souvent, le secteur se plaint des charges administratives, des règles différentes qui s'appliquent en fonction de la source de financement, des retards dans le déblocage des fonds et du manque de prévisibilité des politiques menées.

Les infrastructures du savoir, telles que les centres de recherche et les universités, sont bien réparties dans tout le Canada et tendent à se spécialiser à l'échelon régional. Toutefois, ces infrastructures vieillissent et lorsque c'est possible, des financements devraient continuer à couvrir les coûts d'entretien et de modernisation. L'information sur les ressources génétiques et les résultats de recherche est largement partagée et diffusée auprès de publics divers.

La protection de la propriété intellectuelle, essentielle pour attirer l'investissement privé dans l'innovation, est généralement bien assurée au vu des normes internationales. En revanche, les variétés végétales sont moins bien protégées que dans de nombreux pays développés, le Canada n'ayant pas signé la convention UPOV de 1991, qui offre de meilleures garanties. Cela a peut-être empêché des sélectionneurs étrangers d'introduire de nouvelles variétés au Canada et a désavantagé les agriculteurs canadiens face à la concurrence. Une meilleure protection des variétés végétales donnerait aux agriculteurs canadiens des chances égales face à leurs principaux concurrents dans le monde. Une proposition de législation visant à renforcer les droits des obtenteurs de variétés végétales est d'ailleurs en cours d'examen. Au Canada, divers mécanismes et dispositifs de facilitation offrent informations et conseils sur la protection des droits de propriété intellectuelle.

Les mécanismes de financement de certains programmes récents incitent nettement à la collaboration entre secteur public et privé. Parallèlement, une grande quantité de dispositifs institutionnels, comme les centres de recherche et d'excellence, les Grappes agro-scientifiques et les Tables rondes sur les chaînes de valeur visent à favoriser la collaboration entre système national d'innovation agricole et système d'innovation général. Les chercheurs considèrent toutefois que les problèmes liés aux différences de culture entre secteur public et secteur privé, la courte durée des programmes publics et des cycles budgétaires afférents, et une incohérence des procédures budgétaires à suivre pour obtenir des financements font obstacle à la collaboration. Étant donné que l'innovation dépend largement de l'intégration des efforts, ces obstacles doivent être surmontés.

Les chercheurs canadiens participent à la coopération internationale, une grande partie des brevets et des publications émanant de chercheurs étrangers. Cette coopération internationale est facilitée par des mesures qui simplifient les échanges de personnel et d'étudiants, mais aussi par la participation du Canada à des organisations et à des réseaux scientifiques internationaux. Il est essentiel de maintenir un système éducatif et de recherche de grande qualité et doté de financements stables pour poursuivre une collaboration efficace à l'échelle internationale.

Les services de formation et de conseil jouent un rôle important dans la mesure où ils facilitent l'adoption de méthodes innovantes sur l'exploitation. L'offre de services est diversifiée et accessible, au Canada. Étant donné que les services de vulgarisation varient d'une province à l'autre, il est difficile d'évaluer et de comparer les systèmes, ou encore de se faire une idée générale de l'offre disponible. Toutefois, des enquêtes montrent que les producteurs canadiens adoptent largement de nouvelles variétés à haut rendement, ainsi que de nouvelles pratiques de production, comme la culture sans labour. Les programmes publics visant à améliorer les compétences de gestion des entreprises facilitent de façon très efficace l'adoption de méthodes innovantes. Ainsi, les politiques agricoles actuelles comportent des mesures qui facilitent la commercialisation et l'adoption de méthodes innovantes au niveau de l'exploitation agricole et de l'entreprise de transformation, qu'il faudrait faire évoluer avec le temps. Enfin, les pouvoirs publics et les acteurs du secteur privé jouent un rôle important dans la fourniture d'informations commerciales stratégiques, mais aussi sur les programmes et les techniques et pratiques innovantes. Des intermédiaires indépendants, telles que des entreprises de consultance, peuvent faciliter l'accès à ces informations et aider les producteurs à prendre des décisions en matière d'investissement ou de modification de certaines pratiques.

Les politiques d'innovation sont évaluées régulièrement dans le cadre commun d'évaluation de toutes les politiques publiques, qui repose essentiellement sur les tendances en matière de performances économiques. Les données sont insuffisantes pour évaluer le rapport coût-avantages du système d'innovation agricole, en particulier pour les activités privées et l'adoption de méthodes innovantes. Pour rendre l'action publique plus efficace, il serait important de renforcer les outils de suivi et d'évaluation. Des indicateurs sur les résultats et les performances de l'innovation devraient être développés, de façon à permettre un suivi de l'environnement porteur, de l'investissement dans la R-D (y compris par le secteur privé) et de l'enseignement supérieur, et l'adoption de pratiques innovantes par l'exploitation et l'entreprise. Ces indicateurs serviraient à évaluer les retombées économiques des mesures prises, ce qui alimenterait ensuite le processus de prise de décision politique. La prise en compte du décalage dans le temps du procédé d'innovation serait une difficulté, car ces indicateurs appellent à une continuité des programmes et des processus d'évaluation.

Recommandations visant à renforcer les incitations directes en faveur de l'innovation

- Établir une stratégie commune dans les domaines de l'agriculture et de l'innovation publique en général pour renforcer la cohérence de l'action publique. Cela permettrait, d'une part, que la politique agricole facilite l'adoption des innovations et d'autre part que la politique de l'innovation en général aide dans la mesure du possible le système agricole et agroalimentaire à améliorer à long terme sa rentabilité, sa compétitivité et sa durabilité.
- Tous les programmes agricoles devraient être évalués au regard de leurs retombées sur l'innovation, les résultats à cet égard pouvant contribuer à accorder à l'innovation un degré important de priorité dans les orientations politiques futures. L'élaboration d'indicateurs de résultats et de performances doit être intégrée au processus de prise de décision politique et servir à évaluer les retombées de ces politiques afin de permettre des améliorations futures.
- En simplifiant les programmes qui visent à faciliter l'adoption de méthodes innovantes par les exploitations agricoles et les entreprises agroalimentaires, tels que les aides financières, la fourniture d'informations et les conseils de gestion, on améliorerait l'accès aux aides et à l'information et, par conséquent, à l'innovation.
- Une plateforme unique, qui permettrait d'identifier toutes les sources de financements publics disponibles, devrait être mise en place. La rationalisation du morcellement des programmes fédéraux de subventionnement inciterait les entreprises à travailler avec des chercheurs du secteur public. Il serait également utile que les provinces alignent leurs subventions sur les dispositifs du gouvernement fédéral.
- Afin de conserver les capacités de recherche, il est également important de veiller à un financement stable de l'infrastructure du savoir, sans omettre les technologies, institutions, réseaux et banques de données à caractère général qui en font partie, ainsi que des financements de projets au long cours. Il est également important d'envisager des modèles de financement qui puissent attirer l'investissement privé ainsi que favoriser les partenariats public-privé pour soutenir l'infrastructure du savoir agricole et l'innovation qui s'en suit.
- Continuer à cerner l'offre et la demande de capital-risque au niveau des entreprises agricoles, identifier les contraintes et envisager le rôle possible des pouvoirs publics pour les atténuer.
- Il est important d'examiner l'efficacité de la coordination et la réactivité du système à la demande des acteurs. Afin d'accroître la collaboration et les partenariats entre les secteurs public et privé, il est important d'étudier et d'affronter certaines difficultés telles que les différences de culture, les contraintes liées à l'utilisation de fonds publics et les frictions sur la gestion des droits de propriété intellectuelle. Une meilleure protection des détenteurs de droits des obtenteurs de variétés végétales favoriserait les investissements du secteur privé et donnerait aux agriculteurs canadiens des chances égales face à leurs principaux concurrents dans le monde.
- Un rôle important pour les pouvoirs publics est de faciliter les échanges et l'accès à l'information. L'État doit également contribuer à mieux faire comprendre au grand public l'importance de l'innovation dans le secteur agricole et dans la société plus généralement.

Encadré 1.1. Recommandations de l'OCDE (2012) visant à stimulaer l'innovation dans les entreprises

Mettre en place une culture privilégiant davantage la concurrence, la prise de risque et les clients

- Intensifier la concurrence dans les activités de réseau et les services professionnels, conformément aux recommandations d'Objectif croissance (OCDE, 2012a) et de Foncer pour gagner (GEPMC, 2008). Appliquer pleinement l'Accord sur le commerce intérieur pour démanteler les obstacles provinciaux. Préciser le test d'avantage net pour l'investissement direct étranger et l'appliquer de manière stricte.
- Favoriser des marchés de capitaux efficients et actifs grâce à une meilleure comptabilisation des actifs intellectuels, une concurrence plus vigoureuse dans les services financiers et la mise en œuvre de normes homogènes de haut niveau dans la réglementation des marchés boursiers provinciaux.
- Examiner la manière pour les institutions de mieux développer les compétences cognitives et sociales au profit de l'entrepreneuriat et de la prise de risque. Soutenir et encourager tous ceux qui, des activités de technologie très avancée aux métiers spécialisés, prennent des risques.

Mieux cibler les aides fiscales à la R-D

- Réduire les avantages fiscaux au titre de la RS&DE en ramenant le taux applicable aux petites entreprises aux alentours de celui des grandes entreprises, tout en conservant l'assiette large actuelle (qui inclut les dépenses en capital) afin d'éviter de fausser les choix technologiques. Restaurer le taux général de 20 %.
- Rationaliser le morcellement des programmes fédéraux de subventionnement pour stimuler l'intérêt des entreprises vis-à-vis de la coopération avec l'université. Au fil de l'extension du PARI[1], envisager la facturation partielle des conseils pré-commerciaux fournis aux entreprises.
- Articuler avec soin le soutien au capital-risque en privilégiant les accords strictement temporaires de cofinancement, qui donnent aux partenaires privés l'intégralité de la maîtrise du projet, et le cas échéant en plafonnant le rendement de l'investissement public pour optimiser les rendements privés. Éliminer les crédits d'impôt accordés aux investisseurs individuels dans les fonds des sociétés à capital de risque de travailleurs (SCRT). Fournir un soutien institutionnel aux fonds d'investisseurs-tuteurs.
- Coopérer avec les provinces pour aligner leurs subventions et crédits d'impôt pour R-D et investissement de capital-risque sur le dispositif fédéral.
- Concevoir des mesures budgétairement peu coûteuses, susceptibles de stimuler la demande d'innovation du marché, et notamment de technologies « vertes », à l'instar de politiques à l'égard des consommateurs et de taxes carbone destinées à moduler les prix. Agir via les marchés publics, en privilégiant, pour qu'ils stimulent l'innovation, la neutralité technologique et les performances.
- Au moment où l'action des autorités se tourne davantage vers les subventions et les achats de la puissance publique, prévoir des garde-fous contre les risques suivants : inaptitude partielle du secteur public à choisir judicieusement les projets ; inefficience des politiques et distorsions du marché (y compris au plan international) en raison de clauses purement canadiennes ; et captation par des intérêts déjà établis.

Actualiser le socle institutionnel de l'« économie de la connaissance »

- Inciter aux transferts de technologies d'origine universitaire en améliorant les incitations qui visent les universités, par exemple en optant pour une procédure de subventionnement plus ouverte et fédératrice, ainsi que pour des bons de coopération avec les universités. Envisager de rationaliser l'éclatement actuel des ressources de recherche afin de mettre en avant des universités phares canadiennes mieux à même de susciter un intérêt commercial pour leur recherche.
- Consolider le dispositif de protection de la propriété intellectuelle : i) moderniser la législation et les organismes publics concernés afin de renforcer la transparence et les conseils aux inventeurs ; ii) mettre en place des protocoles nationaux de partage ou de transfert de la propriété intellectuelle dans les coopérations université-entreprises ; iii) fournir des services de gestion de la propriété intellectuelle aux petites et moyennes entreprises, par exemple au sein de centres régionaux d'excellence ; iv) établir un tribunal ou une chambre de tribunal spécialisé(e) dans les questions de brevets ; et v) promouvoir les collaborations internationales portant sur la propriété intellectuelle.
- Renforcer les capacités permettant l'évaluation comparative des aides fiscales, afin de mieux orienter les affectations de financements et la conception des programmes. Comme l'a recommandé le groupe d'experts Jenkins, confier ce travail, le cas échéant, à un Conseil de l'innovation indépendant.
- Adopter les protections de la vie privée afin de réduire le plus possible leur impact sur la diffusion du savoir et sur les gains de réseau fournis par Internet et par le dossier médical électronique intégré.

1. Le Programme d'aide à la recherche industrielle (PARI) est le principal programme de subventions aux PME.

Source : OCDE (2012a), *Études économiques de l'OCDE: Canada*, http://dx.doi.org/10.1787/eco_surveys-can-2012-fr.

Notes

1. Diverses analyses suggèrent que l'augmentation de la taille des exploitations et le départ des exploitants à petite échelle sont des facteurs de hausse de la productivité importants (OCDE, 2011 et 2012c ;Kimura et Sauer, 2015). Une analyse récente portant sur une sélection de pays membres de l'Union européenne montre que la productivité laitière s'est accrue lorsque les quotas laitiers ont été progressivement éliminés (Kimura et Sauer, 2015).

Références

Barichello R., V. Castellanos et C. McArthur (2012), "Dairy Farm Structure in Canada: International Comparisons and the Effect of Farm Quotas", Poster de recherché du Canadian Agricultural Trade Policy and Competitiveness Research Network (CATPRN) : Enabling Research for a Competitive Agriculture, 2ème Conférence annuelle sur la politique agricole "Growing Forward in a Volatile Environment", 11-13 janvier 2012, Ottawa, Canada. www.aginnovation.usask.ca/policyconference/Research_Posters/2012Poster_PDF/CATPRN03_Castellanos.pdf.

GEPMC (Groupe d'étude sur les politiques en matière de concurrence) (2008), *Foncer pour gagner,* rapport final, Ottawa, juin. www.ic.gc.ca/eic/site/cprp-gepmc.nsf/vwapj/Foncer_pour_gagner.pdf/$FILE/Foncer_pour_gagner.pdf

Informa Economics, Inc (2010), An International Comparison of Milk Supply Control Programs and Their Impacts (Dairy Group, Informa Economics, Inc.) www.fsa.usda.gov/Internet/FSA_File/diac_informa_intl_supply.pdf.

IFCN (International Farm Comparison Network) (2013) Dairy Report 2013. www.ifcndairy.org/en/output/dairyreport/index.php.

Kimura, S. et J. Sauer (2015), "Dynamics of dairy farm productivity growth: Cross-country comparison", OECD Food, Agriculture and Fisheries Papers, No. 87, Éditions de l'OCDE, Paris. http://dx.doi.org/10.1787/5jrw8ffbzf7l-en.

OCDE (2014a), « Analyse des politiques visant à améliorer la croissance de la productivité agricole, durablement : cadre révisé ». www.oecd.org/agriculture/policies/innovation.

OCDE (2014b), *Études économiques de l'OCDE: Canada, 2014*, Éditions de l'OCDE, Paris. http://dx.doi.org/10.1787/eco_surveys-can-2014-fr.

OCDE (2012a), *Études économiques de l'OCDE : Canada, 2012*, Éditions de l'OCDE, Paris. http://dx.doi.org/10.1787/eco_surveys-can-2012-fr.

OCDE (2012b), *Réformes économiques 2012: Objectif croissance*, Éditions de l'OCDE, Paris. http://dx.doi.org/10.1787/growth-2012-fr.

OCDE (2012c), *Politiques agricoles: suivi et évaluation 2012 : Pays de l'OCDE,* Éditions de l'OCDE, Paris. http://dx.doi.org/10.1787/agr_pol-2012-fr.

OCDE (2011), *Renforcer la productivité et la compétitivité dans le secteur agricole,* Éditions de l'OCDE, Paris. http://dx.doi.org/10.1787/9789264166820-en.

OCDE (2008), *Études économiques de l'OCDE : Canada*, Éditions de l'OCDE, Paris. http://dx.doi.org/10.1787/eco_surveys-can-2008-fr.

OCDE et Eurostat (2005), *Manuel d'Oslo: Principes directeurs pour le recueil et l'interprétation des données sur l'innovation, 3e édition, La mesure des activités scientifiques et technologiques,* Éditions de l'OCDE, Paris. http://dx.doi.org/10.1787/9789264013124-fr.

Chapitre 2

Examen des défis et des performances du secteur agricole et agroalimentaire canadien

Ce chapitre souligne les principaux défis et perspectives auxquels le système agricole et agroalimentaire du Canada devra répondre en faisant appel à l'innovation. Il décrit le contexte économique, social et environnemental général dans lequel le secteur opère et les ressources naturelles sur lesquelles il s'appuie. Ce chapitre présente une vue d'ensemble des caractéristiques géographiques et économiques générales du pays et souligne la contribution du système agroalimentaire à son économie. Il identifie les principales caractéristiques structurelles de l'agriculture primaire et des industries d'amont et d'aval, décrit les principaux produits et marchés agricoles et alimentaires et examine les tendances de la productivité et de la durabilité du secteur agricole.

Les données statistiques concernant Israël sont fournies par et sous la responsabilité des autorités israéliennes compétentes. L'utilisation de ces données par l'OCDE est sans préjudice du statut des hauteurs du Golan, de Jérusalem Est et des colonies de peuplement israéliennes en Cisjordanie aux termes du droit international.

Défis et perspectives : La nécessité d'innover dans l'agriculture et l'agroalimentaire

Le Canada est très tributaire de ses échanges commerciaux dans de nombreux secteurs, dont celui de l'agriculture. Au Canada, le secteur agricole primaire et celui de la transformation sont exposés aux prix mondiaux pour la plupart de leurs produits et doivent donc être en mesure de trouver des débouchés pour assurer leur rentabilité à long terme. Étant donné qu'actuellement, une part importante de la production agricole est exportée, la compétitivité et la pérennité de ce secteur seront en partie tributaires de l'évolution rapide de l'environnement mondial. Pour de nombreux secteurs, les prix mondiaux des produits agricoles devraient continuer à augmenter à moyen terme, compte tenu d'une progression de la demande qui s'explique par l'accroissement constant de la population mondiale et de l'urbanisation, la hausse des revenus et une demande accrue de biocarburants et de produits agricoles à des fins non alimentaires. Les marchés mondiaux se caractérisent aussi par une variabilité plus importante des prix, due à une tension des marchés et aux incertitudes supplémentaires qui pèsent sur l'approvisionnement en produits alimentaires, en raison de la multiplication d'événements naturels extrêmes liés au changement climatique. En outre, l'environnement dans lequel s'inscrivent les échanges a évolué, avec la multiplication des accords régionaux et bilatéraux.

L'évolution quantitative et qualitative de la demande de produits issus de l'agriculture et de l'industrie agroalimentaire offrira de nouveaux débouchés au secteur agricole et agroalimentaire canadien. Toutefois, de nouveaux concurrents, apparus en Amérique du Sud, en Asie et dans les pays de l'ancienne Union soviétique, augmentent leur production pour répondre à la hausse de la demande nationale et mondiale. Pour rester dans la course, les exportateurs canadiens auront sans doute à être concurrentiels sur leurs prix tout en proposant des produits diversifiés. Au Canada, les acteurs du système d'innovation agricole devront faire preuve d'autant de souplesse et d'efficacité que possible pour que le pays demeure un exportateur et un distributeur important de produits agricoles et agroalimentaires qui répondent aux exigences des importateurs mondiaux d'aliments et des économies émergentes.

La hausse des revenus et la croissance démographique dans les économies en développement et émergentes, ainsi que la présence de consommateurs avertis au Canada et dans de nombreux autres pays développés, modifient les modes de consommation alimentaire. En effet, les consommateurs sont de plus en plus attachés à certaines valeurs, qu'ils souhaitent retrouver dans les produits alimentaires, comme la sécurité et la qualité des aliments, l'amélioration des qualités nutritionnelles, l'intégration d'une bonne gestion de l'environnement dans les pratiques de production et de transformation, le bien-être des animaux, le commerce équitable et le développement. Les distributeurs ont répercuté ces exigences croissantes en amont de la filière sur leurs fournisseurs. Cela a entraîné l'apparition de nouveaux modèles économiques qui cherchent à répondre à ce type de demande, caractérisé par un rôle prépondérant des filières d'approvisionnement mondial et des normes édictées par le secteur privé. Non seulement ces nouveaux modèles économiques et les structures de gouvernance qui s'y rattachent ont une incidence sur les débouchés nationaux et internationaux de la production agricole canadienne, mais ils agissent aussi sur l'évolution du secteur agricole et agroalimentaire canadien, à mesure que ces dernières s'adaptent à leur environnement.

La capacité de ces secteurs à produire, transformer et distribuer des produits agricoles, alimentaires et non alimentaires sûrs, sains et de bonne qualité dépend de leur capacité à accroître leur productivité et à veiller à une utilisation durable des ressources, mais aussi à élargir leurs débouchés sur le marché intérieur et dans le monde en répondant aux attentes des consommateurs, voire en dépassant ces dernières. La gestion du risque est essentielle pour garantir la sécurité des aliments et trouver de nouveaux débouchés. Des procédures réglementaires améliorées contribuent directement à la stabilité économique et à la prospérité des agriculteurs canadiens, mais aussi à la sécurité et au bien-être de la population canadienne en général. L'amélioration de l'efficacité des ressources contribue aussi à la conservation des ressources naturelles pour les producteurs, la société et les générations à venir.

L'innovation, qui englobe les investissements dans la R-D et l'adoption de nouveaux produits, procédés, méthodes de production, technologies et stratégies commerciales, sera indispensable pour aider ce secteur à répondre à l'évolution des dynamiques mondiales en produisant des produits adaptés aux besoins des consommateurs de façon durable, tout en restant concurrentiel sur le territoire national comme à l'étranger. Les sciences et les techniques en particulier ont un rôle important à jouer, dans la mesure où elles peuvent aider le secteur agricole et agroalimentaire à renforcer sa compétitivité, à améliorer ses performances en matière d'environnement et à contribuer à la santé et au bien-être de la population canadienne.

Contexte général : Situation économique et environnement naturel

Le Canada est un pays vaste et à la population relativement modeste (tableau 2.1). Le pays est bien doté en ressources naturelles, composées d'une abondance de terres agricoles et cultivables, d'eau et de ressources naturelles telles que le bois, le pétrole et le gaz naturel. Le Canada se classe au troisième rang mondial en matière de terres arables par habitant, derrière l'Australie et le Kazakhstan, et au premier rang mondial pour les ressources en eau douce par habitant. La grande majorité de la population et la plupart des terres cultivables se trouvent dans les régions méridionales, dont les conditions climatiques très variées correspondent à un climat tempéré froid. Les étés frais, les hivers doux et une pluie abondante prédominent sur la côte pacifique. La région des Prairies se caractérise par des températures extrêmes, c'est-à-dire des hivers longs et froids et des étés courts et chauds. Dans le Sud de l'Ontario et au Québec, le climat est moins rigoureux et les précipitations abondantes et uniformément réparties dans l'année. La période de végétation est courte, y compris dans les zones les plus méridionales.

Le Canada est un pays prospère et à l'économie ouverte et de petite taille. Le PIB par habitant y est supérieur à la moyenne de l'OCDE (tableau 2.1) et le Canada se classe au 7e rang des pays de l'OCDE selon cet indicateur. Les services prédominent, puisqu'ils représentent 71 % de l'activité économique totale. Le secteur agricole primaire, la sylviculture et la pêche réalisent 1.5 % de l'activité totale, tandis que l'industrie, y compris le bâtiment, en représentent 27 % (OCDE, 2014a).

Tableau 2.1. Indicateurs contextuels, 2012*

	PIB	PIB par habitant	Population	Superficie	Superficie des terres	Terres arables par habitant	Ressources en eau douce[2]	Ressources en eau douce par habitant[2]
	Milliards d'USD	PPA (USD)	Millions d'habitants	Milliers de km²	Milliers d'ha	Ha	Milliards de m³	m³
Australie	1 519	44 407	23	7 682	409 673	2.14	492	22 039
Brésil[1]	2 207	11 239	202	8 459	275 030	0.40	5 418	27 512
Canada	1 775	41 150	35	9 094	62 597	1.20	2 850	82 647
Union européenne	17 293	34 091	501	4 182	187 882	0.21	1 505	2 963
États-Unis	16 765	51 689	316	9 147	411 263	0.51	2 818	9 044
Chine[1]	9 167	9 058	1 347	9 327	519 148	0.08	2 813	2 093
Fédération de Russie[1]	2 122	22 502	147	16 377	121 750	0.83	4 313	30 169
Afrique du Sud[1]	384	11 028	52	1 214	14 350	0.23	45	886
OCDE	45 777	37 010	1 250	34 219	403 496	0.37	..	..

* ou dernière année disponible. PPA = parité de pouvoir d'achat.

1. Extrait de OCDE (2013a), Politiques agricoles : suivi et évaluation 2013 - Pays de l'OCDE et économies émergentes, Éditions de l'OCDE, http://dx.doi.org/10.1787/agr_pol-2013-fr.

2. Indicateurs du développement dans le monde, Banque mondiale 2014, http://data.worldbank.org/products/wdi.

Source : OCDE (2014b), *Politiques agricoles : suivi et évaluation 2014 – Pays de l'OCDE*, http://dx.doi.org/10.1787/agr_pol-2014-fr.

Graphique 2.1. Ouverture au commerce international dans certaines économies, 2012

Échanges commerciaux (moyennes des exportations et des importations) en pourcentage du PIB

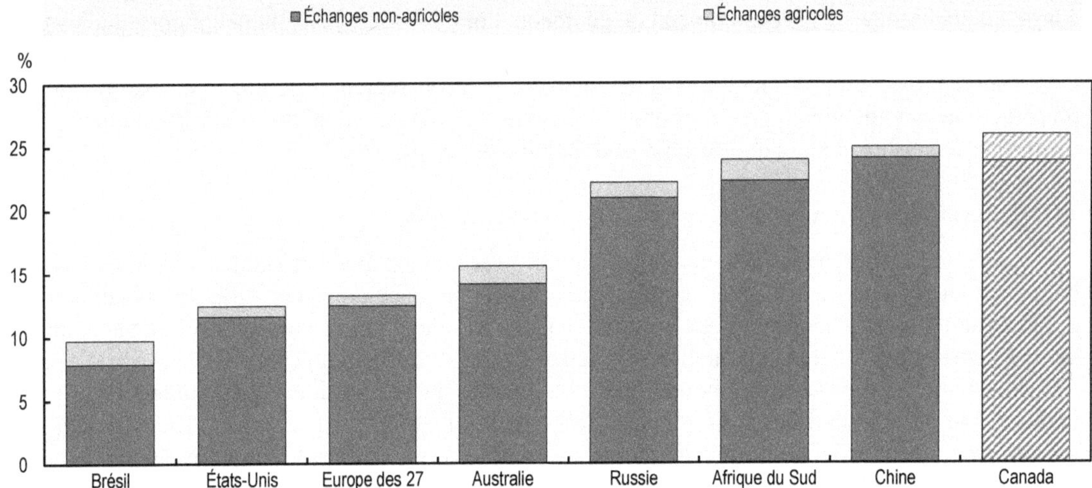

Source : Base de données de l'OCDE sur le commerce et sur les comptes nationaux (OECD.stat).

StatLink http://dx.doi.org/10.1787/888933290052

L'économie canadienne est plus ouverte sur les échanges commerciaux que les principales régions de l'OCDE et les économies émergentes (graphique 2.1). Cette ouverture est le résultat à la fois d'une activité axée sur les exportations et d'importations importantes.

L'économie canadienne a réalisé des performances relativement meilleures que la moyenne de la zone de l'OCDE depuis le début de la crise économique mondiale (section 2.1). Le Canada bénéficie d'une population très instruite et d'origine diverse, issue de l'immigration de tous les pays du monde (section 4.2). Ce pays est également doté de systèmes efficaces de production et de marchés bien établis. Par ailleurs, l'environnement est très propice à l'innovation grâce aux éléments suivants : politiques d'encadrement, stabilité budgétaire, primauté du droit, facilité de création d'entreprises, efficacité des marchés, intérêt des investisseurs étrangers pour le pays, confiance dans les politiques publiques, qualité des infrastructures et efficacité du dispositif de protection sociale et du système de santé. Le secteur canadien des services financiers s'est classé au premier rang de ceux des pays du G7 pour la cinquième année consécutive sur le critère de la solidité de son système bancaire. Enfin, l'impôt sur les sociétés est relativement modeste au Canada, ce qui contribue à accroître l'attrait du pays comme destination de l'investissement et à rendre ses coûts compétitifs.

Malgré les atouts du pays et ses politiques judicieuses, la productivité multifactorielle dans l'ensemble de l'économie a augmenté lentement ces dix dernières années par rapport aux États-Unis et à d'autres pays ayant le même niveau de développement (graphique 2.2). La croissance a été négative en moyenne en 2007-11 malgré une certaine reprise en 2010 et 2011. D'après un rapport économique récent de l'OCDE (OCDE, 2012) qui s'est penché sur ce paradoxe, ce dernier pourrait être en partie d'ordre structurel, ce qui expliquerait les piètres performances d'un secteur minier relativement important (4.5 % du PIB). Les différences pourraient également s'expliquer par les tailles relatives des industries étudiées ainsi que par la répartition de la taille des entreprises au sein de ces industries. Le rapport décrit également une intensité moins importante de la R-D, des investissements plus modestes dans les technologies de l'information et de la communication (TIC), une rigidité possible du marché de l'emploi et l'impossibilité pour les petites entreprises de grandir, probablement en raison d'un marché intérieur de petite taille et d'une fiscalité dissuasive (section 3.4). Toutefois, contrairement à ce qu'il se passe dans l'économie en général, le secteur agricole primaire est l'un de ceux dont la productivité multifactorielle a augmenté le plus vite au

Canada. Par ailleurs, le secteur de la transformation affiche également une productivité proche, voire supérieure à celle constatée aux États-Unis (OCDE, 2012).

Graphique 2.2. Productivité multifactorielle de différentes économies, 1985-2011

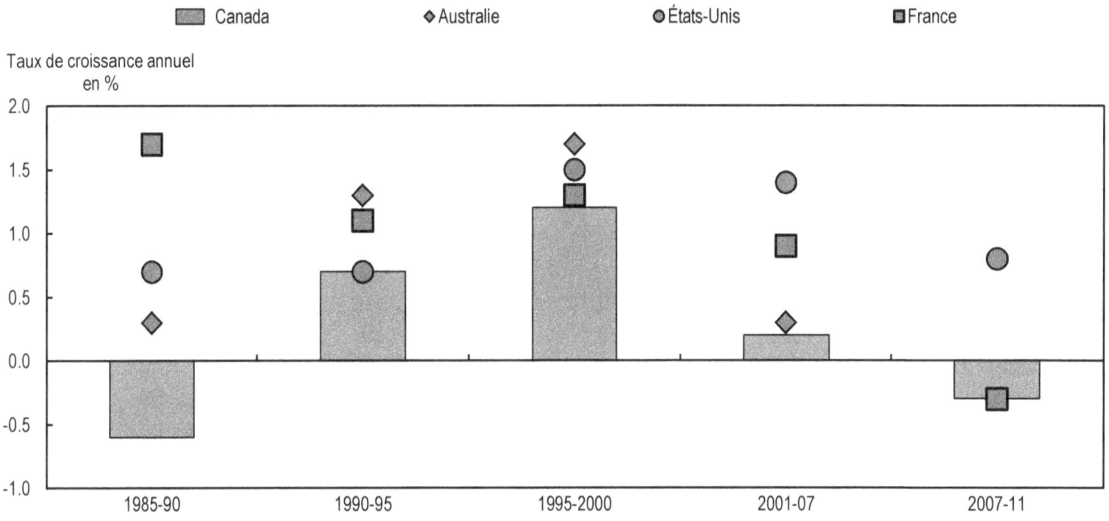

Canada ◆Australie ●États-Unis ■France

Taux de croissance annuel en %

1985-90 1990-95 1995-2000 2001-07 2007-11

Source : Base de données de l'OCDE sur la productivité multifactorielle (OECD.stat).

StatLink http://dx.doi.org/10.1787/888933290065

Importance économique du secteur agricole et agroalimentaire

Le secteur agricole et agroalimentaire canadien, depuis les fournisseurs d'intrants agricoles et les prestataires de services jusqu'à l'industrie de la transformation des aliments et des boissons, et la distribution en passant par le secteur agricole primaire, joue un rôle important dans l'économie canadienne. En effet, il a réalisé 6.7 % du PIB en 2012 et il s'agit du septième secteur, par ordre d'importance, qui contribue au PIB national après les services financiers, les industries manufacturières, l'extraction minière, la production de pétrole et de gaz, et la santé et l'administration publique. Entre 2007 et 2012, la part de l'agriculture et de l'agroalimentaire dans le PIB total est restée stable, ce qui signifie que ce secteur évolue en moyenne au même rythme que l'économie (graphique 2.3).

Le secteur agricole et agroalimentaire est également un important pourvoyeur d'emplois, au Canada. En 2012, ce secteur employait un salarié sur huit, soit plus de 2.1 millions de personnes, et absorbait 12 % de l'emploi total dans le pays (graphique 2.3). L'emploi a augmenté d'environ 1 % par an dans ce secteur, soit une progression de 15 % par rapport à 1997. Par comparaison, l'emploi total au Canada a crû de 28 % au cours de la période 1997-2012. La croissance relativement plus modeste du taux d'emploi dans l'agriculture et l'agroalimentaire s'explique en partie par la diminution du nombre d'exploitations, compte tenu des restructurations dans ce secteur, par le progrès technologique, et par l'augmentation de la taille moyenne des exploitations. Par ailleurs, la part de l'emploi dans le commerce de gros et de détail a également reculé entre 2007 et 2012 (graphique 2.3).

Il convient toutefois de noter que, dans la filière alimentaire, le commerce de gros, de détail et les services dépendent de la production agricole primaire à des degrés divers, en fonction du pays et du sous-secteur considéré. Ainsi, à l'instar des pays ayant un niveau de développement similaire, la contribution du secteur agricole primaire et des industries des intrants et de la transformation à l'économie est relativement modeste au Canada, puisqu'elle représente 3.4 % du PIB et 3.7 % de l'emploi. Le secteur agricole primaire absorbe 1.1 % du PIB et emploie 1.6 % de la population en activité dans le pays (graphique 2.3).

À environ 10 %, la part des produits agricoles et agroalimentaires dans les exportations canadiennes est proche du niveau constaté aux États-Unis. Tandis que la balance commerciale de ces produits est largement excédentaire, les importations agricoles représentent une part plus importante des importations totales au Canada que dans d'autres pays exportateurs nets de produits agricoles (graphique 2.4). L'importance des exportations et des importations de ce type de produits pour l'économie apparaît également dans le graphique 2.5, qui mesure les échanges de produits agroalimentaires en proportion du PIB dans différents pays (panneau A), mais qui donne aussi des indications sur les importations et les exportations de valeur ajoutée dans les produits agroalimentaires au regard du PIB agroalimentaire. Le panneau B montre comment les secteurs de l'économie nationale (en amont dans la chaîne de valeur) sont reliés aux consommateurs d'autres pays et comment les secteurs de l'économie d'autres pays (eux aussi en amont de la chaîne de valeur) sont reliés aux consommateurs locaux, même en l'absence de liens commerciaux directs. Ces indicateurs montrent que le Canada est relativement bien intégré dans les chaînes de valeur mondiales.

Graphique 2.3. Contribution du secteur agricole et agroalimentaire à l'économie canadienne en 2007 et en 2012

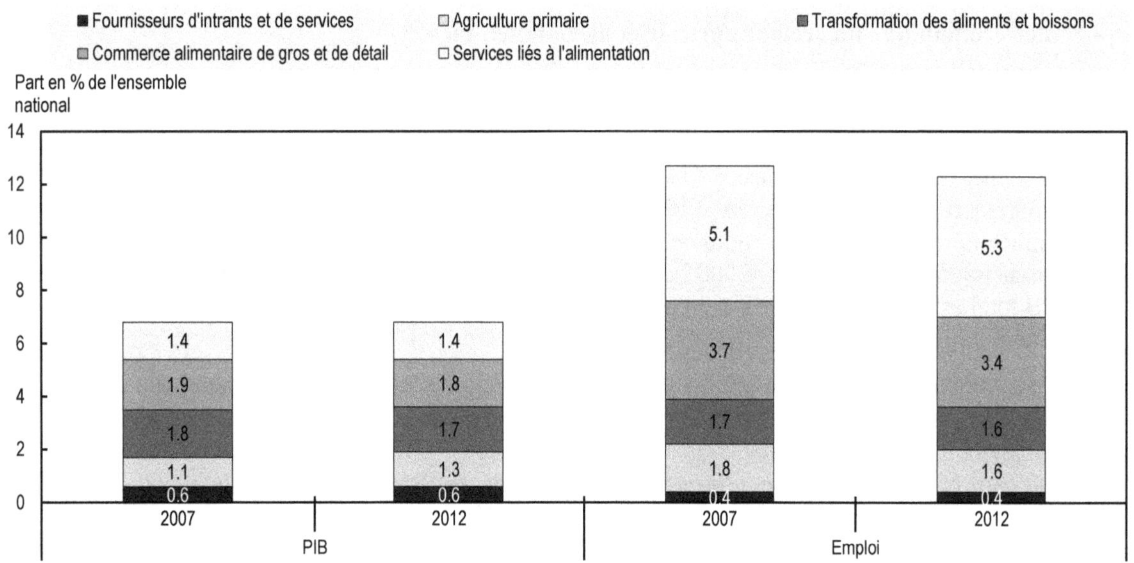

Les parts de PIB sont calculées à partir de CAD constants de 2007.

Source : AAC (Agriculture et agroalimentaire Canada) (2014), *Vue d'ensemble du système agricole et agroalimentaire canadien 2014*, accessible depuis l'adresse http://www.agr.gc.ca/fra/a-propos-de-nous/publications/publications-economiques/liste-alphabetique/vue-densemble-du-systeme-agricole-et-agroalimentaire-canadien-2014/?id=1396889920372, graphiques A.1 et A.3 ; et, dans l'édition de 2009, graphiques B1.1 et B1.3, disponible à l'adresse http://ageconsearch.umn.edu/bitstream/59885/2/overview_2009_e.pdf.

StatLink http://dx.doi.org/10.1787/888933290071

Graphique 2.4. Part du secteur agricole primaire dans l'économie et dans l'utilisation des ressources dans différentes économies, 2012

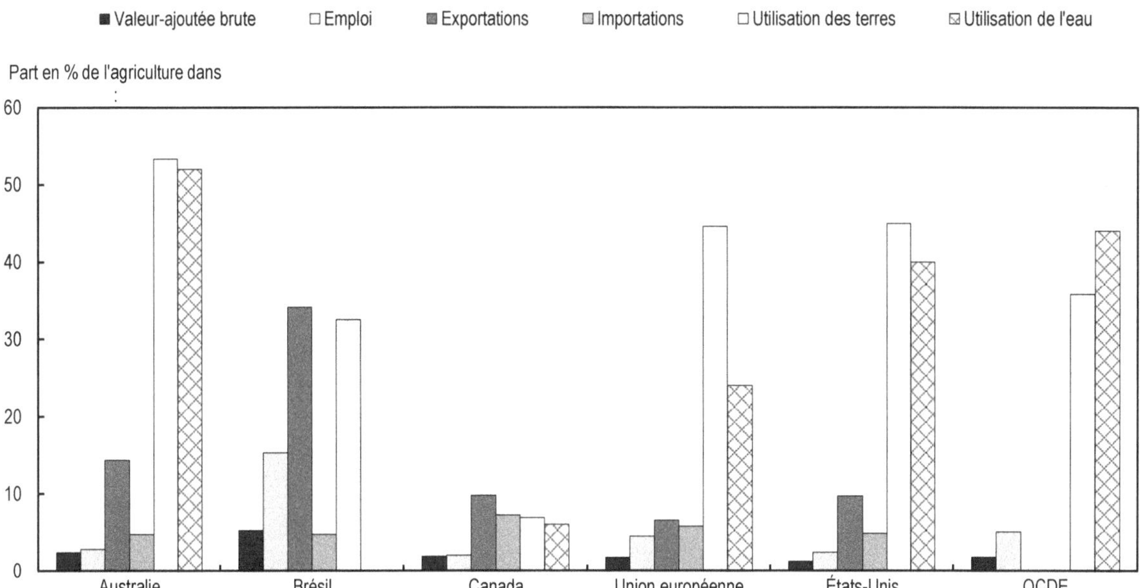

Les données sur la valeur ajoutée brute canadienne datent de 2008. Les données sur l'utilisation des terres et l'emploi datent de 2011. Enfin, les données sur l'utilisation de l'eau correspondent à la période 2008-10.

Source : Statistiques macroéconomiques sur le travail et sur les échanges commerciaux de l'OCDE et indicateurs agro-environnementaux (OECD.stat), publiés pour les pays de l'OCDE dans OCDE (2014b), *Politiques agricoles : suivi et évaluation - Pays de l'OCDE.* http://dx.doi.org/10.1787/agr_pol-2014-fr.

StatLink http://dx.doi.org/10.1787/888933290089

Le Canada se distingue d'autres pays exportateurs nets de produits agricoles dans la mesure où l'agriculture y consomme une proportion bien plus modeste des terres et de l'eau, compte tenu du climat et de la situation géographique du pays. Les régions canadiennes affichent des différences très importantes en matière d'utilisation de l'eau par l'agriculture. Environ 85 % des prélèvements pour l'agriculture (aussi bien d'eaux de surface que d'eaux souterraines) servent principalement à l'irrigation (avant tout dans l'Ouest du Canada) et 15 % des prélèvements à abreuver les animaux d'élevage.

Graphique 2.5. Ouverture aux échanges commerciaux de la filière agricole et agroalimentaire de différents pays

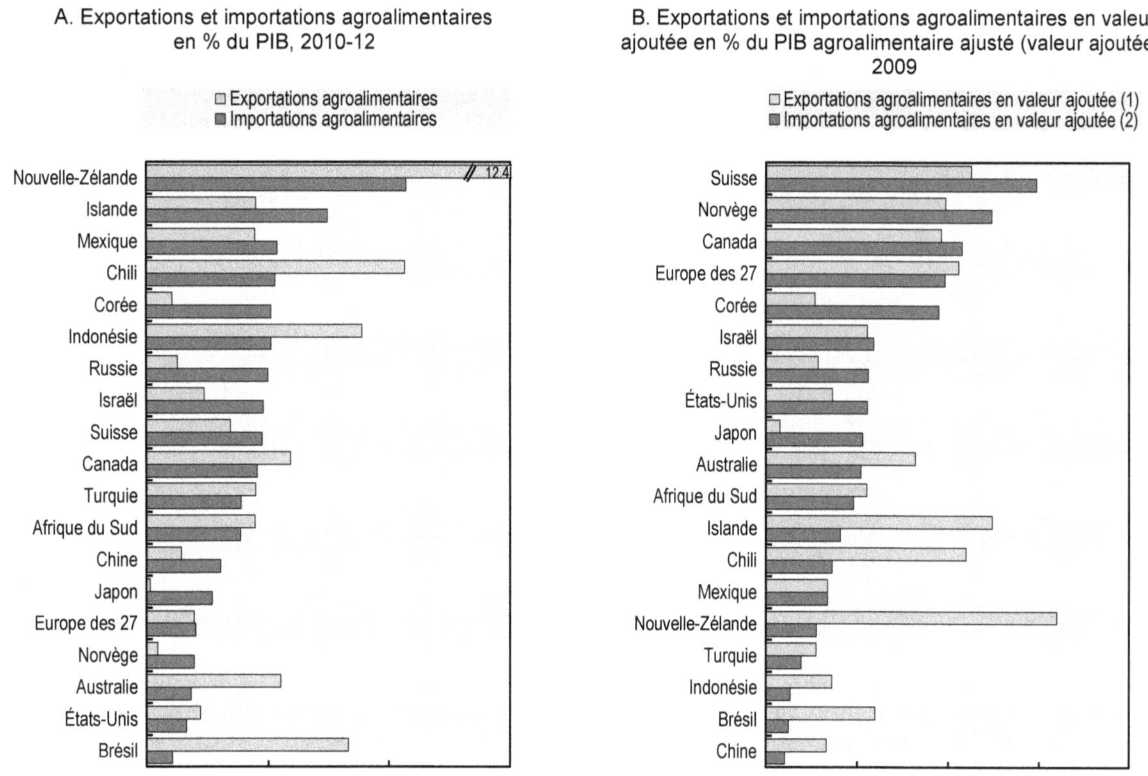

1. La valeur ajoutée contenue dans la demande finale étrangère montre comment les secteurs exportent de la valeur à la fois par leurs exportations finales directes et par leurs exportations indirectes de biens intermédiaires, via d'autres pays, à destination de la demande finale étrangère. Elle témoigne de la façon dont les secteurs (en amont dans la chaîne de valeur) sont reliés aux consommateurs d'autres pays, même en l'absence de relation commerciale directe. Cet indicateur illustre donc l'impact, sur la production locale en amont, de la demande finale sur les marchés étrangers. Il peut aisément être interprété comme « les exportations de valeur ajoutée ».

2. La valeur ajoutée étrangère contenue dans la demande finale intérieure témoigne de la façon dont les secteurs (en amont dans la chaîne de valeur) sont reliés aux consommateurs locaux, même en l'absence de liens commerciaux directs. Il peut aisément être interprété comme « les importations de valeur ajoutée ».

Source : International Trade by Commodity Statistics (ITCS) et base de données de l'initiative conjointe de l'OCDE et de l'OMC sur les Échanges en Valeur Ajoutée (2013), http://www.oecd.org/fr/industrie/ind/mesurerlecommerceenvaleurajouteeuneinitiativeconjointedelocdeetdelomc.htm.

StatLink http://dx.doi.org/10.1787/888933290090

Caractéristiques du secteur agricole et agroalimentaire canadien

Production agricole

Le Canada produit une grande variété de produits — céréales et oléagineux, viande de boucherie, légumineuses, produits laitiers, volaille, œufs et produits à base d'œufs, et pommes de terre —, la production végétale et animale étant presque au même niveau. En 2011 et en 2012, toutefois, les recettes tirées des ventes sur le marché de céréales et d'oléagineux ont augmenté en pourcentage des recettes totales en raison de l'augmentation des prix, tandis que la viande de boucherie voyait sa part diminuer. Les recettes tirées des ventes sur le marché de productions végétales spéciales (légumineuses, haricots, petits pois, moutarde, tournesol et graines de l'alpiste des Canaries) ont plus que doublé entre 2002 et 2012, alors que les parts de marché de ces produits passaient de 2.7 % à 3.7 %. Les recettes tirées des ventes sur le marché de volailles, d'œufs et de produits laitiers ont légèrement reculé en pourcentage du total de ces recettes durant cette période, comme les recettes tirées des ventes de fruits et des légumes, y compris des pommes de terre (AAC, 2014).

Les cultures se trouvent principalement dans les Prairies de l'Ouest. La production de lait est essentiellement assurée dans l'est du pays, où les cultures sont plus diversifiées, avec notamment des fruits, des légumes et du tabac. La filière de la viande de boucherie (porcins et bovins à viande) conserve une place importante au Canada, en particulier dans l'Ouest, en Ontario et au Québec.

Structure des exploitations et du secteur

Au Canada, le secteur agricole primaire a connu de profonds changements structurels au cours des 50 dernières années en raison du recul significatif de l'utilisation de main-d'œuvre (mécanisation accrue de la production) et de l'urbanisation de la population. L'évolution au cours de cette période s'explique aussi par l'apport d'intrants — engrais et pesticides — au procédé de production. L'adoption de nombreuses avancées techniques par les producteurs — développement et adoption de nouvelles variétés, et nouvelles races animales, nouveaux modes d'alimentation et de gestion des animaux, nouvelles pratiques de gestion des nutriments, lutte intégrée contre les ravageurs des cultures, nouvelles méthodes de labour (conservation et non labour), innovations au niveau des machines agricoles, agriculture de précision (par GPS), informatique, Internet (haut débit) et utilisation de téléphones intelligents — sont autant de facteurs qui ont contribué à la transformation du secteur.

Les progrès techniques et l'accélération de la productivité ont également permis aux exploitations d'accroître l'échelle de leur activité et de fusionner. Ainsi, la taille moyenne des exploitations a au moins triplé au cours des 70 dernières années, atteignant 315 hectares (ha) en 2011. Le type d'exploitation est lui aussi variable, selon que le mode production est intensif (exploitations de 100 ha dans l'Ontario et au Québec) ou extensif, comme dans les exploitations de la Saskatchewan, de l'Alberta ou du Manitoba, deux fois plus grandes, en moyenne, que l'exploitation moyenne du pays. La taille des exploitations a également augmenté à en juger par l'effectif du cheptel, surtout dans l'élevage porcin où le nombre d'animaux par exploitation a été multiplié par plus de 20, passant d'environ 70 en 1971 à 1 720 en 2011 (Statistique Canada, 2011).

Les grandes exploitations continuent d'assurer l'essentiel de la production. En 2011, celles qui réalisaient des recettes d'au moins 1 million CAD ne représentaient que 4.6 % de l'effectif, mais engendraient 49.0 % des recettes agricoles brutes totales, tandis que les exploitations les plus petites (recettes inférieures à 100 000 CAD) représentaient 62.2 % de l'effectif, mais s'arrogeaient seulement 7.0 % des recettes. Enfin, les moyennes et grandes exploitations (recettes comprises entre 100 000 CAD et 999 999 CAD) entraient à hauteur de 33 % de l'effectif et réalisaient 44 % des recettes.

Le secteur canadien de la transformation de produits alimentaires et de boissons, le principal acheteur de produits agricoles, se classait également au premier rang des industries de la transformation du pays en 2011, à en juger par sa part dans le PIB du secteur de la transformation. La plupart des entreprises de transformation agroalimentaire sont de petits établissements de moins de 50 salariés, mais les grandes entreprises du secteur assurent l'essentiel de la production. En 2009, les établissements de grande taille représentaient 3 % de l'effectif total, mais réalisaient 50 % de la valeur totale des expéditions. Nombre de ces entreprises sont des multinationales dont le siège se trouve à l'étranger.

Le marché de la distribution alimentaire, dans lequel ces produits sont commercialisés, se caractérise par la présence de trois grandes chaînes nationales de supermarchés, qui viennent s'ajouter à de petites épiceries familiales et aux marchés locaux. D'autres types de magasins sont également de plus en plus nombreux à proposer eux aussi de la nourriture et des boissons, comme les drugstores/pharmacies, les magasins de détail divers et les stations-service. En outre, l'arrivée de géants américains de la distribution (Wal-Mart, Target ou Costco), qui proposent une vaste gamme de produits d'épicerie, a attisé la concurrence sur le marché canadien de la distribution, ce dernier se caractérisant par de faibles marges et des opérations de fusions-acquisitions permanentes, entraînant des restructurations et des rapprochements d'entreprises confrontées à la concurrence des multinationales. Les consommateurs canadiens sont toutefois les gagnants de cette évolution, puisqu'ils bénéficient de prix compétitifs, d'offres à prix réduits, de marques de distributeurs et de nouveaux produits.

Échanges commerciaux de la filière agroalimentaire

Le Canada est un exportateur net de produits agricoles. En effet, en 2012, les exportations agricoles représentaient 9 % des exportations totales du pays et le Canada est le cinquième exportateur mondial de produits agricoles et alimentaires, derrière l'Union européenne, les États-Unis, le Brésil et la Chine, ses recettes d'exportation s'élevant à 43.6 milliards de CAD (graphique 2.6). Le Canada réalise donc 3.3 % des exportations totales de produits agricoles et alimentaires en valeur dans le monde (AAC, 2014).

Par ailleurs, ce pays fait partie des cinq premiers producteurs et exportateurs mondiaux de blé, de canola et de légumineuses, et il s'agit de l'un des principaux exportateurs de viande bovine et porcine. Si ce pays exporte tout d'abord vers les États-Unis, la Chine offre des débouchés toujours plus importants à ses produits (graphique 2.6).

Le Canada importe également beaucoup de produits agricoles et alimentaires, puisqu'en 2011, il réalisait 2.7 % des importations totales de produits agricoles et alimentaires en valeur dans le monde. Au chapitre des importations, ce pays se classe au sixième rang mondial après l'Union européenne, les États-Unis, la Chine, le Japon et la Fédération de Russie. Les importations de produits agricoles et agroalimentaires ont augmenté de façon soutenue en valeur, passant de 7.3 milliards CAD en 1988 à 31.0 milliards CAD en 2011 (soit une hausse de 322 %) (AAC, 2014).

Le marché intérieur est tout aussi important pour le secteur agricole et agroalimentaire canadien. En effet, l'essentiel de la hausse de la production a été absorbé sur le territoire national. Les trois quarts des aliments et des boissons transformés sont destinés au marché intérieur. Alors que l'agriculture et l'agroalimentaire sont confrontés à une concurrence étrangère toujours plus vive, les perspectives sont toujours plus favorables pour les produits destinés à une clientèle soucieuse de sa santé et de la protection de l'environnement (produits biologiques, aliments fonctionnels, production locale).

Graphique 2.6. Échanges commerciaux de produits agricoles et agroalimentaires au Canada, 1995-2012

A. Évolution des exportations et des importations en valeur

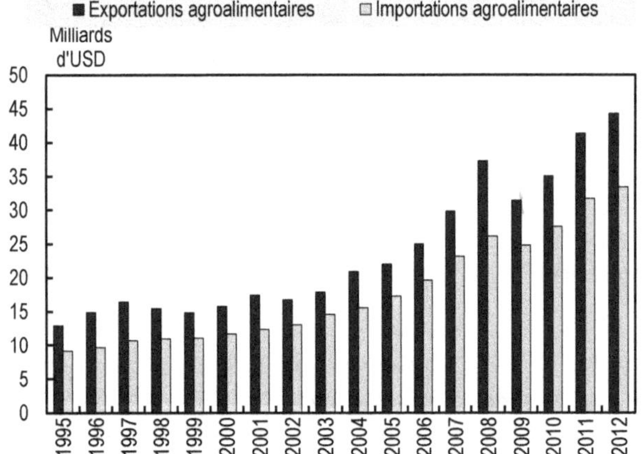

Source : Statistiques OCDE du commerce international par produit (ITCS).

B. Principales destinations des exportations

En pourcentage de l'ensemble des exportations agricoles et agroalimentaires du Canada

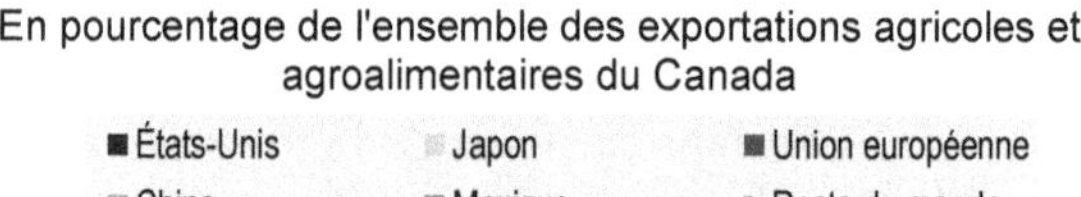

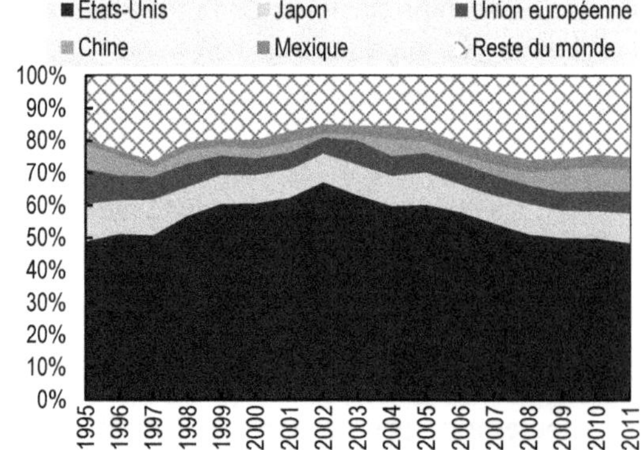

Source : Statistique Canada et calculs d'Agriculture et agroalimentaire Canada (AAC).

StatLink http://dx.doi.org/10.1787/888933290104

Soutien aux produits agricoles

En ce qui concerne l'action des pouvoirs publics, le secteur agricole canadien se caractérise par un certain dualisme (section 5.1). Les produits agricoles pour lesquels le Canada est un exportateur net et compétitif sont en contraste avec les sous-secteurs soumis à un système « de gestion de l'offre » (produits laitiers et volailles et produits associés), dont la production est principalement destinée au marché intérieur et qui sont protégés de la dynamique du marché par des contingents tarifaires (droits de douane hors quota très élevés), des subventions à l'exportation, des quotas de production et d'autres mesures (OMC, 2011).

Compétitivité sur les marchés des intrants et des extrants

Sur le critère de la rentabilité, les sous-secteurs spécialisés dans les produits agricoles d'exportation sont compétitifs sur les marchés mondiaux, contrairement aux sous-secteurs assujettis au dispositif de gestion de l'offre. La fixation de quotas de production et les systèmes de mise en commun des prix sont des pratiques anticoncurrentielles, tandis que l'application d'un prix plus élevé aux produits agricoles protégés sur le marché intérieur renchérit les coûts de production de la filière de transformation.

Le prix des intrants agricoles joue un rôle essentiel dans la compétitivité de l'agriculture. En règle générale, les coûts de la génétique animale et végétale, des engrais, des traitements vétérinaires et des produits et de l'équipement de protection phytosanitaire sont comparables à ceux pratiqués par la concurrence. Toutefois, certains écarts de prix existent, qui pénalisent souvent le Canada vis-à-vis des États-Unis.

Productivité et durabilité de l'agriculture

Les pouvoirs publics ont joué un rôle dans la transformation du secteur agricole canadien par leurs investissements passés dans la R-D agricole. Parallèlement, les investissements du secteur privé ont également progressé, en particulier ceux portant sur les nouvelles variétés végétales et la génétique animale. Les investissements publics et privés dans l'innovation ont largement contribué à la hausse de la productivité, qui entre pour une part de plus en plus importante dans l'augmentation de la production agricole. Dans le même temps, l'adoption de pratiques plus durables a rendu l'agriculture plus respectueuse de l'environnement et a réduit la pression sur les ressources naturelles.

Productivité

Le **rendement** des principales plantes cultivées au Canada — blé, maïs-grain, colza canola, soja, lin et pois protéagineux — a **augmenté**, à des degrés divers. Par rapport à la période 1961-2000, le rendement du maïs, du canola et du soja a davantage augmenté sur 2000-2010 (graphique 2.7). Ainsi, le maïs (grain) n'a vu son rendement augmenter que de 0.8 % durant la première période, contre 4.3 % entre 2000 et 2010. C'est durant cette période que les biotechnologies ont transformé le secteur des semences hybrides et qu'ont été adoptées les lois sur la protection des obtentions végétales (1990). La combinaison de ces deux facteurs a incité le secteur privé à entreprendre des activités de R-D dans ces domaines. En revanche, sur la même période, les rendements ont baissé pour le blé et le pois protéagineux.

Graphique 2.7. Progression du rendement des principales cultures au Canada, 1961-2000 et 2000-10

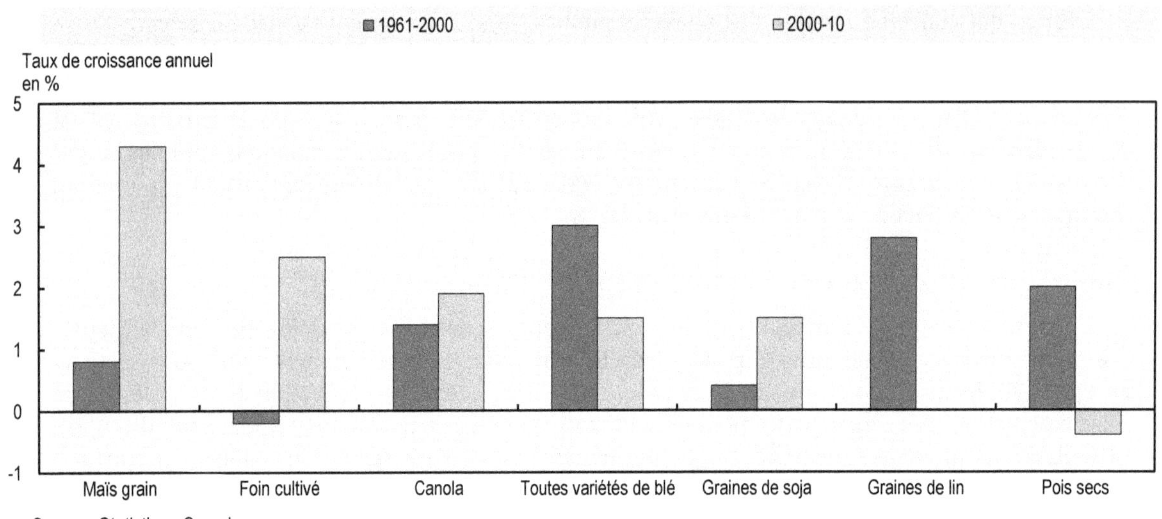

Source : Statistique Canada.

StatLink http://dx.doi.org/10.1787/888933290113

D'après des recherches menées par Agriculture et Agroalimentaire Canada (AAC), la production agricole a crû de 2.3 % par an, en termes réels, entre 1961 et 2006 au Canada (Cahill et Rich, 2012) (graphique 2.8). Durant la même période, l'utilisation d'intrants n'a augmenté pour sa part que de 0.7 % par an. La hausse de la productivité s'explique donc par une augmentation de la **productivité totale des facteurs (PTF)**[1], de 1.6 % par an en moyenne. Ce qui signifie que le secteur canadien de l'agriculture est en mesure de produire la même quantité de nourriture qu'en 1961 avec environ la moitié des intrants. Par ailleurs, la productivité de la main-d'œuvre a augmenté plus vite que la productivité des terres. Le Canada s'est d'ailleurs classé au deuxième rang des pays de l'OCDE à ce titre à la fin des années 2000, après les États-Unis et avant l'Australie (OCDE, 2011).

Graphique 2.8. Progression de la production brute, de l'utilisation d'intrants et de la productivité totale des facteurs (PTF) dans le secteur agricole primaire canadien, 1961-2006

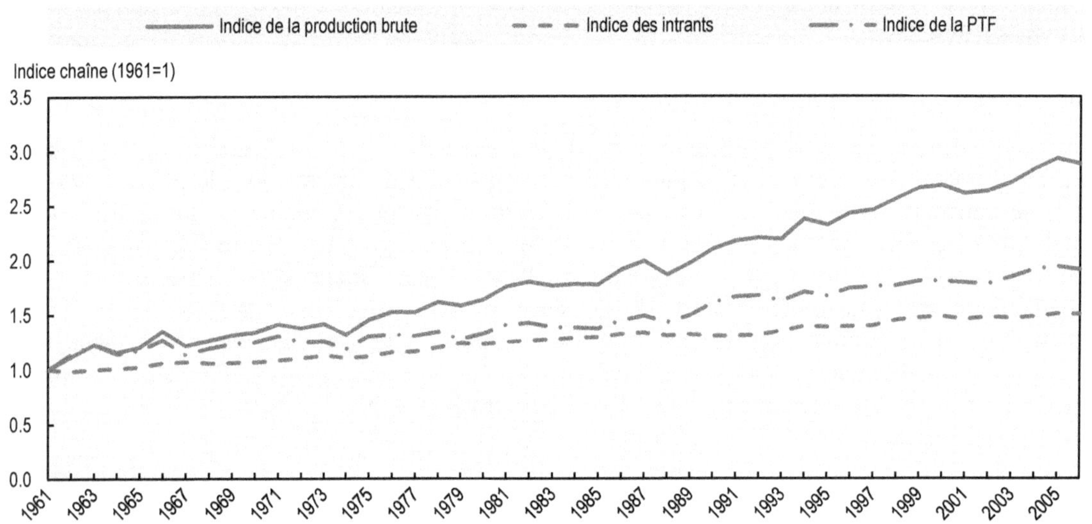

Source : Cahill, S.A. et T. Rich (2012), « Measurement of Canadian agricultural productivity growth ».

StatLink http://dx.doi.org/10.1787/888933290121

Ces dernières années, la PTF du secteur agricole primaire a augmenté moins vite, mais à un rythme néanmoins très honorable, d'environ 1.6 % par an. Des comparaisons entre pays réalisées récemment par le Service de recherche économique (ERS) du ministère de l'Agriculture des États-Unis (USDA) font également état d'un recul de la PTF canadienne ces dix dernières années, mais d'une productivité néanmoins orientée à la hausse (graphique 2.9). Cette baisse est bien moins prononcée qu'en Australie, mais la progression de la PTF dans l'agriculture est plus lente au Canada que dans la plupart des autres pays de l'OCDE et que dans les pays émergents ou en transition, où elle progresse rapidement, ces pays cherchant à rattraper leur retard. À l'instar de nombreux pays dont l'agriculture est axée sur les exportations, dans les années 1990 et au début des années 2000, la productivité multifactorielle a crû plus rapidement dans l'agriculture, la chasse, la sylviculture et la pêche que dans l'ensemble de l'économie et que dans le secteur manufacturier. En revanche, cela n'a plus été vrai à la fin des années 2000, probablement en raison d'une production agricole plus modeste due à la multiplication d'événements climatiques néfastes. Cette croissance plus modérée reflète peut-être aussi un recul de la productivité de la main-d'œuvre qui n'a pas été compensé par une hausse de la productivité des terres et des machines.[2]

Graphique 2.9. Progression de la productivité totale des facteurs dans le secteur agricole primaire par décennie dans différents pays, 1991-2010

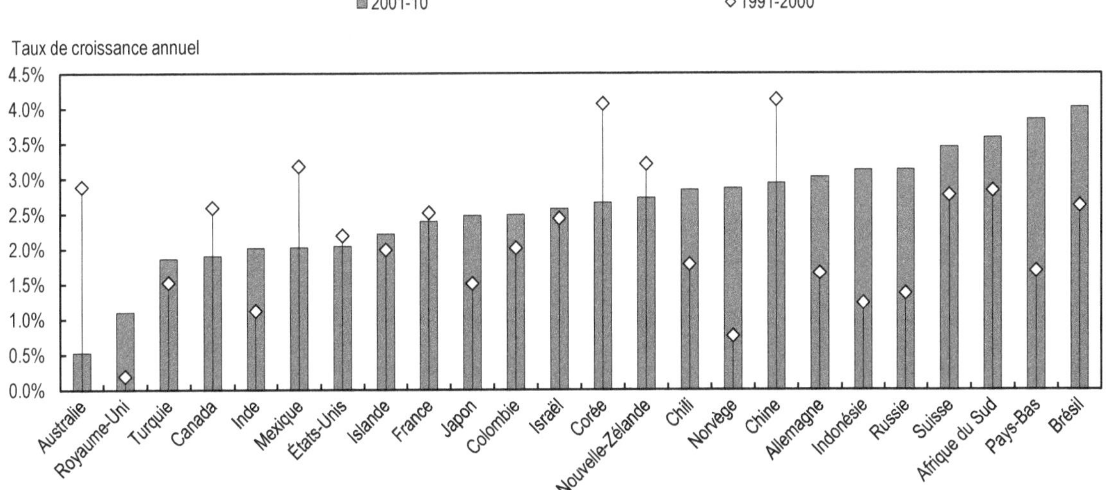

La progression de la PTF a été calculée à partir des données de FAOstat et d'une méthode différente de celle d'AAC.

Source : Base de données sur la productivité agricole du Service de recherche économique (ERS) du ministère de l'Agriculture des États-Unis, disponible à l'adresse www.ers.usda.gov/data-products/international-agricultural-productivity/documentation-and-methods.aspx#excel.

StatLink http://dx.doi.org/10.1787/888933290130

Selon une étude récente de l'OCDE, les performances du Canada dans la culture de plein champ et l'élevage de bovins étaient similaires à celles d'autres pays de l'OCDE (Kimura et Le Thi, 2013). Selon cette étude, la culture en plein champ enregistre des performances similaires à celles de l'Australie et des États-Unis, deux pays qui sont généreusement dotés en terres. En revanche, le Canada est à la traîne pour les produits laitiers une fois que l'on a déduit le soutien des prix du marché. À l'instar de ce qui se passe dans les autres pays, les exploitations canadiennes les plus performantes réalisent une part plus importante de la production agricole brute sans pour autant exploiter des superficies plus importantes. Des différences au niveau de la capacité de gestion et de la qualité des terres pourraient expliquer pourquoi les structures les plus performantes obtiennent de meilleurs rendements, à superficie égale. À l'inverse des autres pays étudiés, les exploitations canadiennes enregistrant des performances médiocres ont bénéficié d'un soutien global plus important au titre des programmes.

Durabilité

L'agriculture canadienne jouit de ressources relativement abondantes et ne semble pas provoquer de pollution massive. Ces vingt dernières années, l'augmentation de la production s'est accompagnée d'une hausse minimale de la pression sur les terres ou l'eau, même si l'abondance des ressources varie selon les régions.

Depuis le début des années 1990, les surfaces agricoles ont légèrement augmenté et les prélèvements d'eau douce pour l'agriculture ont diminué. Le bilan azoté a doublé entre 1990-92 et 2007-09, cette progression étant du même ordre que l'augmentation de la production agricole (graphique 2.10). À 23 kg/ha, l'intensité des excédents d'azote reste bien inférieure à la moyenne de la zone de l'OCDE (graphique 4.3 dans OCDE, 2003b). Le bilan phosphaté était négatif dans les années 1990, avant de redevenir légèrement positif en 2007-09. L'intensité des excédents nutritifs (c'est-à-dire le bilan azoté et phosphaté par hectare) est relativement faible à l'échelon national, mais, dans certaines régions, elle représente malgré tout une certaine charge pour l'environnement tandis que dans d'autres régions, les carences en éléments nutritifs compromettent la productivité des cultures. Plus particulièrement, le déficit chronique en phosphore de certains sols est une préoccupation persistante dans certaines régions (OCDE, 2013b). Parallèlement, un épandage excessif ou hivernal entraîne la prolifération d'algues dans d'autres régions. Ces dix dernières années, l'utilisation de pesticides a diminué de 2.6 % par an, alors que la production végétale augmentait de 0.5 % par an.

Graphique 2.10. Tendances du bilan des éléments nutritifs dans différents pays de l'OCDE

Évolution moyenne annuelle en pourcentage entre 1998-2000 et 2007-09

A. Bilan de l'azote

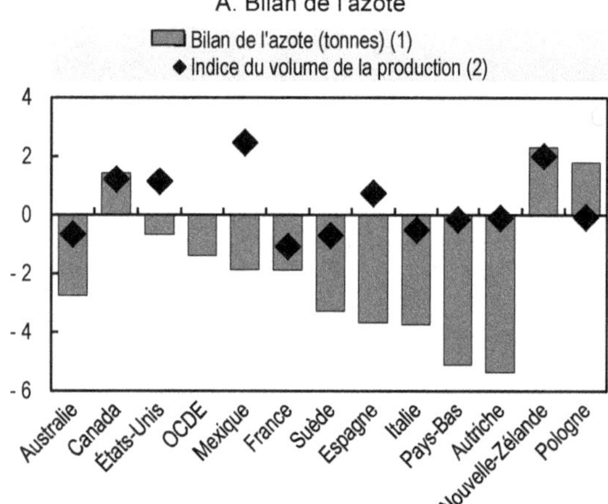

B. Bilan du phosphore

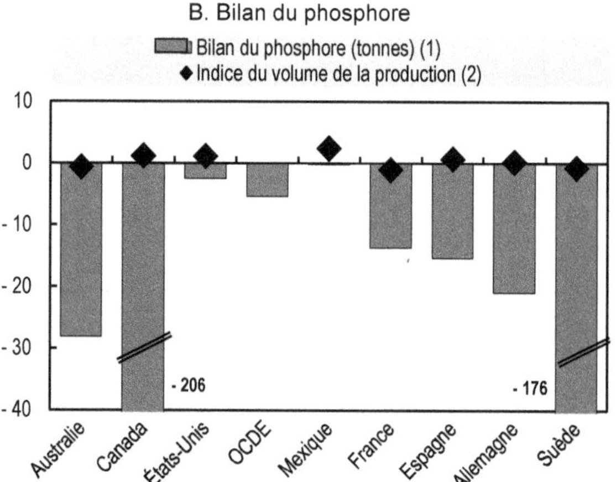

1. Le bilan brut (excédent ou déficit) des éléments fertilisants correspond à la différence entre les éléments nutritifs arrivant sur l'exploitation (à savoir principalement les effluents d'élevage et les engrais) et les éléments nutritifs produits et sortant de l'exploitation (enlèvement d'un élément nutritif pour l'apport aux cultures ou pour la production prairiale).

2. Base de l'indice, 100 = 2004-06

Source : Base de données de l'OCDE des indicateurs environnementaux pour l'agriculture, 2013 ; OCDE (2013b), *Compendium des indicateurs agro-environnementaux de l'OCDE*. http://dx.doi.org/10.1787/9789264181151-fr.

StatLink http://dx.doi.org/10.1787/888933290140

Une proportion très réduite de superficies agricoles présente un risque modéré à grave d'érosion hydrique (2 %) ou d'érosion éolienne (1.7 %). Les problèmes d'érosion qui ont pu se poser par le passé ont été en grande partie résolus moyennant des modifications des pratiques agricoles comme la réduction de l'intensité du travail de la terre, le moindre recours aux jachères d'automne et l'utilisation de machines innovantes. Au cours des dernières décennies, de nombreux terrains aux sols les plus fragiles à l'érosion ont été dédiés à la production de fourrages ou transformés en pâtures.

Globalement, l'agriculture de précision a contribué à améliorer la viabilité écologique. Cette évolution répond aussi à une demande des entreprises du secteur agroalimentaire, qui cherchent à stabiliser leurs approvisionnements en formulant des exigences de viabilité écologique.

Notes

1. À l'instar de la productivité partielle, la productivité totale des facteurs (PTF) est le rapport entre volumes produits et volumes d'intrants. Pour mesurer la productivité partielle, on ne tient compte que d'un intrant (les terres) tandis que pour la PTF, tous les intrants sont pris en compte, à savoir le capital (machines, terres, bâtiments, cheptel), le travail (rémunéré et non rémunéré) et les biens intermédiaires (biens et services achetés).
2. Selon les indicateurs de productivité publiés par le service de recherche économique de l'USDA, disponibles à l'adresse : www.ers.usda.gov/data-products/international-agricultural-productivity/documentation-and-methods.aspx#excel.

Références

AAC (2014), *Vue d'ensemble du système agricole et agroalimentaire canadien 2014*, Agriculture et Agroalimentaire Canada, disponible depuis l'adresse http://www.agr.gc.ca/fra/a-propos-de-nous/publications/publications-economiques/liste-alphabetique/vue-densemble-du-systeme-agricole-et-agroalimentaire-canadien-2014/?id=1396889920372 .

AAC (2009), *Vue d'ensemble du système agricole et agroalimentaire canadien 2009*, Agriculture et Agroalimentaire Canada, disponible depuis l'adresse http://www.agr.gc.ca/fra/a-propos-de-nous/publications/publications-economiques/liste-alphabetique/vue-d-ensemble-du-systeme-agricole-et-agroalimentaire-canadien-2009/?id=1261159658146.

Cahill, S.A. et T. Rich (2012), « Measurement of Canadian agricultural productivity growth », in Fuglie, K., S.L. Wang et V.E. Ball (eds), *Productivity Growth in Agriculture: An International Perspective*, Wallingford: CABI, pp. 33-71.

Kimura, S. et C. Le Thi (2013), « Cross Country Analysis of Farm Economic Performance », Documents de travail de l'OCDE sur l'alimentation, l'agriculture et les pêcheries, n° 60, Éditions de l'OCDE, Paris. http://dx.doi.org/10.1787/5k46ds9ljxkj-en.

OCDE (2014a), *Études économiques de l'OCDE : Canada, 2014*, Éditions de l'OCDE, Paris. http://dx.doi.org/10.1787/eco_surveys-can-2014-fr.

OCDE (2014b), *Politiques agricoles : suivi et évaluation - Pays de l'OCDE*, Éditions de l'OCDE, Paris. http://dx.doi.org/10.1787/agr_pol-2014-fr.

OCDE (2013a), *Politiques agricoles : suivi et évaluation 2013 - Pays de l'OCDE et économies émergentes*, Éditions de l'OCDE, Paris. http://dx.doi.org/10.1787/agr_pol-2013-fr.

OCDE (2013b), *Compendium des indicateurs agro-environnementaux de l'OCDE*, Éditions de l'OCDE, Paris. http://dx.doi.org/10.1787/9789264181151-fr.

OCDE (2012), *Études économiques de l'OCDE : Canada, 2012*, Éditions de l'OCDE, Paris. http://dx.doi.org/10.1787/eco_surveys-can-2012-fr.

OCDE (2011), *Renforcer la productivité et la compétitivité dans le secteur agricole,* Éditions de l'OCDE, Paris. http://dx.doi.org/10.1787/9789264167131-fr.

OMC (2011), *Examen des politiques commerciales : Canada* [WT/TPR/S/246/Rev.1], Genève.

Statistique Canada (2011), Recensement de l'agriculture de 2011. http://www.statcan.gc.ca/ca-ra2011/index-fra.htm?fpv=920.

OMC (2011), *Examen des politiques commerciales : Canada* [WT/TPR/S/246/Rev.1], Genève.

Chapitre 3

Stabilité économique et confiance dans les institutions au Canada

Ce chapitre souligne l'importance de la stabilité économique et des institutions publiques pour renforcer l'investissement dans les secteurs public et privé. Il présente une vue d'ensemble de la performance générale de l'économie, souligne les évolutions et les défis au niveau macroéconomique, présente le système de gouvernance fédéral-provincial, et contient une évaluation des institutions publiques.

Les données statistiques concernant Israël sont fournies par et sous la responsabilité des autorités israéliennes compétentes. L'utilisation de ces données par l'OCDE est sans préjudice du statut des hauteurs du Golan, de Jérusalem Est et des colonies de peuplement israéliennes en Cisjordanie aux termes du droit international.

Environnement macroéconomique

D'une façon générale, des politiques macroéconomiques stables et saines jouent un rôle important dans la création d'un environnement qui incite les exploitations agricoles et les entreprises du secteur agroalimentaire à investir dans l'adoption de nouveaux produits et de nouvelles méthodes de production ou dans des changements d'organisation qui augmentent leur productivité tout en veillant à une utilisation plus durable des ressources naturelles (OCDE, 2010). Par ailleurs, l'évaluation de la croissance et du potentiel de croissance à court et à moyen terme se répercute aussi sur les perspectives du secteur lui-même. Dans certains cas, les politiques macroéconomiques et leurs effets peuvent contribuer à créer des distorsions implicites et parfois involontaires, favorables ou défavorables au secteur agricole et agroalimentaire.

Le Canada jouit d'une situation macroéconomique stable et saine, avec une croissance assez solide depuis le creux de la récession (OCDE, 2014a, tableau 2.1). Les programmes budgétaires fédéraux sont considérés crédibles par les marchés, ce qui favorise un coût modéré de l'emprunt, tandis qu'en valeur réelle, l'investissement et les marges bénéficiaires des entreprises ont renoué avec leur niveau d'avant la crise (OCDE, 2012). La politique de relance menée pendant la récession (qui a coûté environ 4 % du PIB à l'échelon fédéral) a entraîné une dégradation du solde financier des administrations publiques, ce dernier étant passé d'un excédent de 1.7 % du PIB en 2007 à un déficit de 4.9 % du PIB en 2010 ; le déficit a été progressivement résorbé, s'établissant à 2.7 % du PIB en 2013. Par conséquent, l'endettement brut des administrations publiques a augmenté d'environ 20 points de pourcentage du PIB, pour atteindre 93 % de ce dernier à la fin de 2013 (tableau 3.1).

Le chômage a considérablement reculé au niveau national depuis le point le plus fort de la crise ; en 2014, il se rapproche de son taux moyen à long terme, mais aussi des estimations de l'OCDE, qui établissent son niveau structurel à 7 %. L'inflation est modeste et stable. Ces dix dernières années, le dollar canadien a connu d'importantes fluctuations structurelles vis-à-vis du billet vert, face auquel il s'est s'apprécié de 32 % entre 2002 et 2008. La vigueur de la devise canadienne, qui était presque à parité avec le dollar des États-Unis sur la période 2010-13, a eu des effets sur la compétitivité des entreprises canadiennes axées sur les exportations (tableau 3.1).

Le Canada se situe légèrement au-dessus de la moyenne des pays de l'OCDE sur le critère de l'environnement macroéconomique, selon l'indice de compétitivité mondiale (*GCI – Global Competitiveness Index*) du Forum économique mondial (graphique 3.1). Toutefois, avec un score de 5 sur 7 (7 étant la note maximale), le Canada n'est pas aussi bien placé que d'autres pays de l'OCDE à la croissance rapide et qui sont moins endettés, mais aussi que certaines économies émergentes.

Selon la dernière édition des *Perspectives économiques de l'OCDE* (OCDE, 2014a), la croissance économique du Canada, tirée par les exportations et l'investissement des entreprises, devrait regagner du terrain pour s'établir à 2.4 % en 2014 et à 2.6 % en 2015 (tableau 3.1). Le regain des exportations fait suite à la reprise sur les marchés mondiaux, mais aussi aux mesures prises par les entreprises pour s'implanter sur des marchés à forte croissance et pour accroître leur compétitivité. L'investissement des entreprises devrait bénéficier d'un recul des capacités non utilisées et d'un crédit bon marché et facilement disponible. Le solde des administrations publiques devrait se contracter, atteignant -2.0 % en 2014 et -1.8 % en 2015, et le taux d'inflation augmenter pour s'établir à 2.0% en 2014 et 1.6 % en 2015.

Tableau 3.1. Principaux indicateurs de la politique macroéconomique canadienne, 1990-2015

	1990	1995	2000	2005	2008	2009	2010	2011	2012	2013	2014e	2015e
Croissance du PIB réel (%)	0.1	2.7	5.1	3.2	1.2	-2.7	3.4	3.0	1.9	2.0	2.4	2.6
Solde financier des administrations publiques en % du PIB	-5.7	-5.2	2.9	1.7	-0.3	-4.5	-4.9	-3.7	-3.1	-2.7	-2.0	-1.8
Dette brute des administrations publiques en % du PIB	77	104	84	76	75	87	90	93	96	93	94	94
Taux de change (CAD-USD)	1.17	1.37	1.49	1.21	1.07	1.14	1.03	0.99	1.00	1.03	1.10	1.14
Taux annuel d'inflation en %, IPC tous postes confondus	..	2.2	2.7	2.2	2.4	0.3	1.8	2.9	1.5	1.0	2.0	1.6
Taux de chômage à la fin de l'année en % de la population active totale	8.2	9.5	6.8	6.7	6.1	8.3	8.0	7.5	7.3	7.1	6.9	6.5

e : Estimations de l'OCDE.

Source : OCDE (2014a), *Perspectives économiques de l'OCDE, Volume 2014/2*. http://dx.doi.org/10.1787/eco_outlook-v2014-2-fr.

StatLink http://dx.doi.org/10.1787/888933290577

Graphique 3.1. Indice de compétitivité mondiale : environnement macroéconomique[1], 2013-14

Note de 1 à 7 (note la plus élevée)

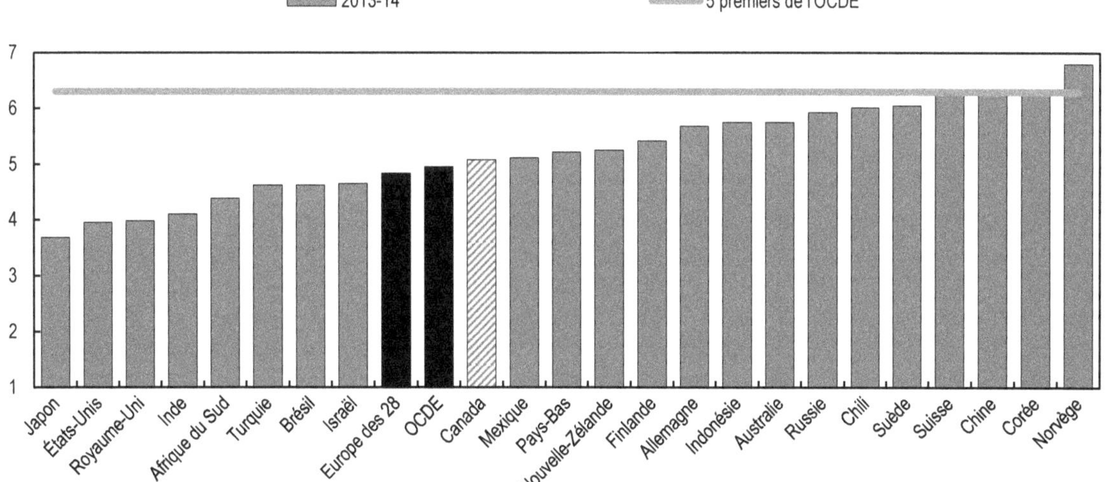

Les indices correspondant à l'Europe des 28 et à l'OCDE sont la moyenne simple des indices des pays membres.

L'indice des '5 premiers de l'OCDE' représente la moyenne des notes des cinq pays de l'OCDE les plus performants (Norvège, Corée, Suisse, Suède et Luxembourg).

1. L'indice de l'environnement macroéconomique comprend les indicateurs suivants : solde du budget de l'État; épargne nationale brute; inflation; dette publique et solvabilité du pays.

Source : Forum économique mondial (2013), *The Global Competitiveness Report 2013-2014: Full data Edition*, Genève 2013. http://reports.weforum.org/the-global-competitiveness-report-2013-2014/#=.

StatLink http://dx.doi.org/10.1787/888933290169

Gouvernance et qualité des institutions publiques

Des systèmes de gouvernance efficaces et des institutions de qualité permettent aux acteurs économiques de compter sur des pouvoirs publics responsables, transparents et prévisibles. Ce sont des conditions préalables indispensables aussi bien pour favoriser l'investissement public et privé dans l'économie que pour permettre à ces investissements d'atteindre les objectifs prévus pour les investisseurs et pour le pays hôte. En outre, les systèmes de gouvernance jouent un rôle important dans la lutte contre le mauvais fonctionnement du marché, dans la mesure où ils influent sur le comportement des entreprises et qu'ils permettent un fonctionnement efficace des marchés d'intrants et d'extrants (OCDE, 2013).

Le Canada est un État fédéral, un certain nombre de compétences étant partagées entre les dix provinces et les trois territoires (encadré 3.1).

Encadré 3.1. La structure de la gouvernance au Canada

En vertu de la loi constitutionnelle de 1867, l'État fédéral est compétent sur les questions qui intéressent tous les Canadiens, principalement celles qui dépassent les frontières provinciales et nationales, comme la défense, les affaires étrangères, les échanges et le commerce interprovincial et international, le droit pénal, la citoyenneté, la banque centrale et la politique monétaire.

Les provinces sont compétentes dans les questions d'intérêt local, comme l'enseignement primaire et secondaire, les services sanitaires et sociaux, les ressources naturelles, les droits de propriété et les droits civils, les tribunaux provinciaux et municipaux, et les collectivités locales (municipalités).

Certains domaines de compétences sont partagés entre ces deux échelons. Ainsi, dans le domaine des transports, c'est le gouvernement fédéral qui est compétent pour ce qui touche aux mouvements entre provinces ou aux frontières (transports aériens, maritimes et ferroviaires), tandis que les provinces sont chargées de la gestion des routes provinciales, de l'immatriculation des véhicules et de la délivrance des permis de conduire. Les compétences sur l'agriculture, l'immigration et certains aspects de la gestion des ressources naturelles sont également partagées.

Le Canada se classe au 15e rang mondial pour la qualité de ses institutions publiques, selon l'indice de compétitivité mondiale du Forum économique mondial, qui est établi à partir d'enquêtes d'opinion auprès des entreprises (graphique 3.2). Le Canada est particulièrement plébiscité sur le critère de la protection des droits de propriété, dont les droits de propriété intellectuelle (DPI)[1] et sur celui de la sécurité (indépendance du système judiciaire et fiabilité des services de police). Sur le critère de l'efficience des pouvoirs publics, le Canada ne réalise pas, toutefois, un score aussi élevé, à cause principalement du poids perçu de la réglementation publique (52e rang) et du gaspillage des fonds publics (24e rang). Des mesures ont été prises pour réexaminer les dépenses et la réglementation publiques, dans le but d'améliorer l'efficacité de l'action publique dans divers domaines.

Selon les enquêtes d'opinion réalisées auprès des entreprises, le Canada obtient des résultats encore meilleurs sur le critère de la qualité de ses entités privées, se classant au 8e rang mondial à ce titre. La réglementation canadienne est connue pour le degré important de protection offert aux investisseurs et pour son dispositif rigoureux de normes d'audit et de notification d'informations.

Graphique 3.2. Indice de compétitivité mondiale : Qualité des institutions publiques, 2013-14

Note de 1 à 7 (note la plus élevée)

A. Indice de la qualité des institutions publiques, par pays

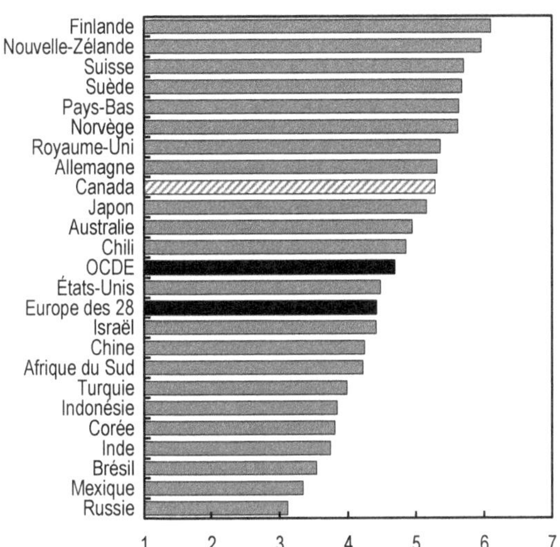

B. Indice de la qualité des institutions publiques canadiennes, par variable

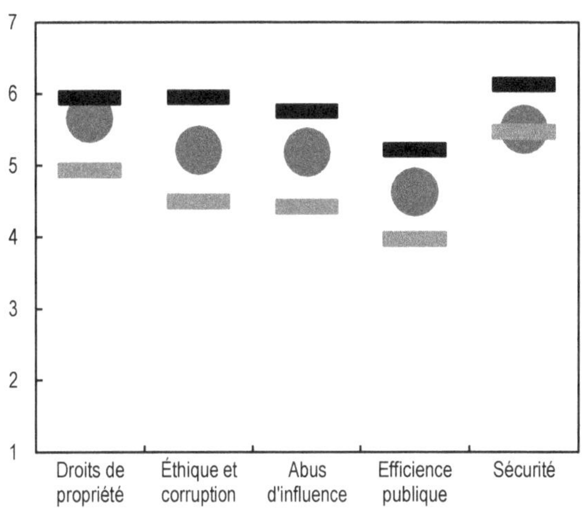

A. Les indices correspondant à l'Europe des 28 et à l'OCDE sont la moyenne simple des indices des pays membres.

B. L'indice des '5 premiers de l'OCDE' représente la moyenne des notes des cinq pays de l'OCDE les plus performants (Finlande, Nouvelle-Zélande, Suisse, Suède et Pays-Bas).

La variable « Droits de propriété » correspond à la moyenne des indices droits de propriété et DPI. La variable « Éthique et corruption » correspond à la moyenne des indices suivants : détournement de fonds publics, confiance de la population dans la classe politique et paiements illicites et pots-de-vin. La variable « Abus d'autorité » correspond à la moyenne des indices indépendance du système judiciaire et népotisme dans les décisions des fonctionnaires. La variable « Inefficience des pouvoirs publics » correspond à la moyenne des indices suivants : gaspillage des fonds publics, poids de la réglementation, efficience du cadre juridique à régler les différends, efficience du cadre juridique pour la contestation de la réglementation et transparence de l'action publique. La variable « Sécurité » recouvre la moyenne des indices suivants : coûts du terrorisme pour les entreprises, coûts des délits et de la violence pour les entreprises, crime organisé et fiabilité des services de police.

Source : Forum économique mondial (2013), *The Global Competitiveness Report 2013-2014: Full data Edition*, Genève 2013, disponible à l'adresse http://reports.weforum.org/the-global-competitiveness-report-2013-2014/#=.

StatLink http://dx.doi.org/10.1787/888933290159

Note

1. La protection des droits de propriété intellectuelle est l'un des volets des droits de propriété qui est directement lié à l'activité d'innovation. Cette question est traitée plus loin dans ce document.

Références

OCDE (2014a), *Perspectives économiques de l'OCDE, Volume 2014/1*, Éditions de l'OCDE, Paris. http://dx.doi.org/10.1787/eco_outlook-v2014-1-fr.

OCDE (2014b), *Études économiques de l'OCDE : Canada, 2014*, Éditions de l'OCDE, Paris. http://dx.doi.org/10.1787/eco_surveys-can-2014-fr.

OCDE (2013), *Les systèmes d'innovation agricole : Cadre pour l'analyse du rôle des pouvoirs publics*, Éditions de l'OCDE, Paris. http://dx.doi.org/10.1787/9789264200593-fr .

OCDE (2012), *Études économiques de l'OCDE : Canada, 2012*, Éditions de l'OCDE, Paris. http://dx.doi.org/10.1787/eco_surveys-can-2012-fr .

OCDE (2010), *La stratégie de l'OCDE pour l'innovation : Pour prendre une longueur d'avance*, Éditions de l'OCDE, Paris. http://dx.doi.org/10.1787/9789264084759-fr.

Chapitre 4

Investissements dans le système agricole et agroalimentaire canadien

Ce chapitre présente une vue d'ensemble des réglementations canadiennes régissant l'entreprenariat, l'accès aux ressources naturelles et les produits et procédés, et examine la mesure dans laquelle elles influencent l'adoption de pratiques innovantes et l'introduction de nouveaux produits sur le marché national. Il examine également les politiques canadiennes en matière de commerce, d'investissement, de finance et de fiscalité, et leur incidence sur la capacité des exploitations agricoles et des entreprises agroalimentaires à investir et à tirer avantage des perspectives des marchés.

Les données statistiques concernant Israël sont fournies par et sous la responsabilité des autorités israéliennes compétentes. L'utilisation de ces données par l'OCDE est sans préjudice du statut des hauteurs du Golan, de Jérusalem Est et des colonies de peuplement israéliennes en Cisjordanie aux termes du droit international.

Contexte réglementaire

Le cadre réglementaire global crée les conditions fondamentales dans laquelle toutes les entreprises, y compris les exploitations agricoles, les fournisseurs d'intrants et les entreprises du secteur alimentaire, opèrent et prennent des décisions d'investissement. Sur le marché intérieur, un environnement concurrentiel, qui se caractérise notamment par de faibles barrières à l'entrée et à la sortie, peut favoriser l'innovation et la productivité. La réglementation peut aussi rendre directement possible ou au contraire empêcher le transfert de connaissances et de technologies, ce qui entraîne une innovation plus ou moins importante. Cette section est axée sur les règlements fédéraux qui régissent la concurrence et l'entrepreneuriat, la gestion des ressources naturelles et les procédés et produits agricoles et alimentaires. Elle précise également la portée des règlements provinciaux en s'appuyant sur quelques exemples.

Contexte réglementaire de l'entrepreneuriat

Le Bureau de la concurrence, un organisme indépendant d'application de la loi, veille à ce que les entreprises et les consommateurs canadiens prospèrent dans un marché concurrentiel et innovant. Dirigé par le Commissaire de la concurrence, le Bureau est responsable de l'administration et de l'application de la loi sur la concurrence, de la loi sur l'emballage et l'étiquetage des produits de consommation[1], de la loi sur l'étiquetage des textiles et de la loi sur le poinçonnage des métaux précieux.

Le Bureau enquête sur les pratiques anticoncurrentielles suivantes : fixation des prix, trucage des offres, indications fausses ou trompeuses, documentation trompeuse du gain d'un prix, abus de position dominante, exclusivité, ventes liées et limitation du marché, refus de vendre (ou de poursuivre une affaire), fusions, systèmes de commercialisation à paliers multiples et vente en pyramide, télémarketing trompeur et pratiques commerciales de nature à induire en erreur.

En vertu de la loi sur la concurrence, les fusions, quelle qu'en soit la taille et dans quelque secteur que ce soit, sont examinées par le Commissaire de la concurrence, qui détermine si elles risquent de faire obstacle au jeu de la concurrence.

À l'international, le Bureau de la concurrence du Canada travaille en collaboration avec des organisations homologues d'autres pays afin de lutter contre les pratiques anticoncurrentielles au-delà des frontières. Le Bureau fait également partie de certaines instances internationales comme l'Organisation de coopération et de développement économiques (OCDE), le Réseau international de la concurrence (RIC) et le Réseau international de contrôle et de protection des consommateurs (ICPEN), en vue d'élaborer des lois et des actions, et d'encourager leur coordination dans un marché de plus en plus mondialisé.

Un groupe d'étude sur les politiques en matière de concurrence, créé en 2007, est parvenu à la conclusion selon laquelle le Canada disposait d'atouts en matière de concurrence, ses principaux avantages étant liés à sa localisation, ses ressources naturelles, la diversité de son économie, la grande qualité de son système éducatif public, et à sa stabilité institutionnelle et politique. En revanche, le groupe d'étude a précisé qu'une plus grande ouverture aux talents, aux capitaux et à l'innovation, une concurrence vigoureuse et des ambitions plus fortes renforceraient la productivité et la compétitivité du pays.

D'après la publication de l'OCDE de 2011, *Objectif croissance* (OCDE, 2011), il reste une marge importante d'amélioration réglementaire dans les industries de réseau et les services professionnels au Canada. Certains signes semblent indiquer que certains de ces obstacles ont été repérés et qu'une solution est recherchée, en particulier en vue de renforcer la concurrence dans les télécommunications et de parvenir à une reconnaissance interprovinciale mutuelle des travailleurs habilités (OCDE, 2012).

Selon les indicateurs de l'OCDE sur la réglementation des marchés de produits (RMP), qui permettent de savoir dans quelle mesure la réglementation de différents pays favorise ou au contraire entrave la concurrence, la réglementation canadienne s'est assouplie ces quinze dernière années, une tendance que l'on retrouve dans de nombreux pays de l'OCDE. Les restrictions réglementaires restent toutefois plus importantes au Canada qu'en Australie, aux Pays-Bas, au Royaume-Uni ou aux États-Unis (graphique 4.1). En 2013, les obstacles aux échanges et à l'investissement et les obstacles à l'entrepreneuriat étaient moins importants que le contrôle de l'État, ces trois indicateurs RMP étant à un niveau très proche de la moyenne des pays de l'OCDE. Le Canada est également proche des cinq pays de l'OCDE appliquant le moins de restrictions en ce qui concerne le contrôle de l'État et les obstacles à l'entrepreneuriat.

En ce qui concerne les obstacles à l'entrepreneuriat, le Canada est assujetti à moins de restrictions que la moyenne des pays de l'OCDE pour la complexité des procédures réglementaires et le poids des tâches administratives sur les jeunes entreprises, mais la réglementation protège davantage les entreprises en place (graphique 4.2).

Les efforts en vue de rationaliser la réglementation et d'en accroître la transparence se poursuivent aux échelons fédéral et provincial. Le Plan d'action pour la réduction du fardeau administratif[2] introduit des changements systémiques qui visent à réduire le poids des tâches administratives des entreprises moyennant deux réformes réglementaires essentielles :

- En vertu de la règle du « un pour un », toute nouvelle charge administrative imposée aux entreprises du fait d'un changement réglementaire doit être compensée par un allègement équivalent du fardeau imposé par les règlements existants. Cette règle prévoit aussi qu'un règlement existant est éliminé lorsqu'un nouveau règlement est créé.
- La Lentille des petites entreprises garantit que les difficultés auxquelles sont confrontées les petites entreprises sont prises en compte lors de l'élaboration par les organismes *ad hoc* de nouveaux règlements qui imposent un fardeau administratif.

Les provinces consentent aussi des efforts pour réduire le poids de la réglementation et accroître la transparence. Ainsi, les réformes adoptées par l'**Ontario** dans le cadre de l'initiative *L'Ontario propice aux affaires* passent par la publication de nouvelles propositions de réglementation, pour avis, dans le registre des réglementations. Cette province encourage aussi la coopération avec les chefs d'entreprise des secteurs concernés afin que soient définis les domaines prioritaires dans lesquels les autorités de l'Ontario peuvent réduire le poids de la réglementation, améliorer la compétitivité du secteur et favoriser un climat propice à l'investissement. La **Saskatchewan** prend des mesures de simplification du cadre réglementaire par l'adoption d'une loi sur la modernisation de la réglementation et la nécessité de rendre des comptes. En vertu de cette loi, les pouvoirs publics sont tenus de mesurer, de signaler et de réduire la paperasserie dans tous les secteurs de l'économie, afin de promouvoir les échanges commerciaux et l'innovation.

Il faudrait examiner de plus près les dimensions spécifiques de la RMP et en extraire les règles générales applicables aux secteurs agricole et agroalimentaire pour savoir dans quelle mesure les règlements sur les entreprises en général peuvent se répercuter sur l'innovation de ces secteurs en particulier. Des mesures telles que la gestion de l'offre et la mise en commun des prix entravent la concurrence sur certains produits de base. Par ailleurs, comme dans de nombreux pays, les offices de commercialisation et les coopératives ne sont pas assujettis aux règles de concurrence.

Graphique 4.1. Indicateur intégré de l'OCDE sur la réglementation des marchés de produits (RMP), 1998, 2008 et 2013

Indice sur une échelle de 0 à 6, du moins au plus restrictif

A. Tendances de l'indice RMP intégré par pays, 1998, 2008, 2013

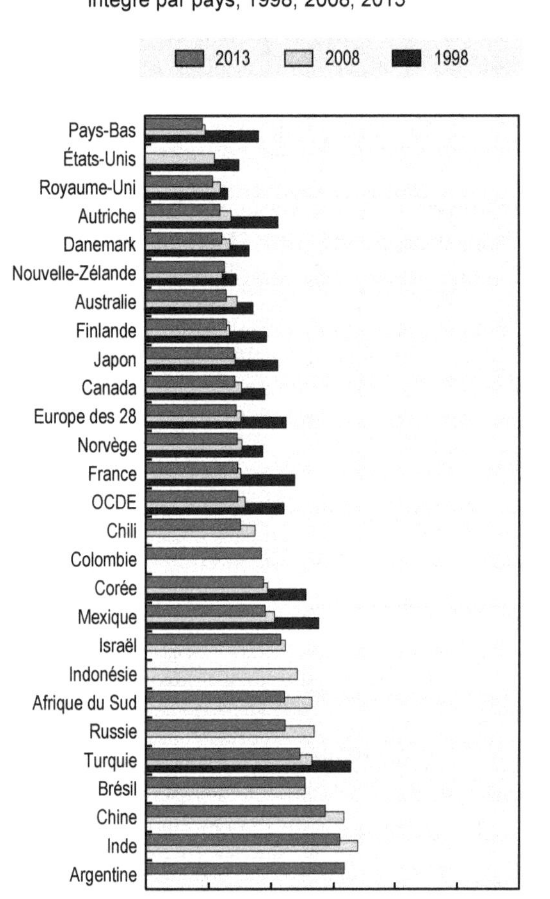

B. Indice RMP intégré du Canada par variable, 2013

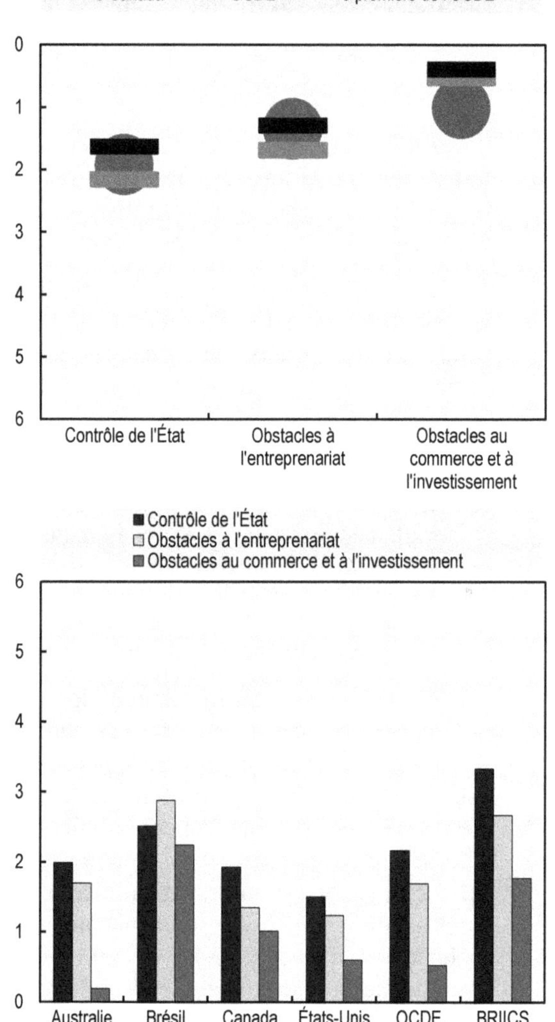

Les indices correspondant à l'Europe des 28 et à l'OCDE sont la moyenne simple des indices des pays membres.

L'indice des '5 premiers de l'OCDE' représente la moyenne des scores des cinq pays de l'OCDE les plus performants (Pays-Bas, le Royaume-Uni, les États-Unis, l'Autriche et le Danemark), les données pour les États-Unis correspondant à l'année 2008.

Les indicateurs de l'OCDE sur la réglementation des marchés de produits (RMP) mesurent la réglementation en ce qui concerne le contrôle de l'État, les obstacles à l'entrepreneuriat et les obstacles aux échanges et à l'investissement.

Source : Base de données de l'OCDE sur la réglementation des marchés de produits, 2014, disponible à l'adresse www.oecd.org/economy/pmr.

StatLink http://dx.doi.org/10.1787/888933290179

Graphique 4.2. Indicateur des obstacles à l'entrepreneuriat par domaine d'intervention réglementaire, 2013

Indice sur une échelle de 0 à 6, du moins au plus restrictif

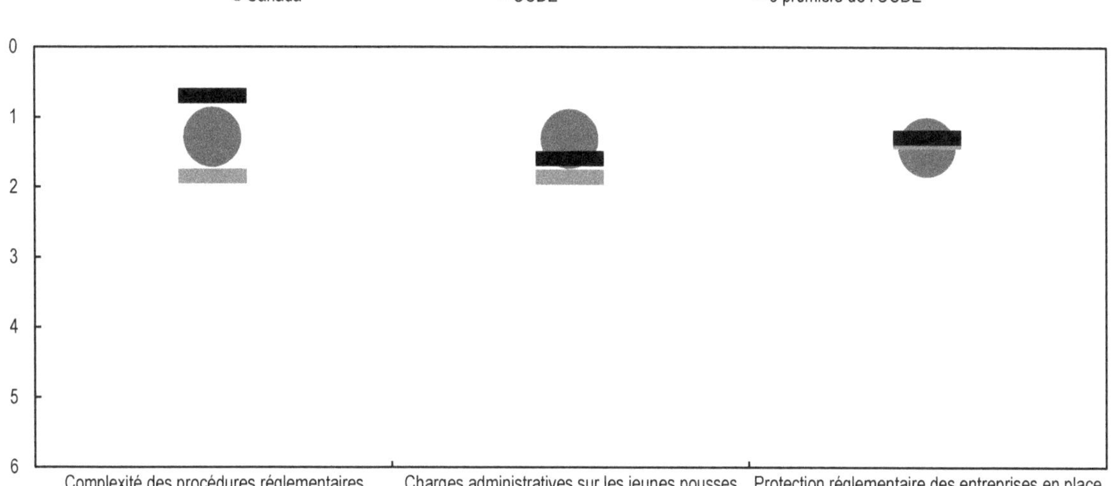

Les indices correspondant à l'OCDE sont la moyenne simple des indices des pays membres.

L'indice des '5 premiers de l'OCDE' représente la moyenne des scores des cinq pays de l'OCDE les plus performants (République slovaque, la Nouvelle-Zélande, les Pays-Bas, l'Italie et le Danemark), les données pour les États-Unis correspondant à l'année 2008.

Source : Base de données de l'OCDE sur la réglementation des marchés de produits, 2014, disponible à l'adresse www.oecd.org/economy/pmr.

StatLink http://dx.doi.org/10.1787/888933290188

Réglementation sur les ressources naturelles

La réglementation sur les ressources naturelles est essentielle pour utiliser ces dernières de façon durable. Elle a une incidence importante sur l'accès aux terres, à l'eau et aux ressources de la biodiversité, mais aussi sur la façon dont les systèmes de production agricole et agroalimentaire agissent sur ces ressources.

Réglementation générale sur l'accès aux ressources naturelles telles que l'eau et la biodiversité

Au Canada, la gestion des ressources naturelles relève à la fois des compétences fédérales (Environnement Canada, Ressources naturelles Canada, Pêches et Océans) et des provinces. A quelques exceptions près, ces dernières exercent un droit de propriété sur les **ressources en eau** et elles ont autorité sur les domaines de l'approvisionnement en eau, sa consommation, la lutte contre la pollution, le développement de centrales hydroélectriques, l'irrigation et les activités de loisir.

Le Parlement canadien légifère sur l'eau et sur les activités concomitantes qui relèvent des compétences fédérales c'est-à-dire la pêche, la protection des eaux navigables, la marine marchande, certains aspects précis de la protection de l'environnement, l'eau potable dans les domaines relevant des compétences fédérales, la gestion des eaux internationales et la coopération fédérale, provinciale et territoriale en matière de planification et de gestion des ressources en eau[3].

Certaines des modifications apportées récemment à la *loi sur les pêches* (de juin 2012) sont destinées à accroître l'efficacité et la prévisibilité du système réglementaire[4]. La nouvelle loi opère une distinction entre les voies d'eau à protéger (celles où se pratique la pêche) et celles ne devant pas l'être (comme les fossés ou les tranchées et les rigoles à usage agricole)[5]. Les exploitants agricoles et les propriétaires de terrains fonciers peuvent désormais modifier leurs fossés, tranchées et autres rigoles à usage agricole sans que cela ne nécessite d'évaluation pour l'environnement (qui serait justifiée par la pratique de la pêche), ce qui leur permet d'innover davantage dans leurs pratiques et d'améliorer l'utilisation qu'ils font des ressources en eau, compte tenu des autres procédés en place.

La régie de l'eau varie considérablement d'une province à l'autre, les régimes dépendant des problèmes particuliers liés aux ressources en eau dans la province concernée. Ainsi, un système de droits de prélèvement anticipés existe dans l'Alberta, tandis que dans l'Ontario, tout prélèvement de plus de 50 000 litres d'eau par jour doit faire l'objet d'un permis auprès des autorités de la province. En ce qui concerne l'utilisation d'eau pour l'agriculture, la sécurité de l'approvisionnement est très variable d'une province à l'autre.

Les collectivités locales (y compris les collectivités rurales regroupées par bassins hydrographiques) prennent des arrêtés locaux. Les municipalités sont responsables au premier chef de l'approvisionnement en eau potable et de l'utilisation des sols, dans le cadre réglementaire défini par les provinces.

Au Canada, les ressources naturelles telles que les **espèces sauvages** et les poissons sont administrées par les provinces pour le compte des citoyens, mais le gouvernement fédéral détient aussi des prérogatives dans la gestion des parcs nationaux et des zones protégées. En effet, les espèces sauvages se trouvent sur des terrains privés et sur des terrains appartenant à la Couronne et qui sont soit loués au secteur privé, soit administrés par les autorités publiques. Le secteur privé détient ou gère en location une part importante de l'habitat des espèces sauvages, qui sont un bien public. Les autorités fédérales et provinciales ont résolu cette défaillance du marché, liée à l'octroi d'un avantage social non tarifé en adoptant les lois sur les espèces en danger. Il convient notamment de citer la loi de l'Ontario sur les espèces en voie de disparition et la loi fédérale sur les espèces en péril (Environnement Canada). Les agriculteurs qui offrent un habitat aux espèces en danger peuvent bénéficier de certains programmes à frais partagés qui leur permettent de récupérer une partie des coûts supplémentaires engagés.

Réglementation environnementale

Les compétences des pouvoirs publics en matière d'environnement sont minimes, du fait qu'elles sont exclusivement restreintes aux terres fédérales, mais elles s'exercent dans plusieurs domaines. La *loi sur les pêches* et la *loi canadienne sur la protection de l'environnement* sont deux exemples de lois fédérales concernant l'agriculture. La seconde, administrée par Environnement Canada, porte sur la pollution de l'air et les substances toxiques et elle concerne le secteur agricole dans la mesure où elle passe par l'élaboration de plans de gestion de certaines substances à risque. La *loi sur les pêches*, administrée par Pêches et Océans, le ministère chargé de la pêche et de la mer, prévoit la protection du poisson, de la pêche et de l'habitat des poissons de la pollution en interdisant le dépôt de substances nocives dans les eaux poissonneuses et dans les voies d'eau susceptibles de déboucher dans de telles eaux. Les substances nocives sont notamment des solides en suspension, de l'engrais, des effluents d'élevage, du carburant et des pesticides. La *loi sur les pêches* a été modifiée de façon à ne devoir être réexaminée que lorsque toute évolution de la situation aboutit à des « dommages sérieux à tout poisson », c'est-à-dire à la mort des poissons ou à une modification permanente ou destruction de l'habitat des poissons. Ainsi, les municipalités peuvent être en infraction si elles produisent des effluents nocifs pour les poissons. Les questions environnementales concernent directement ou indirectement de nombreux autres ministères et agences fédéraux comme Transports Canada et Ressources naturelles Canada.

Les provinces sont les principales autorités compétentes en matière de droit de propriété et de droits civils. Certaines sont également chargées d'encadrer les principales activités agricoles et les problèmes concrets pour l'environnement liés à ces activités. Nombre de provinces ont délégué certaines de ces compétences aux autorités locales, dotées de pouvoirs dans l'aménagement et l'occupation des sols.

Réglementation sur les pratiques agricoles

La réglementation joue un rôle important dans la façon dont la question de la qualité de l'eau est traitée dans les mesures agro-environnementales adoptées dans diverses provinces, la position allant d'une interdiction généralisée ou l'imposition de certaines obligations à des prescriptions très détaillées sur les pratiques agricoles (Vojtech, 2010). La réglementation agro-environnementale canadienne est axée sur divers aspects de la production et couvre les points suivants : interdictions et obligations relatives à la gestion des déchets et des éléments nutritifs, utilisation et qualité de l'eau, limites du stockage et de l'apport de produits chimiques et de pesticides, bandes tampons et couverture végétale. Certaines de ces obligations ne concernent que l'agriculture, tandis que d'autres sont intégrées à la législation nationale sur l'environnement et touchent de nombreux secteurs dont l'agriculture fait partie. L'encadré 5.4 présente les programmes fédéraux et certains programmes provinciaux particuliers relatifs à l'adoption de pratiques agro-environnementales.

Réglementation sur les terres agricoles

Les règlements qui régissent les marchés des facteurs agricoles se répercutent sur le développement et l'adoption de méthodes innovantes. Les terres, en particulier, font l'objet d'un certain nombre de règles – régime foncier, contrats de location, droit successoral, taxe foncière et certains règlements sur les transactions foncières – qui, dans certains pays, comportent parfois des dispositions qui s'appliquent précisément aux terres agricoles (OCDE, 2005).

Au Canada, les politiques en matière d'utilisation des sols (droit de propriété, taxe foncière, occupation des sols et développement urbain) relèvent uniquement des prérogatives des provinces et des municipalités et diffèrent selon la région. Certaines provinces comme le Québec protègent les terres agricoles grâce à un zonage rigoureux. Dans le Manitoba, les municipalités ont établi un plan d'aménagement qui définit précisément l'utilisation des terres. Les autorités provinciales incitent les municipalités à adopter des lois locales de zonage et des politiques d'utilisation des terres qui permettent aux agriculteurs de diversifier leur activité sur l'exploitation, souvent dans des activités connexes comme la transformation agroalimentaire et le tourisme agricole. Les restrictions au droit de propriété varient considérablement d'une province à l'autre, certaines provinces appliquant des règles qui limitent ou restreignent le droit des étrangers de posséder des terres agricoles (Alberta, Saskatchewan, Manitoba, Québec et Île-du-Prince-Édouard), d'autres n'appliquant que quelques restrictions. Par exemple, la loi de la Saskatchewan sur la sécurité agricole (*Saskatchewan Farm Security Act*) contient un certain nombre de dispositions qui permettent d'une part de ne pas priver les résidents de la province de la possibilité d'acquérir des terres agricoles et, d'autre part, de soutenir le développement de communautés rurales solides.

D'après le Recensement de l'agriculture de 2011, publié par Statistique Canada, plus de 60 % de l'ensemble des terres affectées à l'agriculture appartiennent à ceux qui l'exploitent (Statistique Canada, 2011). Toutefois, la part des terres louées par des acteurs privés ou publics a légèrement augmenté ces dix dernières années. Cette hausse s'explique par plusieurs facteurs, notamment l'augmentation du prix du foncier et le vieillissement de la population agricole. La location de terres est un moyen pour les exploitations d'élargir leur activité de façon plus économique. Cette évolution s'explique également par la tendance observée actuellement qui consiste pour les acteurs qui ne sont pas issus du monde agricole et des fonds d'investissement à acquérir des terrains et de les louer à des agriculteurs.

Au cours de ces dernières années, une proportion accrue des terres canadienne a été achetée par des groupes d'investissement ne venant pas du monde agricole comme AgCapita, *Bonnefields Financial, Assiniboia Capital Corporation* et d'autres (Carlberg, 2011). Les investisseurs institutionnels semblent être surtout présents là on l'on trouve encore des terres à des prix relativement modestes, mais ces zones se font de plus en plus rares. Dans les régions où le prix du foncier est relativement élevé, ces investisseurs semblent généralement moins disposés à enchérir face aux agriculteurs locaux lorsque des terrains se libèrent mais ce phénomène n'est pas uniforme dans toutes les provinces. En Ontario par exemple, des entreprises ont été relativement actives en dehors des zones péri-urbaines.

Réglementation sur les produits et les procédés

La réglementation sur les produits et les procédés vise à protéger l'environnement et la santé humaine, animale et végétale, et elle peut aussi avoir des conséquences sur l'utilisation des ressources naturelles. Par ailleurs, il est établi qu'une réglementation de bonne qualité des marchés de produits crée un afflux d'investissement direct étranger et a, par conséquent, des retombées technologiques. La réglementation relative à l'environnement et à la santé pourrait stimuler l'innovation en favorisant la confiance du consommateur et de la société dans la sécurité et la durabilité de nouveaux produits ou procédés .En revanche, des règlements superflus ou disproportionnés peuvent étouffer l'innovation et les progrès techniques.

Principes généraux d'élaboration de règles et de normes s'appliquant aux nouveaux procédés et produits

La réglementation canadienne s'appuie sur la science et naît des consultations avec les parties prenantes du secteur. Ainsi, des règles sur de nouveaux procédés sont élaborées lorsque les pouvoirs publics, les acteurs du secteur, les consommateurs ou d'autres parties prenantes identifient un besoin ou une lacune.

La Directive du Cabinet sur la gestion de la réglementation (2012) donne la marche à suivre aux organismes de réglementation[6]. Pour élaborer un règlement, les autorités canadiennes doivent chercher si des normes internationales équivalentes existent avant d'élaborer une norme canadienne. Le Conseil canadien des normes[7] est l'organisme chargé de l'élaboration des normes au Canada et représente ce pays dans les instances internationales.

Les ministères et les organismes publics peuvent aussi développer ou moderniser des procédés en collaboration avec les parties prenantes. Actuellement, le Parlement canadien travaille à un projet de loi qui permettrait d'élargir les utilisations d'un outil réglementaire appelé « incorporation par renvoi »[8]. L'adoption de ce projet de loi permettrait aux organismes chargés de la réglementation d'intégrer plus facilement les normes et les prescriptions émanant d'une instance internationale de normalisation ou d'adopter des prescriptions déjà entérinées par une autre instance ou un autre organe d'experts. L'un des avantages de l'incorporation par renvoi est que l'autorité réglementaire n'a pas à reproduire les éléments incorporés dans leur totalité, ce qui permet d'éviter le double-emploi et peut faciliter l'harmonisation entre domaines de compétence[9].

L'une des priorités de l'activité réglementaire est la modernisation de la réglementation. Pour cela, il faut rationaliser le rôle de l'État, faire usage de l'incorporation par renvoi dans la mise à jour des règlements plutôt que de modifier le texte de la réglementation de fond en comble, accroître le recours aux règlements fondés sur les résultats plutôt qu'aux règlements prescriptifs, aligner davantage la réglementation avec celle des États-Unis (encadré 4.1) et réduire le fardeau administratif (Plan d'action pour la réduction du fardeau administratif mentionné plus haut). Par ailleurs, des efforts seront également faits pour améliorer la prévisibilité des règlements et réduire les délais de certification (cf. normes de service).

En général, la différence entre les autorités compétentes en matière de réglementations sur les produits au niveau fédéral et provincial est que la réglementation fédérale s'applique aux biens échangés entre provinces ou avec l'étranger, tandis que les règlements provinciaux s'appliquent à l'intérieur des provinces. La plupart des différences entre provinces ou entre réglementations provinciale et fédérale régissant les produits et les procédés résultent de l'évolution naturelle des différents systèmes réglementaires et des mises à jour différentes des nomenclatures, mais certaines de ces différences font obstacle au commerce parce qu'elles protègent les parties prenantes de la concurrence d'entreprises situées dans une autre province ou à l'étranger. La négociation d'accords commerciaux bilatéraux est l'occasion de réexaminer la réglementation provinciale, mais des difficultés apparaissent lorsque des spécificités persistent au niveau de la province et qu'elles limitent la portée des accords bilatéraux.

Encadré 4.1. Coopération entre le Canada et les États-Unis sur la réglementation

Le Conseil de coopération en matière de réglementation (CCR) entre le Canada et les États-Unis a été créé en février 2011. Le plan d'action conjoint initial du CCR a été lancé en décembre 2011. Il visait à susciter de nouvelles approches dans la coopération réglementaire. Des organismes des deux pays ont travaillé ensemble sur 29 initiatives énumérées dans le plan d'action (dont dix concernent directement l'agriculture). Une collaboration technique accrue, l'élaboration conjointe et la reconnaissance mutuelle des normes, et le partage du travail ont permis de trouver des solutions durables et d'éviter que d'autres divergences ne surviennent à l'avenir. Ces 29 initiatives recouvrent une vaste gamme de secteurs, des transports à l'agriculture en passant par de tous nouveaux domaines, comme les nanomatériaux, dont la réglementation doit adopter une démarche cohérente.

Le plan d'action conjoint initial a donné un certain nombre de résultats importants et précis, y compris dans l'agriculture, notamment sur les points suivants :

- **Zonage des maladies animales exotiques** : le ministère de l'Agriculture des États-Unis et l'Agence canadienne d'inspection des aliments se sont mis d'accord sur la reconnaissance mutuelle de leurs décisions relatives au zonage. Des orientations ont été élaborées sur la mise en œuvre de l'accord, y compris sur les procédés avalisés et les conditions de la reconnaissance du zonage.
- **Produits pour la protection des cultures** : l'Agence canadienne de réglementation de la lutte antiparasitaire du Canada et l'Agence de protection de l'environnement des États-Unis ont travaillé ensemble à l'harmonisation de leurs pratiques pour les essais de produits et les méthodes d'évaluation des risques, notamment en élaborant un procédé commun d'examen des pesticides à usage limité ; le fardeau administratif qui pèse sur ce secteur d'activité a ainsi pu être allégé, chaque partie permettant à l'autre d'accéder à ses produits et à ses producteurs.

Parmi les autres initiatives transversales pertinentes pour l'agriculture, il convient de citer :

- **Nanotechnologies** : Le plan d'action conjoint du CCR propose de partager des informations et de formuler des démarches conjointes Canada-États-Unis sur les aspects réglementaires des nanomatériaux. Cette initiative passera par la formulation de démarches cohérentes d'évaluation des risques et de gestion des nanomatériaux, mais aussi par le partage de compétences scientifiques et réglementaires. Un plan de travail sur la nanotechnologie, destiné à orienter les efforts dans ce domaine, a été créé en 2012.
- **Perspective des petites entreprises** : Le plan d'action conjoint du CCR propose de partager les démarches et les outils en cours de développement par les deux pays, en vue d'évaluer les besoins des petites entreprises et d'en tenir compte dans la mise en place de la réglementation. Au cours de l'hiver et du printemps 2012, les coresponsables canadiens et américains des groupes de travail ont coordonné la réalisation du plan de travail sur la perspective des petites entreprises, qui guide les efforts dans ce domaine.

Le plan prospectif conjoint du CCR, présenté en 2014, dresse le bilan des résultats obtenus grâce aux 29 initiatives initiales et se penche sur les enseignements que les autorités de réglementation et les intervenants qui ont participé au projet ont tirés de cette expérience. Une approche permettant d'approfondir et d'élargir à l'avenir ce partenariat de coopération réglementaire est également présentée.

Source : http://actionplan.gc.ca/fr/page/rcc-ccr/conseil-de-cooperation-matiere-de-reglementation et http://actionplan.gc.ca/fr/page/rcc-ccr/intersectorielles.

Réglementation sur l'achat d'intrants, d'aliments et de produits d'origine végétale et animale

Pour les questions liées à la **sécurité des aliments**, Santé Canada, le ministère canadien de la Santé, est chargé de l'élaboration des politiques, des normes et des règlements en vertu de la *Loi sur les aliments et les drogues*. Cette dernière protège les consommateurs en interdisant tous les produits alimentaires impropres à la consommation, y compris ceux commercialisés exclusivement dans certaines provinces. L'Agence canadienne d'inspection des aliments (ACIA)[10] mène des activités d'inspection et de vérification afin de faire appliquer les normes de salubrité alimentaire. La *Loi de 2012 sur la salubrité des aliments au Canada*[11] regroupe les dispositions sur l'alimentation qui relèvent de l'ACIA, en vue de renforcer la surveillance des produits alimentaires échangés entre provinces ou avec l'étranger. Cette loi devrait entrer en vigueur en 2015.

La réglementation de la santé des animaux et des plantes relève aussi du mandat de l'ACIA, qui est actuellement engagée dans la modernisation systématique et pluriannuelle de son activité de réglementation[12]. Cette modernisation devrait aboutir à la rédaction et à l'adoption de règlements fondés autant que possible sur les résultats et offrant une plus grande marge de manœuvre au niveau des procédés utilisés, sous réserve que le résultat final réponde aux objectifs visés.

Sous l'égide du ministère de la Santé, l'Agence de réglementation de la **lutte antiparasitaire** (ARLA) œuvre, avec les organisations homologues d'autres pays, à harmoniser les procédés de réglementation des produits antiparasitaires dans le respect de la santé et de l'environnement. La coopération internationale dans ce domaine porte notamment sur la normalisation du type et du champ d'application des études requises pour homologuer les pesticides, sur le protocole suivi dans la réalisation de ces études, sur le format et la présentation des consultations à l'appui d'une demande d'homologation et sur les méthodes utilisées pour évaluer les demandes et établir les rapports. Ainsi, l'ARLA a dirigé un groupe de travail de l'OCDE sur les pesticides en vue d'harmoniser les conditions d'homologation d'agents antiparasitaires microbiens[13].

Les exigences d'homologation d'un agent antiparasitaire innovant sont examinées en fonction des besoins et de façon coordonnée avec les partenaires internationaux dans le domaine réglementaire. L'ARLA réexamine également tous les pesticides tous les 15 ans, pour vérifier qu'ils répondent toujours aux normes les plus récentes de protection de la santé et de l'environnement.

Certains **engrais** et la plupart des suppléments sont soumis à homologation et doivent faire l'objet d'une évaluation complète avant d'être importés ou commercialisés au Canada. La *loi sur les engrais* et les règlements afférents sont destinés à s'assurer que les engrais et les produits supplémentaires importés au Canada et commercialisés dans le pays sont sans danger pour l'environnement lorsqu'ils sont utilisés selon le monde d'emploi – ce qui signifie que les terres agricoles seraient protégées de la nocivité des produits réglementés sous réserve d'être traitées conformément aux instructions d'utilisation desdits produits. Toutefois, le pouvoir des autorités ne s'étend pas jusqu'à l'exploitation et ne s'applique pas aux pratiques professionnelles ni à l'activité elle-même, étant donné que la terre et le travail ne relèvent pas du champ d'application de la loi. Les produits exemptés d'homologation sont malgré tout réglementés et doivent donc répondre aux normes prescrites au stade de leur commercialisation ou de leur importation. Les produits connus depuis longtemps pour ne présenter aucun danger sont généralement dispensés de l'exigence d'homologation préalable.

Le *règlement sur les* ***produits biologiques*** *(RPB)* est entré en vigueur en 2006, suite à la demande d'une partie prenante de permettre aux producteurs de produits biologiques de conserver leur accès aux marchés de l'Union européenne, des États-Unis et du Japon. Ce règlement incorpore par renvoi les deux normes suivantes : Principes généraux et normes de gestion [CAN/CGSB 32.310] et Listes des substances permises [CAN/CGSB 32.311]). Ces normes s'appliquent aux produits issus de l'agriculture biologique qui franchissent les frontières provinciales et nationales. L'autorité compétente sur le RPB est le Bureau Bio-Canada de l'ACIA. Le règlement doit être réexaminé tous les cinq ans. Toutefois, par manque de financement, cette révision n'a pas eu lieu en 2011, comme cela était pourtant prévu.

La réglementation qui encadre la **santé animale** reflète les inquiétudes des pouvoirs publics et des professionnels en ce qui concerne la santé animale elle-même, les retombées économiques des maladies des animaux et les risques pour la santé humaine de ces maladies. Les normes reflètent donc une perspective qui relève de la prévention des maladies des animaux ou de la lutte contre ces dernières.

De multiples facteurs et maladies doivent être pris en compte dans la recherche de conditions d'importation offrant un niveau de protection approprié de la santé publique et animale. Des conditions d'importation ont été définies pour de nombreuses espèces et de nombreux produits, suite à des évaluations effectués par les pays et à l'identification des risques propres à l'animal ou au produit à importer. Les animaux ou les produits dont les conditions d'importation n'ont pas été définies peuvent faire l'objet d'une évaluation des risques, les frais correspondants étant pris en charge par l'importateur, afin de savoir si l'élaboration d'un nouveau protocole d'importation se justifie. Les frais encourus pour l'évaluation de la faisabilité de l'importation sont intégralement pris en charge par l'importateur.

L'ACIA détermine également si un pays donné ou une partie de ce pays est exempt d'une maladie donnée ou présente un risque négligeable vis-à-vis d'une maladie particulière. Il est souvent nécessaire d'édicter des conditions d'importation ou des restrictions liées à certaines maladies précises, comme la fièvre aphteuse, la tuberculose ou la brucellose. Une fois déterminées, les conditions correspondantes sont rendues publiques.

Lorsque des innovations sont apportées au niveau d'une méthode de transformation ou d'un traitement, l'ACIA les évalue sur demande, afin de déterminer si la nouvelle méthode offre un niveau équivalent de protection. Si les règlements sont fondés sur les résultats, il est possible d'appliquer de nouvelles conditions d'importation. En revanche, certains règlements ne sont pas fondés sur les résultats, mais sont de nature prescriptive (« il faut » ou « il ne faut pas » faire x, y, ou z pour une importation donnée). Ces règlements sont alors examinés et, le cas échéant, modifiés afin d'apporter un niveau de protection approprié au Canada, l'ACIA faisant preuve d'une certaine souplesse dans l'évaluation et la validation des changements d'ordre scientifique et technique.

L'ACIA évalue et réglemente de la même façon tous les ingrédients entrant dans **l'alimentation animale**, y compris ceux issus de méthodes innovantes. Tout ingrédient nouveau (c'est-à-dire non répertorié dans le Règlement sur les aliments du bétail) ou modifié de telle sorte qu'il se distingue considérablement d'un ingrédient conventionnel, doit faire l'objet d'une évaluation et d'une autorisation préalables. Les évaluations dans ce domaine ont toutes le même objectif : veiller à ce que l'ingrédient considéré soit sûr (pour la santé de l'animal, pour la santé humaine en raison du transfert de résidus dans l'alimentation humaine et de l'exposition des personnes qui travaillent dans le secteur d'activité concerné ou qui sont exposées de façon fortuite, et pour l'environnement) et efficace dans l'utilisation que l'on prévoit d'en faire, avant sa mise sur le marché, L'encadré 4.2 décrit l'adaptation de la réglementation sur l'utilisation des drêches de distillerie comme ingrédient pour l'alimentation du bétail.

L'annexe 4.A montre comment les normes relatives aux achats d'intrants, d'aliments pour le bétail et de produits alimentaires sont créées, évaluées et diffusées.

Compte tenu de la grande diversité des défis auxquels les différents acteurs du système d'innovation agricole sont confrontés, il existe un spectre de points de vue concernant l'approche des pouvoirs publics en matière de réglementation. Interrogé sur les difficultés auxquelles l'innovation était confrontée en matière de réglementation, un groupe d'intervenants constitués de représentants de l'université, des centres d'innovation et de professionnels des produits biologiques, a cité la longueur des procédures d'approbation, les exigences en matière d'information et le manque de clarté des règles qui s'appliquent à certains produits bio. Ces intervenants ont également mentionné certains domaines pour lesquels aucune réglementation n'existe, mais aussi le fait que la pénurie de fonctionnaires fédéraux chargés de la réglementation entraînait des retards dans des améliorations pourtant nécessaires. La difficulté qu'ont certains produits alimentaires à obtenir des allégations santé (mention, sur l'étiquette, des bienfaits pour la santé de l'aliment) a également été invoquée. Comme dans de nombreux pays, l'homologation de végétaux ayant des caractéristiques innovantes est un processus très coûteux, qui dissuade les petits investisseurs de s'engager dans le secteur. Les experts reconnaissent les difficultés auxquelles se heurte le processus réglementaire et qui entravent son efficacité et sa rapidité, mais aussi sa transparence et son ouverture. Tout en reconnaissant la validité du système, notamment du fait qu'il s'appuie sur une démarche scientifique, un grand nombre d'intervenants interrogés souhaiteraient un système plus apte à anticiper et plus tourné vers l'avenir, qui intègrerait les aspects liés à la gestion du risque[14].

Encadré 4.2. Drêches de distillerie provenant de la production d'éthanol-carburant

L'utilisation de drêches de distillerie comme aliment pour le bétail relève de la *Loi sur les engrais* et de la *Loi relative aux aliments du bétail* et à son règlement d'application, qui sont appliqués par l'ACIA. Entre 1985 et 1990, différents types de drêches, dont celles provenant de l'orge, du maïs, du seigle, du sorgho et du blé, ont été inscrits sur la liste des ingrédients des aliments du bétail approuvés dans la section 5.5, « Résidus de brasserie et de distillerie », de l'annexe IV, Partie I, du Règlement sur les aliments du bétail. Les définitions des ingrédients des aliments du bétail ont été rédigées de façon à faire la distinction entre les différents types de drêches produites par les distilleries de boissons alcoolisées, selon les procédés de fabrication à base d'ingrédients et d'additifs de qualité alimentaire. Pour l'approbation, on a tenu compte du fait que les producteurs de boissons alcoolisés doivent employer des additifs de transformation qui sont approuvés et déjà réglementés en vertu de la *Loi sur les aliments et les drogues* et de son règlement d'application.

En 2004, le personnel du Programme des aliments du bétail de l'ACIA a commencé à mener des inspections dans des usines d'éthanol afin d'avoir un aperçu du processus de fabrication et des additifs de transformation utilisés. À la lumière de ces inspections et des renseignements fournis par l'industrie de l'éthanol-carburant, il est apparu que certains additifs employés dans la fabrication de ce type d'éthanol étaient différents de ceux employés dans le procédé de production de l'alcool de consommation et que l'innocuité de certains d'entre eux n'avait pas fait l'objet d'une évaluation. En raison de ces différences, les drêches provenant de la production d'éthanol ne sont pas automatiquement considérées comme équivalentes à celles qui figurent dans le *Règlement sur les aliments du bétail*.

Sur son site Internet, l'ACIA a publié des Directives réglementaires intitulées « Drêches de distillerie provenant de la production d'éthanol utilisées dans les aliments du bétail », qui énoncent la politique de l'Agence sur l'utilisation des drêches de distillerie, un sous-produit de la fabrication de l'éthanol, qui sont vendues, fabriquées ou importées au Canada comme aliments pour le bétail. Il est important de noter que ce document ne sert qu'à expliquer l'application du Règlement sur les aliments du bétail aux drêches et qu'il n'instaure pas de nouveaux règlements. Il n'énonce pas non plus d'exigences réglementaires concernant la production d'éthanol-carburant ou d'alcool de consommation, car cela ne relève pas du mandat de l'ACIA.

Source : Agriculture et agroalimentaire Canada (AAC).

Politiques commerciales et d'investissement

Le commerce facilite les mouvements de biens, de capitaux, de technologies, de connaissances et des personnes nécessaires pour innover. L'ouverture aux échanges commerciaux et aux mouvements de capitaux favorise l'innovation dans la mesure où elle élargit les débouchés des innovateurs, intensifie la concurrence, accroît l'accès aux nouvelles technologies, idées et procédés, notamment grâce à l'investissement direct étranger (IDE) et aux retombées techniques afférentes, et facilite la coopération internationale. Cette ouverture peut se répercuter sur l'innovation dans l'ensemble de la filière, depuis les fournisseurs d'intrants jusqu'aux commerce de détail en passant par les prestataires de services du secteur agroalimentaire. Les marchés d'intrants et de produits qui fonctionnent de façon efficace peuvent stimuler la productivité et aboutir à une production plus durable et respectueuse de l'environnement.

Importance des échanges commerciaux

L'agriculture canadienne en général et le secteur agricole et agroalimentaire en particulier sont ouverts aux échanges internationaux et intégrés aux chaînes de valeur mondiales. La mobilité des biens et des services est élevée (tout comme la mobilité du capital et de la main-d'œuvre), en particulier depuis l'entrée en vigueur de l'accord de libre-échange États-Unis-Canada dans les années 1980 et de l'Accord de libre-échange nord-américain (ALENA) en 1990. En 2010, les États-Unis ont été la destination des trois quarts des exportations canadiennes et plus de la moitié des ventes manufacturières réalisées au Canada ont été effectuées par des filiales de multinationales américaines. Pour réduire la dépendance de l'économie canadienne vis-à-vis des États-Unis, le gouvernement canadien a conclu ou négocie actuellement des accords commerciaux et d'investissement avec d'autres régions, notamment l'Amérique latine, l'Asie et l'Union européenne. Par ailleurs, le Canada s'est joint aux négociations sur l'accord de libre-échange transpacifique (*TPP - Trans-Pacific Partnership*) dans le but de renforcer ses relations commerciales avec la région Asie-Pacifique (OCDE, 2013b). Les échanges commerciaux dans le secteur agroalimentaire relèvent généralement de ces accords. Le 18 octobre 2013, le Canada et l'Union européenne se sont mis d'accord sur les principales modalités d'un accord économique et commercial global (AECG). Ce dernier éliminera plus de 99 % des barrières douanières entre les deux régions et créera de nouveaux débouchés appréciables pour le Canada dans le domaine des services et de l'investissement. L'Union européenne est le deuxième partenaire commercial du Canada. Après avoir été approuvé par les organes compétents des deux parties, cet accord devrait accroître les courants d'échange dans certains produits agricoles sensibles comme la viande bovine et les produits laitiers.

Obstacle aux échanges et à l'investissement

Les droits de douane sur les produits industriels sont relativement faibles au Canada, contrairement à ceux qui s'appliquent aux produits agricoles (moyenne simple des droits NPF (nation la plus favorisée) (graphique 4.3). Plus particulièrement, la protection tarifaire et non tarifaire du capital et des biens intermédiaires est très basse dans le pays. En 2009 et en 2010, le Canada a en effet décidé de lever de façon unilatérale les droits de douane sur une vaste gamme d'intrants industriels, de machines et d'équipement. Selon une étude de l'OCDE (Miroudot, Rouzet et Spinelli, 2013), la disponibilité plus importante d'intrants, de machines et d'équipement spécialisé qui en résulte est susceptible d'abaisser les coûts de production, d'accroître l'efficacité des procédés de production et de renforcer la capacité à innover des industries d'aval, stimulant ainsi leur propre compétitivité internationale. Les gains attendus peuvent en outre être renforcés par une hausse de l'investissement étranger au Canada.

Graphique 4.3. Droits de douane appliqués aux biens industriels et agricoles, 2011 ou 2012

Moyenne simple des taux de la nation la plus favorisée appliqués[1]

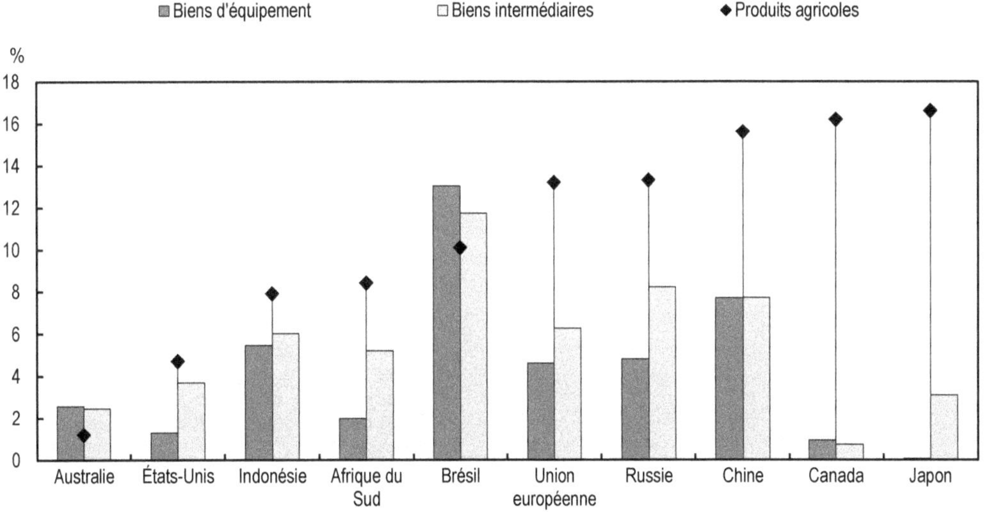

1. Les taux pour les produits agricoles comprennent à la fois les droits ad valorem et les droits spécifiques exprimés en équivalent ad valorem, alors que les taux pour les autres produits ne comptent que les droits ad valorem.

Source : Système d'analyse et d'information commerciales (TRAINS) (pour les produits non agricoles) et Profils tarifaires dans le monde, 2013 (pour les produits agricoles).

StatLink http://dx.doi.org/10.1787/888933290194

Les indicateurs RMP de l'OCDE montrent aussi que les restrictions aux échanges et à l'investissement sont relativement faibles au Canada, comme dans de nombreux pays de l'OCDE (graphiques 4.1 et 4.4). Sur une échelle de 0 à 6, l'indice de restrictions réglementaires au commerce et à l'investissement est inférieur à 1 en moyenne et aucune variable n'obtient de note supérieure à 2. En revanche, concernant le traitement différent des prestataires étrangers, le Canada applique des mesures bien plus restrictives que la moyenne des pays de l'OCDE.

Graphique 4.4. Indice des restrictions règlementaires au commerce et à l'investissement, 2008 et 2013

Indice sur une échelle de 0 à 6, du moins au plus restrictif

A. Indice des restrictions réglementaires au commerce par pays, 2008 et 2013

B. Indice canadien sur les restrictions réglementaires au commerce par variable, 2013

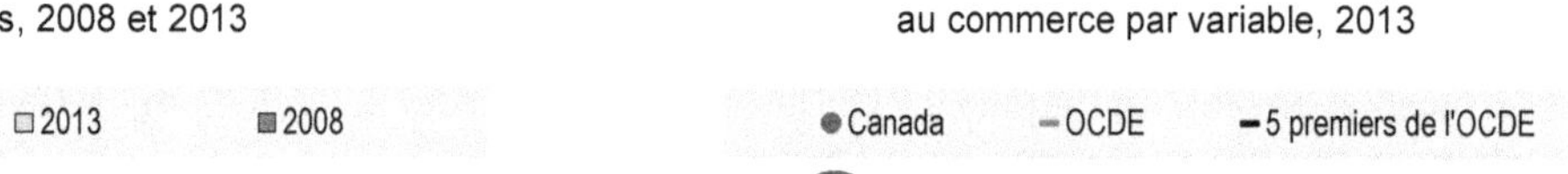

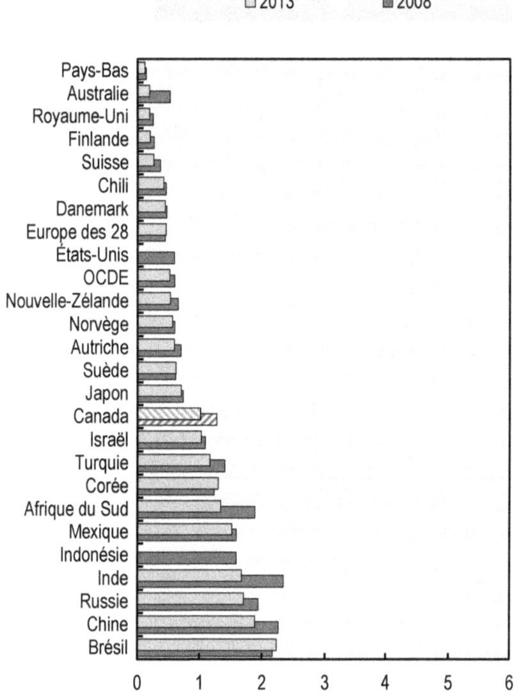

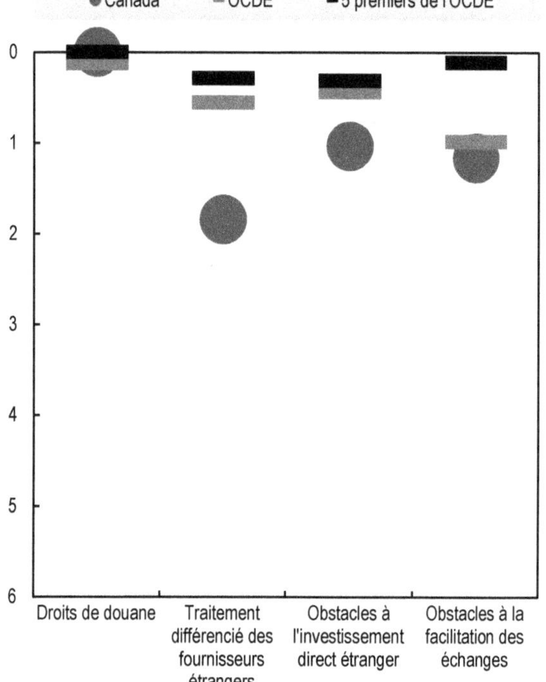

La notion d'obstacle à la facilitation des échanges correspond au recours plus ou moins important du pays à des normes et à des procédures d'homologation harmonisées internationalement, ainsi qu'à des accords de reconnaissance mutuelle avec au moins un autre pays.

L'indice des « 5 premiers de l'OCDE » représente la moyenne des scores des cinq pays de l'OCDE les plus performants (Pays-Bas, Belgique, Australie, Royaume-Uni et Finlande).

Les indices correspondant à l'Europe des 28 et à l'OCDE sont la moyenne simple des indices des pays membres.

Source : Base de données des Indicateurs de réglementation des marchés de produits de l'OCDE, 2014. www.oecd.org/economy/pmr.

StatLink http://dx.doi.org/10.1787/888933290200

Selon les **indicateurs** de l'OCDE **sur la facilitation des échanges**, qui couvrent la totalité des procédures frontalières[15], le Canada obtient des résultats bien meilleurs que la moyenne des pays de l'OCDE sur les critères des redevances et impositions, de la simplification et de l'harmonisation de documents, de l'automatisation, de la gouvernance et de l'impartialité. Par ailleurs, ce pays obtient des résultats qui le classent dans la moyenne des pays de l'OCDE sur les critères de la disponibilité de l'information, de l'implication des négociants, des décisions anticipées et des procédures d'appel et de leur rationalisation (graphique 4.5).

Graphique 4.5. Performances du Canada en matière de facilitation des échanges, 2010

Dernières données disponibles. 2 = meilleures performances

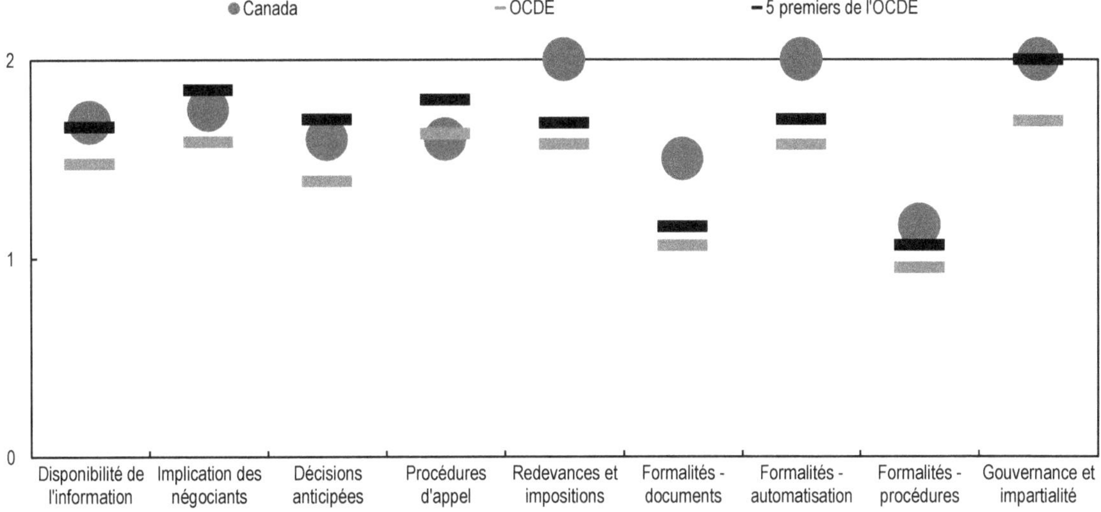

Les indices correspondant à l'OCDE sont la moyenne simple des indices des pays membres.

L'indice des '5 premiers de l'OCDE' représente la moyenne des scores des cinq pays de l'OCDE les plus performants (Australie, États-Unis, Pays-Bas, Suisse et Royaume-Uni).

Disponibilité de l'information : publication des renseignements sur le commerce, y compris sur Internet ; points d'information.

Implication des négociants : consultations entre les négociants.

Décisions anticipés : engagements préalables de l'administration suite à la demande de négociants concernant la manière dont la classification, l'origine, la méthode d'évaluation, etc., sont appliquées à des marchandises au moment de leur importation ; règles et processus qui s'appliquent à ces engagements.

Procédures d'appel : conditions et modalités pour faire appel des décisions administratives prises par les agences frontalières.

Redevances et impositions » : disciplines concernant les redevances et les impositions perçues sur les importations et les exportations.

Formalités – Documents : simplification des documents commerciaux, harmonisation conformément aux normes internationales et validation des copies des documents.

Formalités – Automatisation : échange électronique de données, procédures frontalières automatisées et utilisation des procédures de gestion des risques.

Formalités – Procédures : rationalisation des contrôles aux frontières, points d'entrée uniques pour tous les documents requis (guichets uniques), contrôles après dédouanement et opérateurs économiques agréés.

Gouvernance et impartialité : structures et fonctions des douanes, responsabilisation et déontologie.

Source : Indicateurs sur la facilitation des échanges de l'OCDE. http://www.oecd.org/trade/facilitation/indicators.htm.

StatLink http://dx.doi.org/10.1787/888933290214

Politiques en matière d'investissement direct étranger

Selon les statistiques de l'OCDE, le Canada a levé une partie de ses restrictions sur l'IDE au cours des dix dernières années, celles-ci étant désormais relativement modestes (0.16 sur une échelle de 0 à 1), mais toutefois plus importantes qu'aux États-Unis, en Australie, au Brésil ou en France (graphique 4.6). Elles portent surtout sur les procédures de sélection et les conditions préalables d'admissibilité, et sur les prises de participation étrangères. Les restrictions sur l'IDE sont très modestes dans l'agriculture, tandis que celles qui concernent la transformation agroalimentaire sont inférieures à la moyenne de tous les secteurs.

Graphique 4.6. Indice de l'OCDE sur les restrictions réglementaires à l'investissement direct étranger, 2003, 2013

Échelle de 0 à 1, du moins au plus restrictif

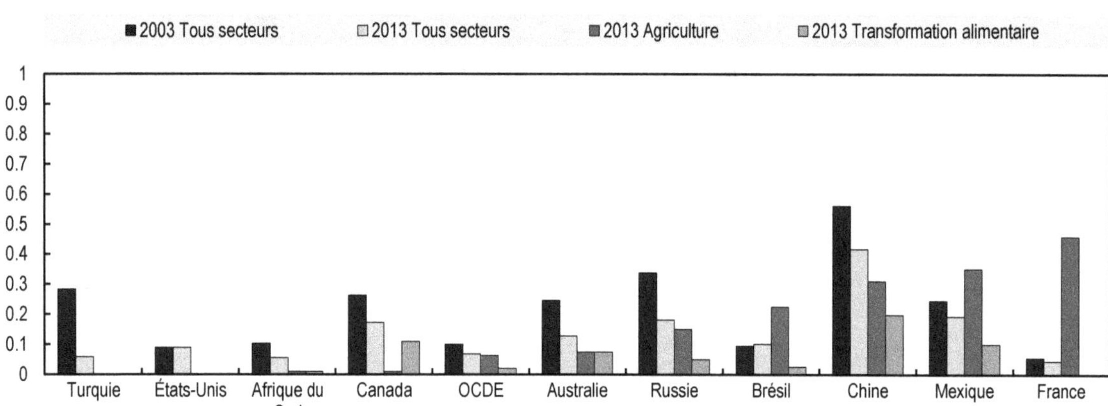

Les indices correspondant à l'OCDE sont la moyenne simple des indices des pays membres.

Quatre types de mesures sont pris en compte dans l'indice de restrictivité : 1) restrictions sur les prises de participation étrangère ; 2) sélection et conditions préalable d'admissibilité ; 3) règles s'appliquant au personnel clé ; 4) autres restrictions sur l'activité des entreprises étrangères.

Source : Statistiques de l'OCDE sur l'investissement. www.oecd.org/investment/fdiindex.htm.

StatLink http://dx.doi.org/10.1787/888933290227

Les faibles obstacles aux IDE entrants ont contribué à accroître les stocks d'IDE en pourcentage du PIB, ces derniers passant de 0.20 % en 1995 à 0.36 % en 2012 (graphique 4.7). Ce taux de pénétration est supérieur à la moyenne des pays de l'OCDE.

En 2012, le stock d'IDE dans l'agriculture, la sylviculture, la pêche et la chasse s'élevait à 1.5 milliard CAD au Canada, soit une légère baisse par rapport à 2011, où il s'établissait à 1.6 milliard CAD. Le stock d'IDE dans le secteur agroalimentaire a crû, passant de 14.4 milliards CAD à 16.0 milliards CAD entre 2011 et 2012. Les États-Unis ont représenté 60 % de cet IDE et l'Europe 36 % (graphique 4.8). En 2012, l'IDE dans l'agriculture et la transformation de produits alimentaires a absorbé 2.5 % de l'IDE total et 2.3 % du PIB canadien. Si l'on rajoute l'IDE dans les boissons et le tabac, la proportion atteint 3.4 %.

Graphique 4.7. Stocks d'investissement direct étranger en pourcentage du PIB, 1995, 2012

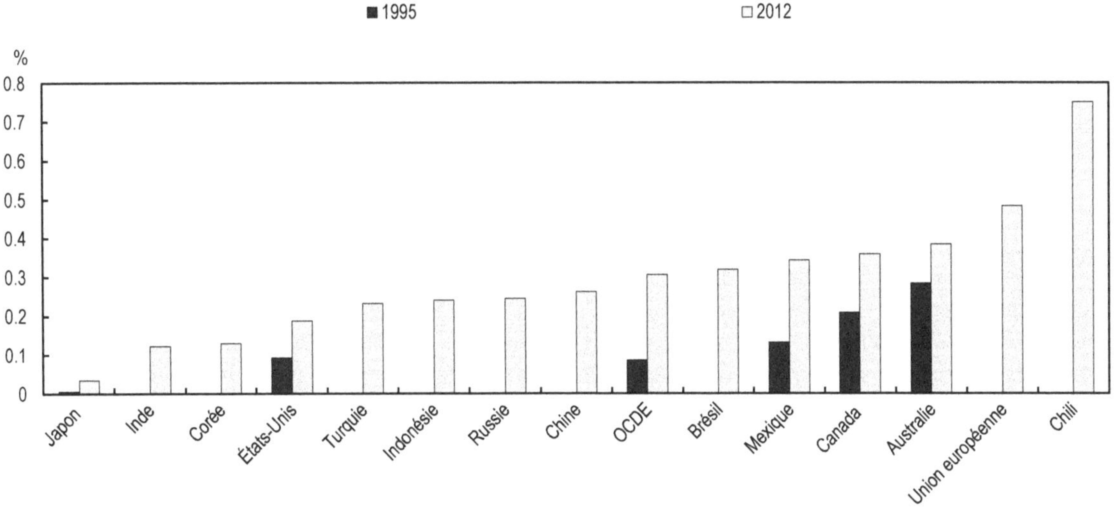

Source : Statistiques de l'OCDE sur l'investissement. www.oecd.org/investment/fdiindex.htm.

StatLink http://dx.doi.org/10.1787/888933290235

Graphique 4.8. Stocks d'investissement direct étranger entrant dans l'industrie agroalimentaire canadienne, par pays d'origine, 2002-12

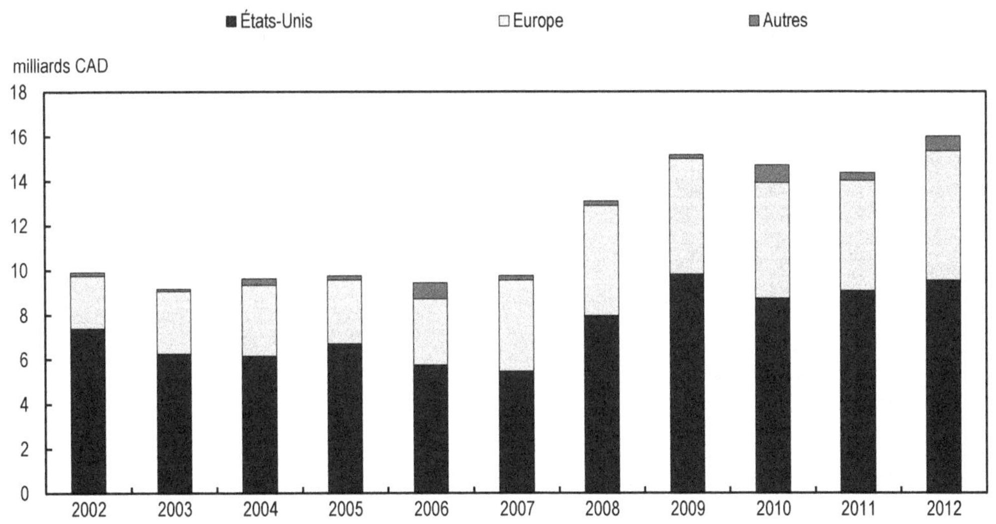

La région Europe représente l'ensemble du continent européen.
Ces chiffres sont des estimations qui peuvent être revues par Statistique Canada.

Source : Statistique Canada et calculs de l'AAC.

StatLink http://dx.doi.org/10.1787/888933290251

Politique financière

L'efficience des services financiers est essentielle au développement équilibré de toute économie et société. Les mesures d'amélioration du fonctionnement des marchés financiers peuvent aussi faciliter les investissements qui renforcent la croissance de la productivité dans l'agriculture. Les prêts à faible taux et le capital-risque[16] peuvent aussi représenter une source importante de financement pour des entreprises innovantes à fort potentiel de croissance. Enfin, les investisseurs providentiels[17] jouent aussi un rôle important dans la mesure où ils financent les premières étapes de l'innovation (OCDE, 2010).

Les institutions et les marchés financiers sont bien développés au Canada, ce pays se classant au-dessus du niveau médian de la zone de l'OCDE pour le volume de ses crédits bancaires, la capitalisation boursière de ses entreprises et son activité boursière (graphique 4.9). Selon l'indice de compétitivité mondiale du Forum économique mondial, le Canada se classe au 12e rang pour le développement de ses marchés financiers, mais obtient une note très élevée sur le critère de la solidité de son système bancaire et de la disponibilité de ses services financiers. En revanche, il obtient de moins bons résultats sur les critères suivants : facilité d'accès aux prêts, financement via des Bourses locales et disponibilité du capital-risque (graphique 4.9).

Graphique 4.9. Indice de compétitivité mondiale : développement des marchés financiers, 2013-14

Échelle de 1 à 7 (note la plus élevée)

A. Indice du développement des marchés financiers par pays

Afrique du Sud
Nouvelle-Zélande
Finlande
Australie
Suède
Norvège
États-Unis
Suisse
Canada
Royaume-Uni
Inde
Chili
Israël
Japon
Allemagne
Pays-Bas
OCDE
Brésil
Turquie
Chine
Europe des 28
Mexique
Indonésie
Corée
Russie

1 2 3 4 5 6 7

B. Indice du développement des marchés financiers au Canada par variable

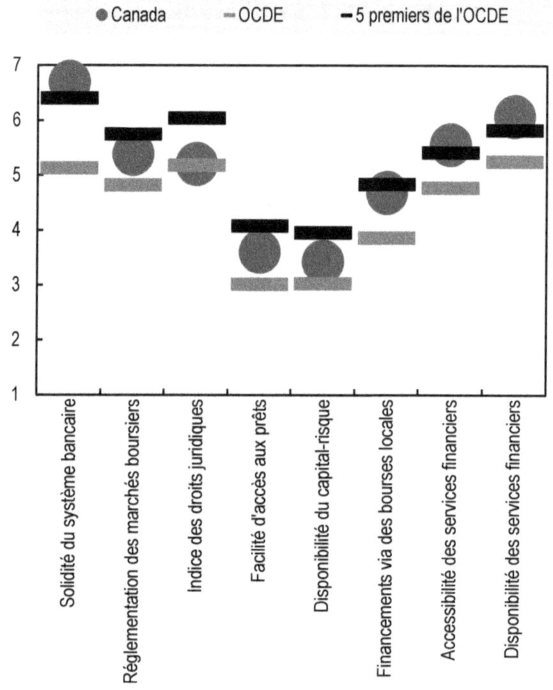

Les indices correspondant à l'Europe des 28 et à l'OCDE sont la moyenne simple des indices des pays membres.

L'indice des '5 premiers de l'OCDE' représente la moyenne des scores des cinq pays de l'OCDE les plus performants (Nouvelle-Zélande, Finlande, Australie, Suède et Norvège).

L'indice des règles de droit est noté sur une échelle de 1 à 10, en fonction des calculs effectués par le WEF à partir du rapport *Doing Business* de la Banque mondiale (2013).

Source : Forum économique mondial (2013), *The Global Competitiveness Report 2013-2014: Full data Edition*, Genève 2013. http://reports.weforum.org/the-global-competitiveness-report-2013-2014/#.

StatLink http://dx.doi.org/10.1787/888933290247

Financement agricole Canada (FAC) est le principal prestataire de services professionnels et financiers aux exploitations agricoles et aux entreprises du secteur agroalimentaire (encadré 4.3). La Banque de développement du Canada (BDC), une société d'État, a pour mission d'apporter un financement, un accès au capital-risque et des services de conseil aux chefs d'entreprise, en particulier des petites et moyennes entreprises (PME). Le Programme de développement des entreprises de l'Agence de promotion économique du Canada Atlantique (APECA) apporte un soutien à la création et au développement des PME dans tout le Canada atlantique rural en proposant des prêts à taux zéro.

Par conséquent, le secteur agricole et agroalimentaire bénéficie généralement d'un secteur bancaire solide. Les principaux prêteurs sont les banques, FAC, les organismes de crédit et les sociétés fiduciaires. En outre, quelques provinces disposent d'organismes publics de prêt spécialisés. Selon certaines informations cependant, les plus petites entreprises des secteurs de la transformation, par exemple dans le domaine des produits de santé naturels et les aliments fonctionnels, pourraient avoir eu dans le passé des difficultés à obtenir les financements nécessaires au développement de leurs activités.

Agriculture et agroalimentaire Canada (AAC), le ministère fédéral chargé de l'agriculture, propose aussi un certain nombre de programmes qui offrent des financements ou une garantie des pouvoirs publics et qui facilitent ainsi l'accès aux prêts. Parmi les programmes de crédit agricole de l'AAC, il convient de citer le Programme de la Loi canadienne sur les prêts agricoles (LCPA) et le Programme de paiement anticipé (encadré 5.3).

Encadré 4.3. Financement Agricole Canada

Financement Agricole Canada (FAC) est une société d'État commerciale qui a pour objet d'« œuvrer pour l'avenir de l'agro-industrie ». Elle a été créée en 1927 en tant qu'organisme de prêt immobilier à long terme, en raison d'une offre de crédit insuffisante pour les agriculteurs, surtout dans l'Ouest du Canada (Bergevin et Poschman, 2013). En 1959, son mandat a été élargi à des services de conseil et son taux de prêt fixé à 5 %. Ce niveau, bien inférieur à celui nécessaire au maintien de la rentabilité de cet organisme, correspondait à un taux d'intérêt bonifié. Le mandat de FAC a de nouveau été élargi en 2001, lorsque cet organisme a été autorisé à diversifier sa palette de services financiers et de gestion, en étant présent par exemple dans la stratégie d'entreprise et la gestion des risques, et en s'adressant à une clientèle plus vaste dans les secteurs liés à l'agriculture, sans se limiter aux agriculteurs.

Aujourd'hui, FAC fournit des services financiers et professionnels spécialisés et personnalisés aux petites et moyennes entreprises liées à l'agriculture. Cet organisme propose aussi des assurances, des logiciels, des programmes de formation et d'autres services professionnels aux producteurs agricoles et à la filière agroalimentaire. FAC aide également les exploitants à élaborer leur plan d'activité, y compris dans leurs efforts futurs de recherche et de développement, et pour ce qui concerne les listes de brevets ou d'autres droits de propriété intellectuelle.

Cet organisme est soutenu financièrement par le gouvernement canadien. Il offre des financements et d'autres services à plus de 100 000 producteurs du secteur agricole primaire par le biais de 100 agences principalement implantées en milieu rural. L'encours de ses prêts s'élevait à 23.2 milliards CAD à la fin de l'exercice budgétaire 2012.

Source : Financement agricole Canada, www.fac-fcc.ca/fr.html.

Le marché du capital-risque est relativement modeste en pourcentage du PIB au Canada, par rapport aux États-Unis et à plusieurs autres pays de l'OCDE (OCDE, 2012, graphique 13). Toutefois, la présence insuffisante de capital-risque dans le secteur agricole, par rapport à d'autres secteurs et à d'autres pays (Van Dusen, 2009) a suscité des préoccupations. Cette lacune était préexistante à la récession et s'explique pour des raisons variées :

- Manque de compréhension, de la part du secteur agricole, des possibilités offertes par le capital-risque ;
- Rentabilité historiquement basse de l'investissement privé dans l'agriculture par rapport à d'autres secteurs comme les technologies de l'information et de la communication (TIC) (à l'inverse de la recherche publique, qui offre une bonne rentabilité de l'investissement à long terme dans certains secteurs) ;

- Nombre insuffisant d'entrepreneurs du secteur agricole et agroalimentaire qui ont réussi et qui font appel au capital-risque ;
- Attente plus longue pour la réussite (en termes de seuil de rentabilité) des techniques agricoles par rapport aux TIC ;
- Perception selon laquelle le processus réglementaire suivi par l'Agence canadienne d'inspection des aliments (ACIA) pour l'homologation de nouvelles innovations est long et complexe ;
- Restrictions fixées par les provinces sur les limites et les critères d'investissement ou d'engagement de fonds publics ;
- Manque d'intérêt des producteurs pour les programmes et les mécanismes nécessaires pour faciliter l'investissement étranger dans les entreprises canadiennes.

Le nombre total d'entreprises de capital-risque au Canada a chuté, passant d'un niveau record de 176 en 1998 à moins de 45 (Thompson-Reuters ; Association canadienne du capital de risque et d'investissement, ACCR). Il est difficile de considérer cette évolution comme un mouvement de consolidation du secteur. Il s'agit plutôt d'une baisse du nombre de ses acteurs, due aux performances des fonds et à la situation du marché. Les investissements sont cycliques par nature. Ceux réalisés par les fonds de capital-risque se sont élevés à 2.0 milliards CAD en 2013, soit une progression de 31 % par rapport aux 1.5 milliard CAD investis en 2012 et un nouveau record par rapport au pic du cycle précédent, en 2007 (ACCR). Il est difficile de se procurer des statistiques sur les investissements en capital-risque consacrés précisément au secteur agricole, mais 19 entreprises différentes auraient investi dans des activités relevant du secteur agricole et de l'agroalimentaire au Canada entre 2008 et début 2013 (Thompson-Reuters). De nombreuses innovations et opérations sont liées de façon accessoire à l'agriculture, comme les technologies propres, les technologies vertes, la santé et la bio-économie. L'un des problèmes est de définir de façon plus précise les domaines susceptibles d'intéresser les investisseurs, comme l'étude des plantes cultivées, la santé du bétail et des animaux, et les produits bio-industriels, pour n'en citer que quelques-uns.

Alors que l'activité des investisseurs providentiels s'est accrue de façon marginale, ces derniers sont assez dispersés géographiquement (Ottawa, Vancouver, Toronto, Calgary). À ce titre, ils investissent rarement collectivement. Au Canada, les investisseurs providentiels ne sont pas non plus suffisamment organisés pour disposer de la masse critique qui leur donnerait un impact significatif au stade du pré-investissement. Enfin, depuis toujours, l'essentiel de l'activité de ces investisseurs est axé sur la médecine et les TIC.

Pour résoudre la pénurie de financements de l'innovation agricole par le capital-risque, FAC a créé le fond de capital-risque Avrio Ventures, dont il a pris en charge le pré-investissement. Le gouvernement fédéral a annoncé qu'un nouveau Plan d'action pour le capital de risque (PACR) serait intégré au budget 2013, bien que l'essentiel de ce financement par des « fonds de fonds »[18] cible des secteurs ne relevant pas de l'agriculture.

FAC est commanditaire du fonds de capital-risque *Avrio*[19], dans lequel il est également investisseur. Avrio centre ses investissements sur les entreprises innovantes du secteur agricole et agroalimentaire qui arrivent à relever les défis mondiaux liés à la santé, au bien-être et au développement durable. Le fonds investit dans des entreprises en phase de croissance et de commercialisation. En 2011, Financement agricole Canada s'est engagé à hauteur de 50 millions CAD dans le nouveau fonds *d'Avrio, Limited Partnership Fund II.* La seconde clôture du fonds a attiré 40 millions CAD d'engagements financiers pris par Exportation et développement Canada, *Alberta Investment Management Corporation*, *Alberta Enterprise Corporation* et *BDS Investments Inc.* Un montant de 91 millions CAD au total a donc ainsi pu être levé.

Plusieurs autres initiatives fédérales existent pour améliorer la commercialisation à l'échelon régional et provincial. Ainsi, l'Agence fédérale de développement économique pour le Sud de l'Ontario a mis en place un programme d'investissement partagé qui consiste pour l'organisme public à doubler la mise apportée par le partenaire. Toutefois, ces programmes sont tributaires d'un nombre important d'investisseurs qu'il est possible d'inciter à participer.

Depuis sa création en 2001, le Fonds d'innovation de l'Atlantique (FIA) aide les Canadiens de la côte atlantique à participer à l'économie mondiale de la connaissance en développant et en commercialisant des idées, des techniques, des produits et des services nouveaux. En 2013, Diversification de l'économie de l'Ouest Canada a lancé l'Initiative d'innovation dans l'Ouest (InnO) destinée aux PME et dotée de 100 millions CAD. Présente dans l'Ouest du Canada, cette initiative aide les entreprises à commercialiser les technologies ayant atteint les derniers stades de recherche et de développement.

Au Canada, le capital-risque représente 15 milliards CAD, soit 18 % de l'investissement total en capital (AAC, 2014 ; Van Dusen, 2009). Toutefois, l'agriculture se distingue nettement d'autres secteurs, comme celui des technologies de pointe, sur la question des méthodes de financement. Dans le secteur de l'agriculture lui-même, le secteur privé ne financera pas de la même façon la commercialisation de l'innovation selon qu'il s'agisse du secteur agricole primaire, de la transformation des aliments ou des entreprises de biotechnologies.

Fiscalité

Les politiques fiscales se répercutent sur l'innovation, la productivité et la durabilité de nombreuses façons : elles incitent les entreprises et les ménages à faire des économies ou au contraire à investir dans le capital physique et humain, et elles se répercutent par conséquent sur l'innovation ; elles peuvent augmenter les recettes de l'État, qui est ensuite en mesure de financer les services publics, y compris ceux qui permettent l'innovation comme l'éducation et le développement de compétences, la R-D et l'infrastructure stratégique ; la fiscalité peut aussi être directement incitative, par exemple en accordant une fiscalité avantageuse aux investissements dans la R-D privée ou à de jeunes entreprises innovantes. En plus de ses retombées sur l'ensemble de l'économie, la fiscalité agit sur la conduite, la structure et le comportement des exploitations, des fournisseurs d'intrants et du secteur agroalimentaire.

Dispositions fiscales pour les agriculteurs et les entreprises agroalimentaires

Au Canada, l'agriculture et le secteur agroalimentaire sont assujettis à un impôt sur le résultat et à un impôt sur les ventes et sur le chiffre d'affaires prélevé par l'État fédéral et la province, mais aussi à l'impôt foncier provincial et municipal. Le taux d'imposition, les exonérations et les allègements au titre des terres agricoles varient d'une province à l'autre.

Selon les statistiques de l'OCDE, le taux moyen d'imposition des sociétés au Canada (26 %) est proche du taux médian des pays de l'OCDE (25 %) et inférieur à celui pratiqué par l'Australie (30 %), le Brésil (34 %) ou les États-Unis (39 %).

Le **taux de l'impôt sur le revenu** payé par les agriculteurs varie selon la structure de l'exploitation. Au Canada, la plupart des exploitations sont organisées en entreprises individuelles ou en partenariats assujettis à l'impôt sur le revenu des personnes physiques (IRPP). Les exploitations constituées en société sont soumises à l'impôt sur les sociétés. Le taux fédéral d'imposition des sociétés a été réduit, passant à 15 % en 2012 alors qu'il dépassait 22 % en 2007 : il est désormais bien plus faible que le taux de l'IRPP (tableau 4.1). L'impôt sur les revenus personnels s'applique aux bénéfices reversés aux propriétaires de l'entreprise par le biais de salaires ou de dividendes. De nombreux agriculteurs optent pour l'exercice en société pour profiter du taux d'imposition plus bas. L'impôt sur les sociétés exploitant de petites entreprises s'applique entre zéro et 400 000 CAD à 500 000 CAD de chiffre d'affaires, selon la province.

Tableau 4.1. Taux d'imposition par catégorie fiscale, 2012

Catégorie fiscale	Impôt fédéral	Impôt provincial	Taux marginaux associés maximum
Entreprise individuelle	29 %	10 % à 21 %	39 % à 50 %
Société exploitant une petite entreprise	11 %	0 à 8 %	11 % à 19 %
Grande entreprise (ordinaire)	15 %	10 %* à 16 %[1]	28 % à 34 %

1. Les taux réduits de 2.5 % (Yukon) et de 5 % (Terre-Neuve et Labrador) s'appliquent aux activités manufacturières et de transformation.
Source : législation canadienne.

Un certain nombre de dispositions fiscales fédérales spéciales pour les agriculteurs peuvent se répercuter positivement ou négativement sur les investissements du secteur, mais aussi faciliter la transmission à la génération suivante. Il s'agit notamment des exonérations fiscales sur les plus-values, de mécanismes permettant de différer les plus-values sur dix ans ou de transmettre une entreprise agricole à un descendant direct dans certaines conditions, mais aussi de dispositions permettant de réduire le revenu imposable par la tenue d'une comptabilité de caisse ou la déduction des pertes d'exploitation sur d'autres revenus pour les agriculteurs à temps partiel, dans les limites d'un plafond donné (encadré 4.4).

Encadré 4.4. Dispositions fiscales fédérales spéciales pour les agriculteurs

Exonération cumulative des gains en capital (ECGC) : Le régime canadien de l'impôt sur le revenu accorde une exonération plafonnée à 750 000 CAD des gains en capital réalisés sur des biens agricoles ou de pêche admissibles, ou d'actions admissibles de petites entreprises. Le budget 2013 fait passer cette exonération à 800 000 CAD de gains de capitaux réalisés par une personne physique sur des biens admissibles pour l'exercice fiscal 2014. En outre, l'exonération sera indexée sur l'inflation pour les exercices fiscaux après 2014.

Report des gains en capital sur les entreprises agricoles familiales transmises entre générations : La transmission à un descendant direct de l'entreprise agricole, sous réserve qu'elle soit admissible, permet de bénéficier d'un report de l'imposition des gains en capital. Cette règle permet au contribuable de choisir de transmettre le bien à tout montant compris entre le coût indiqué et sa juste valeur marchande au moment de la transmission. Le montant choisi est réputé être le coût du bien pour le descendant.

Report au moyen de la réserve de 10 ans pour gains en capital : Les agriculteurs peuvent reporter sur une période de dix ans un gain en capital lorsque le produit de la cession n'a pas été perçu dans sa totalité. Cette réserve permet aux agriculteurs d'inclure les gains moyens en capital et d'étaler l'obligation fiscale correspondante sur une période de dix ans au maximum. Toutefois, une tranche d'au moins 10 % du gain imposable doit être intégrée au revenu chaque année. Dans le cadre de la transmission d'une entreprise agricole familiale à une personne n'étant pas un descendant, la période de réserve peut dépasser cinq ans si le revenu de la cession n'est pas reçu dans son intégralité l'année de la vente. Dans le dispositif de réserve de cinq ans, une tranche d'au moins 10 % du gain imposable doit être intégrée au revenu chaque année.

Méthode de la comptabilité de caisse : Les contribuables ayant une activité professionnelle non salariée doivent généralement tenir une comptabilité d'exercice pour leur déclaration fiscale (les créances sont comptabilisées lors de leur engagement et les dépenses lors de leur naissance). Toutefois, les agriculteurs sont autorisés à utiliser la méthode de la comptabilité de caisse et à déclarer les revenus et les dépenses au moment de leur règlement effectif (sous réserve de certaines obligations en matière de réajustement des stocks).

Perte agricole restreinte pour les producteurs à temps partiel : Lorsque l'agriculture (ou cette activité associée à une autre) n'est pas l'activité principale et si l'exploitation a été déficitaire, le déficit d'exploitation que l'agriculteur peut déduire de ses revenus est plafonné à 8 750 CAD. Tout déficit non déclaré une année donnée en raison de son caractère restreint peut être reporté sur 20 ans et a un effet rétroactif de trois ans. Dans le budget 2013 cette règle a été modifiée en précisant que les autres sources de revenus du contribuable doivent être subordonnées à l'activité agricole afin que le déficit à ce titre soit pleinement déductible d'autres sources de revenus. Par ailleurs, dans le budget de 2013, le plafond de cette mesure augmente et se monte à 17 500 CAD des pertes d'exploitations annuelles déductibles (2 500 CAD plus la moitié des 30 000 CAD suivants).

Crédit d'impôt à l'investissement dans la région de l'Atlantique : Ce dispositif est un crédit d'impôt de 10 % qui s'applique à certains investissements réalisés dans de nouveaux biens immobiliers, machines et équipements utilisés dans la région de l'Atlantique et en Gaspésie, dans la province de Québec. Actuellement, ce crédit d'impôt soutient les investissements dans l'agriculture, la pêche, l'exploitation forestière, la fabrication et la transformation, le pétrole et le gaz et l'exploitation minière, mais ce programme est progressivement supprimé.

Source : Ministère des Finances Canada.

Les entreprises agroalimentaires bénéficient depuis 2007, d'une déduction accélérée pour amortissement. Cette disposition permet d'amortir l'acquisition de machines et d'équipement dans le secteur manufacturier et de la transformation de façon plus rapide (50 %, méthode d'amortissement linéaire). Ce dispositif soutient l'investissement des entreprises.

Les autorités provinciales et municipales ont aussi mis en place des dispositions spéciales pour les agriculteurs, comme une diminution de la taxe sur les terrains bâtis et non bâtis et des incitations fiscales spéciales au niveau de la province. Ainsi, dans le Manitoba, les petites entreprises réalisant un chiffre d'affaires de moins de 400 000 CAD sont entièrement exonérées de l'impôt provincial sur le revenu ; l'Ontario étend la déduction accélérée pour amortissement à l'impôt provincial sur le revenu. Enfin, l'impôt sur les sociétés a été réduit à plusieurs reprises dans la Saskatchewan.

Certaines provinces prévoient des exonérations sur les intrants agricoles. Ainsi, dans certaines d'entre elles, l'essence ou le gazole « mauves », à usage agricole, est imposé à un taux différent du carburant à usage non agricole (la couleur mauve servant à établir la distinction).

Incitations fiscales en faveur de la R-D

Les autorités fédérales et provinciales soutiennent l'investissement privé dans la R-D par des mesures d'incitation fiscale. Le programme d'**avantages fiscaux au titre de la recherche scientifique et du développement expérimental (RS&DE)**[20] est le premier programme fédéral en faveur de la R-D du secteur privé au Canada. En effet, il a fourni une aide fiscale de 3.6 milliards CAD dans tous les secteurs de l'économie en 2012. Cette aide à l'échelon fédéral est complétée par des crédits des provinces à la R-D, estimés à 1.5 milliard CAD en 2011 (OCDE, 2012a). Les activités ouvrant droit aux incitations fiscales pour la RS&DE sont les recherches systématiques menées dans un domaine scientifique ou technique, au moyen d'expériences ou d'analyses. Trois grandes catégories d'activités sont visées : la recherche fondamentale, la recherche appliquée et le développement expérimental. Les exploitations agricoles et les entreprises agroalimentaires peuvent aussi profiter de ces mesures fiscales.

Le programme d'allègements fiscaux au titre de la RS&DE comporte deux volets :

- Une déduction sur l'impôt sur le revenu qui permet de passer en charges toutes les dépenses admissibles : salaires, frais généraux, contrats et dépenses d'équipement (à l'exclusion de la plupart des bâtiments) ;
- Un crédit d'impôt à l'investissement ayant les caractéristiques suivantes (jusqu'au 1er janvier 2014) :
  - Taux général de 20 %. Un taux majoré à 35 % s'applique à la première tranche de 3 millions CAD de dépenses admissibles pour les petites et moyennes entreprises privées sous contrôle canadien ;
  - Le taux appliqué par les provinces s'échelonne entre 10 % (Alberta et Ontario) et 37.5 % pour le Québec, la plupart des autres provinces appliquant un taux compris entre 15 % et 20 % ;
  - Le crédit d'impôt est non remboursable ; toutefois, les crédits inutilisés peuvent être reportés jusqu'à 20 ans et ont un effet rétroactif de trois ans. En outre, les crédits acquis dans l'année mais non utilisés sont en général entièrement remboursables pour la première tranche de 3 millions CAD de dépenses des petites et moyennes entreprises privées canadiennes[21].

En janvier 2013, l'élément « bénéfices » a été supprimé des paiements contractuels entre personnes sans lien de dépendance (seulement 80 % du montant de ces contrats est pris en compte) dans le calcul du crédit d'impôt au titre de la RS&DE. À partir de janvier 2014, des modifications importantes ont été apportées au dispositif :

- Le taux général du crédit d'impôt à l'investissement pour la RS&DE a été réduit à 15 %, ce qui aura surtout des incidences sur les grandes entreprises ;
- Les dépenses d'équipement ne sont plus prises en compte dans le calcul des dépenses ;
- Le montant de remplacement visé par le règlement, que le contribuable peut utiliser pour déduire les frais généraux engagés pour la RS&DE a été réduit, passant de 65 % à 55 % des salaires versés au personnel directement engagé dans des activités de RS&DE au Canada.

L'*Étude économique de l'OCDE du Canada* de 2012 (OCDE, 2012) a révélé que le RS&DE était l'une des dépenses fiscales en faveur de la R-D les plus lourdes pour le pays. Le Canada se classe en effet au second rang après la France à ce titre (graphique 4.10), tandis que le financement direct de l'innovation des entreprises est parmi les plus bas. Ce coût élevé reflète le fort taux de subventionnement, plutôt que l'intensité de l'activité de R-D des entreprises. En effet, les déductions au titre de l'impôt sur le revenu et le crédit d'impôt pour l'investissement procurent des avantages conséquents aux entreprises. Enfin, le dispositif RS&DE ajoute de la complexité au code des impôts, ce qui accroît les coûts administratifs et de mise en conformité.

Graphique 4.10. Taux de subvention aux investissements de R-D[1], 2009

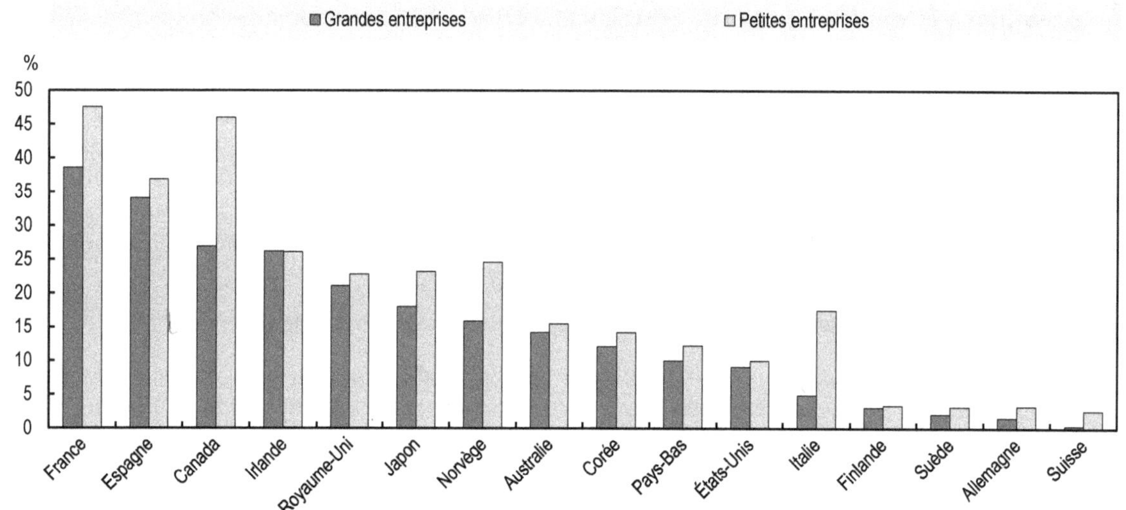

1. Les données tiennent compte des abattements d'impôt sur le revenu et des incitations fiscales pour R-D prises en charge par les collectivités infranationales. La partie des abattements sur l'impôt sur le revenu qui correspond à l'amortissement économique n'étant pas une aide, elle n'est pas incluse dans les chiffres.

Source : Ministère des Finances (2009), Dépenses fiscales et évaluations 2009, Partie 2, « Comparaison internationale de l'aide fiscale à l'investissement dans la recherche-développement », Ottawa.

StatLink http://dx.doi.org/10.1787/888933290266

Notes

1. À la date de la publication de ce rapport, la mise en œuvre des dispositions touchant les aliments dans cette loi est en cours de transfert vers l'Agence canadienne d'inspection des aliments (ACIA) dans le cadre de la *Loi sur la salubrité des aliments au Canada.*
2. Plan d'action pour la réduction du fardeau administratif, www.tbs-sct.gc.ca/rtrap-parfa/index-fra.asp.

3. Pour en savoir plus sur la gouvernance de l'eau et la réglementation dans ce domaine, voir www.ec.gc.ca/eau-water/default.asp?lang=Fr&n=87922E3C-1.

4. Loi sur les pêches : www.dfo-mpo.gc.ca/pnw-ppe/changes-changements/index-fra.html.

5. Protection et conservation responsable des pêches canadiennes : www.dfo-mpo.gc.ca/media/back-fiche/2012/hq-ac12a-fra.htm.

6. La Directive du Cabinet sur la gestion de la réglementation (2012) énonce qu'en matière de réglementation, les autorités s'engagent à : protéger et promouvoir l'intérêt public en ce qui a trait à la santé, à la sûreté et à la sécurité, à la qualité de l'environnement et au bien-être économique et social des Canadiens ; Promouvoir l'efficience et l'efficacité de la réglementation en s'assurant que les avantages de la réglementation justifient les coûts ; Prendre des décisions fondées sur des données probantes ; Promouvoir une économie de marché équitable et compétitive ; Surveiller et contrôler le fardeau administratif ; Favoriser l'accessibilité, la clarté et l'adaptabilité de la réglementation ; Garantir la rapidité d'action, la cohérence des politiques et une minimisation des chevauchements, tout au long du processus de réglementation. Pour plus de détails, voir www.tbs-sct.gc.ca/rtrap-parfa/cdrm-dcgr/cdrm-dcgr01-fra.asp.

7. Conseil canadien des normes : www.scc.ca/fr/about-scc.

8. Loi sur l'incorporation par renvoi dans les règlements : www.parl.gc.ca/LEGISInfo/BillDetails.aspx?Language=E&Mode=1&billId=5756559.

9. Parlement du Canada : Résumé législatif du projet de loi S-2 : Loi modifiant la Loi sur les textes réglementaires et le Règlement sur les textes réglementaires en conséquence www.parl.gc.ca/About/Parliament/LegislativeSummaries/bills_ls.asp?source=library_prb&ls=S2&Parl=41&Ses=2&Mode=1&Language=F

10. Agence canadienne d'inspection des aliments : www.inspection.gc.ca/fra/1297964599443/1297965645317.

11. Loi sur la salubrité des aliments au Canada : http://www.inspection.gc.ca/au-sujet-de-l-acia/lois-et-reglements/initiatives-reglementaires/lsac/vue-d-ensemble/fra/1339046165809/1339046230549.

12. Plan pluriannuel de modernisation de la réglementation : www.inspection.gc.ca/au-sujet-de-l-acia/lois-et-reglements/initiatives-reglementaires/consultation/fra/1342405651215/1342405905957.

13. DIR2001-02, Directive sur l'homologation des agents antiparasitaires microbiens et de leurs produits : www.hc-sc.gc.ca/cps-spc/pubs/pest/_pol-guide/dir2001-02/index-fra.php.

14. Enquête réalisée pour l'OCDE.

15. Les indicateurs de l'OCDE sur la facilitation des échanges recouvrent le spectre complet des procédures frontalières — décisions anticipées, procédures d'appel, coopération externe entre les différentes agences à la frontière, redevances et impositions, formalités en matière d'automatisation, de documents et de procédures, gouvernance et impartialité, disponibilité des renseignements et implication des négociants — pour 133 pays différents sur le plan de leur niveaux de revenus, de leur région géographique et de leur stade de développement. Des informations mises à jours et plus détaillées seront disponibles fin 2014.
Pour plus de détails, voir www.oecd.org/fr/echanges/facilitation/indicateurssurlafacilitationdesechanges.htm .

16. Le capital-risque est une forme d'investissement privé. Le rendement de ce type d'investissement est lié à la vente d'une société (vente à, ou fusion avec, une autre entreprise) ou à un premier appel à l'épargne lorsqu'une entreprise est autorisée à offrir ses actions au grand public en

bourse. Les fonds de capital-risque ne constituent pas seulement une source de financement mais conseillent également les sociétés qui bénéficient de leurs investissements (OI, 2012).

17. Un investisseur providentiel est généralement un entrepreneur expérimenté qui apporte son soutien à une entreprise ou à un concept commercial à une étape très précoce de son développement.

18. Un « fonds de fonds » investit dans plusieurs fonds de capital-risque.

19. AVRIO Capital, www.avriocapital.com/.

20. Site Internet de l'Agence du revenu du Canada, rubrique Recherche scientifique et développement expérimental (RS&DE) – Programme d'encouragements fiscaux : www.cra-arc.gc.ca/txcrdt/sred-rsde/menu-fra.html.

21. Les organisations qui ne sont pas des entreprises privées canadiennes ne peuvent pas percevoir directement les montants au titre du crédit d'impôt, mais peuvent les déduire de l'impôt dû.

Références

AAC (2014), The Risk Capital Availability to the Canadian Agri-Innovation Sector, Agriculture et agroalimentaire Canada, (rapport).

AAC (2013), *Vue d'ensemble du système agricole et agroalimentaire canadien 2013*, Agriculture et Agroalimentaire Canada, disponible à l'adresse : http://www4.agr.gc.ca/AAFC-AAC/display-afficher.do?id=1331319696826&lang=fr.

Activités internationales de la Direction des médicaments vétérinaires, Santé Canada : www.hc-sc.gc.ca/dhp-mps/intactivit/veterin/index-fra.php.

Bergevin, P et F. Poschmann (2013), « Reining in the Risks: Rethinking the Role of the Crown Financial Corporations in Canada », Commentaire de l'Institut C.D. Howe n° 372, disponible à l'adresse www.cdhowe.org.

Carlberg, J.G. (2011), Ownership of Farmland in Canada: Importance, Current Trends, and Potential Policy Responses, Université du Manitoba, mars.

Cranfield, J.A.L., D.P.B. Herath, S.J. Henson et D. Sparling (2006), *An Analysis of Financing Innovation and Commercialization in Canada's Functional Food and Nutraceutical Sector*, https://ideas.repec.org/s/ags/aaea06.html.

Directive du Cabinet sur la gestion de la réglementation (et outils et lignes directrices) : www.tbs-sct.gc.ca/rtrap-parfa/guides-fra.asp.

Gazette du Canada : www.gazette.gc.ca/gazette/home-accueil-fra.php.

Ministère des Affaires étrangères et du Commerce international (2012), Overview of Canada's Investment Performance, Canada's State of Trade: Trade and Investment Update, 2012, disponible à l'adresse www.international.gc.ca/economist-economiste/performance/state-point/state_2012_point/2012_6.aspx?lang=eng.

Ministère des Affaires étrangères et du Commerce international (2010), Making Canada the Location of Choice for Businesses: DFAIT's FDI Attraction Strategy, Bureau Investir au Canada.

Miroudot, S., D. Rouzet et F. Spinelli (2013), « Trade Policy Implications of Global Value Chains: Case Studies », *Documents de l'OCDE sur la politique commerciale*, n° 161, Éditions de l'OCDE, Paris. http://dx.doi.org/10.1787/5k3tpt2t0zs1-en.

OCDE (2013a), *Les systèmes d'innovation agricole : Cadre pour l'analyse du rôle des pouvoirs publics*, Éditions de l'OCDE, Paris. http://dx.doi.org/10.1787/9789264200593-fr.

OCDE (2013b), *Politiques agricoles : suivi et évaluation 2013 - Pays de l'OCDE et économies émergentes*, Éditions de l'OCDE, Paris. http://dx.doi.org/10.1787/agr_pol-2013-fr.

OCDE (2012), *Études économiques de l'OCDE : Canada, 2012*, Éditions de l'OCDE, Paris. http://dx.doi.org/10.1787/eco_surveys-can-2012-fr.

OCDE (2011), *Réformes économiques 2011 : Objectif croissance*, Éditions de l'OCDE, Paris. http://dx.doi.org/10.1787/growth-2011-fr.

OCDE (2010), *La stratégie de l'OCDE pour l'innovation : Pour prendre une longueur d'avance*, Éditions de l'OCDE, Paris. http://dx.doi.org/10.1787/9789264083479-fr.

OCDE (2005), *Fiscalité et sécurité sociale : Le secteur agricole*, Éditions de l'OCDE, Paris. http://dx.doi.org/10.1787/9789264013650-fr.

OI (2012), *Sustainable agricultural productivity growth and bridging the gap for small-family farms*, rapport inter-institutions présenté à la présidence mexicaine du G20 contenant des contributions des organisations suivantes : Bioversity, Consortium du CGIAR, FAO, FIDA, IFPRI, IICA, OCDE, CNUCED, équipe de coordination de l'Équipe spéciale de haut niveau de l'ONU sur la crise mondiale de la sécurité alimentaire, PAM, Banque mondiale et OMC (12 juin), disponible à l'adresse www.oecd.org/tad/agriculturalpoliciesandsupport/50544691.pdf.

Science et innovation. Agriculture et agroalimentaire Canada : www.agr.gc.ca/fra/science-et-innovation/?id=1360882179814.

Statistique Canada (2012), « Investissement direct étranger, 2012 », Le Quotidien, disponible à l'adresse www.statcan.gc.ca/daily-quotidien/130509/dq130509a-eng.htm.

Statistique Canada (2011), Recensement de l'agriculture de 2011, Données sur les exploitations et les exploitants agricoles (95-640-XWE).

Van Dusen, M. (2009), The National Commercialization Assessment.

Vojtech, V. (2010), « Les mesures prises face aux problèmes agro-environnementaux », *Documents de l'OCDE sur l'alimentation, l'agriculture et les pêcheries* n° 24, Éditions de l'OCDE, Paris. http://dx.doi.org/10.1787/5kmjrzdr9s6c-fr.

Annexe 4.A1

Procédures d'établissement, d'évaluation et de diffusion des normes relatives aux intrants et produits pour l'alimentation animale et humaine

Qui fournit les données scientifiques ?

Le Canada examine toutes les données scientifiques qui lui sont présentées. Lorsqu'elles demandent l'approbation de produits ou de procédés innovants, les entreprises peuvent donc demander à ce que les données scientifiques qu'elles présentent soient examinées. Dans plusieurs consultations de parties prenantes, les informations remontées par le secteur font état de retards dans le lancement de produits innovants sur le marché canadien en raison des délais importants de traitement par les normes de services et du temps nécessaire pour créer les données d'efficacité qui appuient la demande d'enregistrement[1].

AAC mène des activités de recherche et de développement scientifique, mais aussi de transfert de technologies dans l'intérêt de la population canadienne. Le Centre de la lutte antiparasitaire (CLA) d'AAC mène des recherches scientifiques afin d'aider les producteurs à accéder à de nouveaux pesticides à usage limité et à de nouvelles solutions de lutte antiparasitaire à risque réduit[2]. Depuis 2006, les producteurs canadiens ont présenté 480 demandes aux autorités réglementaires. Plus de 330 de ces demandes ont été enregistrées et ont donné lieu à plus de 1 230 utilisations nouvelles. Une entreprise qui demande l'enregistrement d'un nouveau produit de lutte antiparasitaire doit également présenter les données scientifiques requises à l'Agence de règlementation de la lutte antiparasitaire (ARLA). Comme pour n'importe quel pesticide, ARLA examine ces données pour s'assurer que le produit répond à certains critères de sécurité et qu'il offre des avantages et une valeur suffisants pour être autorisé à la vente et à l'usage au Canada.

L'intégration de consultations publiques au procédé d'élaboration réglementaire permet à toute personne physique ou morale de demander à ce que les informations qu'elle présente soient examinées par les autorités de réglementation. Le Canada est présent sur de nombreux fronts pour s'efforcer de mieux aligner ses exigences réglementaires sur celles en vigueur dans d'autres instances (Conseil de coopération en matière de réglementation entre le Canada et les États-Unis[3]) afin d'alléger la charge administrative des entreprises et de faciliter l'introduction de produits innovants et sûrs sur le marché.

Le Canada participe également à des initiatives internationales dans ce domaine, comme l'examen conjoint mondial de demandes d'homologation de pesticides de l'OCDE, en vue d'élaborer et de mettre en commun des données scientifiques liées aux demandes d'autorisation de mise sur le marché. Le Canada s'intéresse de plus en plus à d'autres dispositifs de partage des efforts sur de nouveaux produits. La Direction des médicaments vétérinaires de Santé Canada a également mis en place un système de coopération réglementaire internationale et de partage des connaissances.

En ce qui concerne les engrais et les aliments pour animaux, les entreprises qui demandent l'enregistrement d'un produit doivent présenter des données scientifiques qui en démontrent l'innocuité. Pour les produits destinés à l'alimentation animale, les conditions d'innocuité et d'efficacité dépendent de la nature de l'aliment. Les exigences en matière de données sont adaptées en fonction de la durée antérieure d'utilisation du produit et de sa complexité. L'Agence canadienne d'inspection des aliments (ACIA) organise des ateliers et des entretiens individuels, et publie des documents d'information pour aider les entreprises à répondre aux conditions de données exigées par le procédé d'évaluation.

Qui évalue les données scientifiques ?

Pour les engrais, les évaluations sur l'innocuité sont menées par une équipe d'évaluateurs de l'ACIA, qui examinent tous les ingrédients contenus dans les engrais et les suppléments, notamment leurs composants actifs, formulants, ingrédients de charge, additifs, éventuels produits polluants et sous-produits susceptibles d'être libérés dans l'environnement suite à leur utilisation et à leur épandage. En plus d'évaluer l'effet recherché du produit en tant que substance nutritive ou d'enrichissement, l'ACIA examine ses effets non désirés, notamment l'exposition des personnes se trouvant là ou qui travaillent avec ces produits (distributeurs, agriculteurs, particuliers), la sécurité des plantes alimentaires cultivées sur un terrain traité avec le produit, l'impact sur les animaux et les plantes autres que les espèces ciblées, et les effets sur l'écosystème, notamment l'impact sur les sols, la biodiversité, le lessivage vers les cours d'eau, etc.

En ce qui concerne l'alimentation animale, la loi et les règlements en vigueur sur les aliments du bétail confèrent à l'ACIA autorité pour évaluer les produits avant la vente, évaluer l'innocuité de nouveaux ingrédients, enregistrer les produits et vérifier leur conformité au marché, moyennant des activités d'inspection et d'échantillonnage. Le cadre réglementaire actuel repose sur l'approbation d'ingrédients individuels et sur l'approbation d'aliments pré-mélangés, des exceptions étant prévues pour l'enregistrement ou l'approbation rationalisée d'ingrédients bien caractérisés et dont l'utilisation n'a présenté aucun danger par le passé.

Avec quelle fréquence les normes sont-elles réexaminées ?

L'innocuité des engrais est évaluée au cas par cas. Les ingrédients du produit sont analysés, ainsi que l'origine, le mode de fabrication, la procédure de contrôle qualité et les systèmes d'assurance qualité appliqués, afin d'éviter que le produit final ne contienne des polluants dommageables pour la santé humaine, les animaux, les plantes et l'environnement. L'ACIA applique des normes de sécurité interne aux éléments polluants (métaux lourds, bactéries coliformes fécales, salmonelles, dioxines et furannes, etc.) et étudie les normes en vigueur dans d'autres organes réglementaires canadiens et internationaux. L'examen des normes n'est pas assujetti à un délai. À mesure que de nouvelles informations sont communiquées sur des risques éventuels, le Programme sur les engrais cherche à réexaminer les normes internes (parfois en collaboration avec des partenaires du secteur de la réglementation et les universités).

Les normes nationales sur la lutte contre les maladies sont réexaminées chaque année ou tous les deux ans, ou encore dès que l'on a connaissance de nouvelles informations (scientifiques ou pratiques du secteur).

Les règlements sur les aliments du bétail ne prescrivent rien en termes de données. Les exigences précises dans ce domaine sont contenues dans les politiques et figurent dans les directives réglementaires (le lien suivant contient un certain nombre de directives réglementaires[4]). En vertu des règles en matière d'information présentées dans ces documents, les données peuvent être obtenues soit par des méthodes empiriques, soit par des démonstrations scientifiques valables. Le recours à la littérature revue par un spécialiste de la discipline ou à des données étrangères, le cas échéant, est également autorisé. Les documents actuels sont mis régulièrement à jour et de nouveaux documents créés, le cas échéant.

Aide à la navigation dans le système réglementaire

Pour aider le secteur agricole à s'adapter à un environnement réglementaire en constante évolution, AAC collabore avec celui-ci et avec les autorités réglementaires.

En règle générale, les ministères et les services de l'administration disposent de nombreux outils en ligne qui aident les parties prenantes du secteur agricole à naviguer dans le système réglementaire. Il s'agit de manuels, d'exemples et de modèles, de directives, d'informations, de liens vers des sites ou des partenaires en lien avec l'information recherchée et de coordonnées de personnes-contact lorsque des renseignements supplémentaires sont nécessaires.

L'ACIA a créé la norme nationale sur la production biologique et le règlement afférent sur les produits biologiques grâce à une étroite collaboration avec l'Office des normes générales du Canada et le secteur privé. En étant aussi fortement impliqué (les parties prenantes ont piloté l'élaboration de la norme nationale), le secteur agricole est désormais très versé dans le système de réglementation de ce type de produits.

L'ARLA publie également des directives sur son site Internet afin d'aider les parties prenantes à s'orienter dans son système de réglementation des pesticides. En outre, cet organisme propose un service gratuit de consultation préalable qui donne des conseils aux demandeurs avant que ces derniers ne déposent la demande d'enregistrement ou de modification d'un produit antiparasitaire. Les demandeurs peuvent ainsi se faire conseiller sur les protocoles d'études ou sur les données qu'ils doivent fournir à l'appui d'une demande d'enregistrement d'un produit antiparasitaire donné. En outre, l'ARLA dispose d'un numéro d'appel gratuit d'information sur la lutte antiparasitaire que les demandeurs peuvent composer pour poser des questions et formuler des remarques.

Il existe également des outils électroniques de navigation qui aident les entreprises à trouver des informations sur les permis de construire (PerLE) et sur les programmes et services agricoles (AgriGuichet). Ces outils à l'échelon fédéral s'efforcent de recueillir des informations aux trois niveaux administratifs (municipal, provincial et fédéral).

Le Canada a également lancé la Stratégie pour un gouvernement ouvert, qui vise à stimuler le partage d'informations ainsi que l'engagement des parties prenantes. En plus des volets « Données ouvertes » et « Information ouverte », la partie « Dialogue ouvert » de cette initiative vise à accroître l'apport des parties prenantes dans la réglementation ; elle est liée au Plan d'action pour la réduction du fardeau administratif. Dans son Plan d'action 2013, le gouvernement du Canada a commencé à publier sur son site Internet les projets de réglementation s'appliquant à tous les ministères et organismes fédéraux. Ainsi, les consommateurs, les branches d'activité et les autres acteurs intéressés peuvent participer plus facilement à l'élaboration de la réglementation (principe de transparence) et mieux prévoir l'avenir (principe de prévisibilité).

Communication sur l'élaboration et l'évaluation des normes

Le gouvernement du Canada a pour mission de communiquer au public de façon claire et en temps voulu une information exacte, objective et exhaustive sur ses mesures, programmes, services et initiatives, en vue de renforcer la confiance de l'opinion publique dans le système réglementaire, mais aussi la sécurité des pratiques et des produits innovants qui ont été approuvés.

- La Politique de communication du gouvernement du Canada prévoit des activités de communication par les institutions, et veille ainsi à ce que la communication entre organes administratifs soit bien coordonnée, gérée de façon efficace et réactive face aux divers besoins d'information du public.

La démarche des pouvoirs publics consiste à préserver et à protéger l'environnement, la santé et la sécurité publiques, et la santé des animaux et des plantes moyennant des évaluations scientifiques. Une fois que la question de la sécurité a été évaluée, les décisions commerciales sont laissées entre les mains des branches d'activité concernées et du consommateur. Les pouvoirs publics communiquent sur leur démarche via des supports imprimés de sensibilisation du public, une rubrique « FAQ » (foire aux questions) sur leur site Internet et des communiqués de presse.

- Exemple : Page du site Internet de Santé Canada consacrée aux aliments génétiquement modifiés considérés sous l'angle de leur intérêt pour l'économie canadienne et de leur innocuité.

Pour AAC, cette démarche passe par la campagne générale de communication sur Cultivons l'avenir 2 (2013-2018), le cadre d'action actuellement mis en œuvre en matière de politique agricole centré sur l'innovation, la compétitivité et le développement des marchés. Les activités de communication autour du lancement de Cultivons l'avenir 2 ont surtout porté sur l'idée que l'innovation était un moteur essentiel de la prospérité à long terme du secteur agricole et de l'économie, au Canada.

- Les activités de communication d'AAC autour de Cultivons l'avenir 2 comprenaient une stratégie d'engagement élargie du secteur, en vue d'obtenir un apport des acteurs du secteur (sous forme de réunions *de visu* et de débats en ligne avec différentes parties prenantes et parties intéressées dans tout le pays). Les gouvernements fédéral, provinciaux et territoriaux ont également fait participer le secteur d'activité et le public à différentes étapes de cette opération.
- Une fois l'accord trouvé, les activités de communication d'AAC ont porté sur les opérations suivantes : envoi d'un courrier à tous les foyers agricoles canadiens en vue de les sensibiliser aux nouveaux programmes ; publicité dans les médias spécialisés dans chaque province, dans les deux langues officielles ; événements organisés par le ministère dans tout le pays en vue d'annoncer des accords bilatéraux avec les provinces et les territoires ; communiqués de presse pour faire connaître les programmes, leurs principales étapes et les dates d'entrée en vigueur ; nouvelles publications multiples sur le site Internet d'AAC.

Le gouvernement fédéral agit également en faveur d'initiatives de recherche et d'innovation via des sites Internet et des portails consacrés à la science. Les résultats des recherches menées par AAC sont régulièrement publiés dans des journaux scientifiques, communiqués aux parties prenantes, partagés avec les partenaires de la recherche internationale et recommandés aux médias et aux Canadiens par le biais d'une grande diversité de canaux de communication : événements médiatiques annonçant de nouveaux investissements dans la science et la technologie, de nouvelles découvertes ou de nouveaux partenariats ; efforts systématiques en direction des médias, notamment par la promotion d'accomplissements scientifiques particuliers et de grandes étapes de l'innovation ; participation de scientifiques à des événements qui mettent en avant leurs travaux, comme les Journées portes ouvertes ou les Journées champêtres ; salons professionnels et foires régionales ; vidéos telles que « Découvrez l'agriculture », qui mettent en scène la façon dont les recherches réalisées par AAC se retrouvent dans les produits d'épicerie utilisés au quotidien ; supports imprimés tels que fiches et lettres d'information ; site Internet d'AAC contenant plus de 4 000 résumés scientifiques et profils de chercheurs ; collaboration avec d'autres administrations à vocation scientifique et avec des initiatives interministérielles comme le Regroupement des sciences et de la technologie.

Il est important que les pouvoirs publics soient impliqués dans la communication de nouvelles normes et dans les explications sur les sites d'information. Ainsi, avant que les normes nationales sur les produits biologiques ne soient entrées en vigueur, les consommateurs pouvaient interpréter les mentions « biologique » et « certifié biologique » à leur guise. L'entrée en vigueur du Règlement sur les produits biologiques a éclairci le sens de ces deux termes. Toutefois, selon des sondages récents, il reste encore du travail à faire, des termes tels que « naturel » continuant de semer le doute chez les consommateurs, qui ont tendance à le confondre avec le terme « biologique », qui relève d'un règlement précis.

C'est au moyen de son rapport annuel au Parlement que l'Agence de règlementation de la lutte antiparasitaire communique sur la nécessité pour les pesticides innovants (notamment ceux faisant appel à des agents microbiens) de répondre aux mêmes normes strictes que d'autres pesticides certifiés employés au Canada. Les produits qui présentent un danger inacceptable pour la santé humaine ou pour l'environnement ne sont pas autorisés à la vente ou à l'utilisation au Canada.

L'ACIA communique sur ses procédures d'élaboration de normes et d'évaluation des risques aux parties prenantes, aux parties soumises à la réglementation et à la population canadienne au moyen d'un ensemble d'outils et de méthodes :

- des informations sont disponibles sur le site Internet d'ACIA ;
- un serveur de liste a été créé, les personnes intéressées pouvant s'inscrire aux services de notification d'ACIA en fonction de leurs centres d'intérêt ;
- les techniciens et les cadres dirigeants d'ACIA participent à des réunions et à des ateliers avec des organisations représentant les parties prenantes et partagent ainsi des informations.
- lorsque de nouvelles normes vont être intégrées à la réglementation, l'ACIA organise des consultations avec les parties soumises à la réglementation et les organisations professionnelles ; lorsqu'une norme va faire l'objet d'un règlement ou d'une loi, l'ACIA fait paraître cette information dans la Gazette du Canada.
- Les parties soumises à la réglementation disposent d'outils en ligne (comme le Système automatisé de référence à l'importation, SARI) qui fournissent des informations sur les normes ou les conditions qui s'appliquent aux produits réglementés importés au Canada.

Sur le site Internet de l'ACIA, on trouve des informations sur l'évaluation des risques et l'utilisation des informations lors des prises de décision. En ce qui concerne l'agriculture, l'ACIA mène des études sur les aliments pour animaux qui en évaluent les risques et l'innocuité pour l'environnement, tandis que Santé Canada évalue les risques alimentaires. Les scientifiques d'ACIA mènent des études d'évaluation des risques liés aux maladies ou aux ravageurs qui ont été ou pourraient être introduits au Canada et mettent en danger les plantes et les animaux du pays. L'ACIA travaille en étroite collaboration avec des partenaires à l'échelon fédéral et provincial, avec lesquels il partage son savoir-faire, mais il partage aussi certains renseignements avec la communauté internationale en vue d'identifier les risques liés aux maladies et aux parasites provenant de plantes et d'animaux étrangers.

Notes

1. Proposition d'enregistrements provisionnels en vertu de la *loi sur les engrais*. Agence canadienne d'inspection des aliments. 2011, disponible à l'adresse www.inspection.gc.ca/plants/fertilisers/registration-requirements/provisional-registrations/eng/1330934645843/1330934850861 (consulté le 8 mai 2013).
2. Centre de la lutte antiparasitaire, Agriculture et Agroalimentaire Canada : www.agr.gc.ca/fra/a-propos-de-nous/bureaux-et-emplacements/centre-de-la-lutte-antiparasitaire/?id=1176486531148.
3. http://actionplan.gc.ca/fr/page/rcc-ccr/conseil-de-cooperation-matiere-de-reglementation.
4. Directives réglementaires d'inspection des aliments du bétail : www.inspection.gc.ca/animaux/aliments-du-betail/directives-reglementaires/fra/1299871623634/1320602307623.

Chapitre 5

Renforcement des capacités et services au système agricole et agroalimentaire canadien

Ce chapitre souligne comment les capacités en termes d'infrastructures, de compétences et d'éducation facilitent l'innovation dans le secteur agricole et agroalimentaire. Il décrit la gouvernance des politiques visant à améliorer les infrastructures rurales, met en évidence les principaux programmes régionaux et examine brièvement la qualité et l'étendue des services en milieu rural. Il examine ensuite les efforts entrepris pour répondre à la demande de compétences du secteur agricole et agroalimentaire par le biais des politiques de l'emploi, de l'immigration et de l'éducation. Il présente également les tendances des dépenses pour l'éducation et souligne la performance du système éducatif. Enfin, il présente une vue d'ensemble des niveaux d'éducation atteints par les actifs du secteur et de la participation aux programmes d'éducation agricoles, en soulignant l'écart entre l'offre et la demande de compétences dans l'agriculture et l'agroalimentaire.

Les données statistiques concernant Israël sont fournies par et sous la responsabilité des autorités israéliennes compétentes. L'utilisation de ces données par l'OCDE est sans préjudice du statut des hauteurs du Golan, de Jérusalem Est et des colonies de peuplement israéliennes en Cisjordanie aux termes du droit international.

Infrastructure et politiques de développement rural

Les investissements dans les infrastructures physiques et intellectuelles, des technologies de l'information et de la communication (TIC) aux structures de transport, sont importants pour la croissance et le développement, globalement. Il sont indispensables à la fourniture de services importants et à l'accès à ces derniers, et essentiels pour mettre en relation des producteurs et les entreprises liées au monde agricole avec les marchés, pour réduire le gaspillage alimentaire, stimuler la productivité agricole, accroître les bénéfices et favoriser l'investissement dans des techniques et des produits innovants. Des entreprises productives et rentables sont plus enclines à investir dans des pratiques durables qui leur procurent des avantages à long terme.

Des mesures élargies de développement rural se répercutent aussi sur le développement de l'agriculture et les ajustements structurels. L'augmentation des revenus et des possibilités d'emploi extra-agricoles réduit les risques qui pèsent sur le revenu des ménages agricoles, facilite l'investissement dans l'exploitation et élargit les choix de production. Une amélioration des services ruraux, depuis les banques jusqu'aux TIC, est également importante pour permettre aux exploitations de maintenir le lien nécessaire avec leurs fournisseurs, leurs clients et leurs collaborateurs. Les politiques rurales peuvent aussi attirer des industries innovantes en amont et en aval et avoir des retombées sur l'activité locale. Enfin, en réduisant les inégalités en matière de développement économique et d'accès aux services entre régions, elles améliorent la diffusion de l'innovation.

Structures de gouvernance garantissant une cohérence des mesures entre infrastructures, politiques de développement rural et politiques agricoles

Au Canada, un grand nombre ministères et d'organismes publics fédéraux et provinciaux œuvrent au développement rural dans le cadre de leur mission dans l'agriculture, la communication, l'éducation, la santé, les transports, etc. Ces autorités financent les infrastructures et les services ruraux soit directement, soit par des mesures incitatives en direction du secteur privé.

Depuis toujours, l'équilibre des responsabilités fédérales, provinciales et territoriales en matière de développement rural a varié, dans la pratique, les possibilités politiques et économiques ayant évolué avec le temps. Le Canada ne dispose d'aucune politique rurale nationale officielle. Les politiques et les mesures dans ce domaine qui sont suivies à l'échelon fédéral ne relèvent pas de la compétence exclusive d'une organisation en particulier ; au contraire, tous les ministères et les services de l'administration fédérale œuvrent en faveur du développement rural. Les agences de développement régional sont des acteurs institutionnels essentiels du développement rural canadien, mais elles participent aussi pleinement au développement des infrastructures et de l'agriculture. Ces organismes sont chargés d'élaborer des stratégies de développement économique régional et sous-régional qui favorisent également un développement et une diversification économiques durables, une importance particulière étant accordée aux petites et moyennes entreprises.

Depuis 2002, Infrastructure Canada fait la liaison entre les différentes autorités canadiennes sur les questions d'infrastructure. Cet organe gère les divers programmes de financement de projets d'infrastructure dans le pays. À la suite du *Plan Chantiers Canada* de 2006, le Nouveau *Plan Chantiers Canada* a été adopté dans le budget fédéral de 2013. Ce plan doté de plus de 53 milliards CAD est consacré à la construction de routes, de ponts, de tunnels, de réseaux ferrés de banlieue, à la connectivité et au haut débit, et à la mise en place d'autres infrastructures publiques en collaboration avec les provinces, les territoires et les municipalités (Plan budgétaire, 2013).

À l'échelon fédéral, un certain nombre de mécanismes ont été créés pour veiller à la cohérence entre politiques et initiatives publiques comme celles qui portent sur l'infrastructure, le développement rural et l'agriculture, et qui se répercutent sur l'innovation dans le secteur agricole et agroalimentaire, à savoir :

- Les différents niveaux des **comités fédéral-provincial-territorial (FPT)** se composent de représentants des autorités fédérales et de représentants des ministères de l'agriculture de chaque province et territoire. Ils fournissent un mécanisme de coopération national en vue d'améliorer les politiques et les initiatives publiques. Les groupes de travail FPT soutiennent les efforts des ministres et des autres comités FPT à haut niveau. Ces comités ont négocié l'accord multilatéral au titre du programme Cultivons l'avenir 2, améliorant ainsi la cohérence des politiques agricoles menées dans le pays.

- Les organes publics procèdent aussi à un **examen interministériel** de la politique publique à un stade précoce de son élaboration, lorsque des changements peuvent être apportés. Le dispositif de consultation interministérielle mis en place par les autorités fédérales permet aux fonctionnaires de bénéficier des conseils spécialisés de leurs homologues dans d'autres ministères ou services. Ainsi, AAC a travaillé avec d'autres ministères sur des questions ayant des répercussions sur le secteur agricole, notamment les transports ferroviaires et d'autres modes de transports, la main-d'œuvre et l'infrastructure.
- Depuis les années 1980, les **Conseils fédéraux régionaux** sont chargés de coordonner ces initiatives. Si la coordination des activités fédérales dans chaque région est ainsi assurée, ces réseaux ne sont dotés d'aucun pouvoir exécutif, ni d'aucune responsabilité quant à la mise en œuvre des programmes.

Initiatives publiques visant à encourager l'investissement du secteur privé dans les collectivités rurales

Les autorités incitent le secteur privé à investir par le biais d'initiatives professionnelles ou axées sur les collectivités rurales. Les initiatives professionnelles sont des mesures directes, qui passent par exemple par des ristournes fiscales, des financements ou le soutien à des partenariats public-privé. Dans les initiatives axées sur les collectivités rurales, ces dernières font leur propre promotion auprès des investisseurs privés.

Les autorités à différents niveaux – fédéral, provincial, territorial ou local (municipal, régional ou Nations Premières) – encouragent les investissements privés, de façon indépendante ou en collaboration. Parmi les démarches collaboratives, il convient de citer le financement conjoint fédéral-provincial, les subventions de contrepartie et les initiatives de partage des coûts. Le **Fonds Chantiers Canada**, une initiative des autorités fédérales, et plus particulièrement son volet Collectivités, est axé sur des projets dans des localités de moins de 100 000 habitants. Le fonds réalise des investissements dans des infrastructures publiques appartenant aux provinces, aux territoires ou aux municipalités, voire, dans certain cas, au secteur privé ou à des organisations à but non lucratif. Le financement est accordé à chaque province et territoire en fonction de sa population. Les coûts de tous les projets financés par le biais du Fonds Chantiers Canada sont partagés avec les provinces et les municipalités, le plafond de la contribution fédérale étant de 50 % par projet.

Le soutien fédéral aux investissements du secteur privé a tendance à privilégier l'environnement commercial et économique (par le biais de la politique fiscale, de la réglementation et des financements, comme cela a été vu dans les sections précédentes). Les initiatives spécialement destinées aux zones rurales, à l'agriculture et à d'autres secteurs des ressources sont généralement de nature plus locale, comme les **Sociétés d'aide au développement des collectivités (SADC)** ou Financement agricole Canada. Ces sociétés sont financées par les autorités fédérales, mais elles fonctionnent indépendamment de l'État, sous forme d'organisations à but non lucratif. Elles ont pour mission de stimuler le développement des collectivités rurales et des entreprises. Chacune fournit une variété de services, allant de la planification économique stratégique aux conseils de gestion et techniques aux entreprises en passant par des prêts aux petites et moyennes entreprises, des programmes d'aide aux travailleurs indépendants et des services destinés aux jeunes et aux chefs d'entreprise handicapés. Chacun des six organismes de développement régional[1] apporte un financement aux SADC qui soutiennent le développement économique de la collectivité et la croissance des petites entreprises par le biais de chacun de leurs réseaux.

Afin d'encourager le développement de **partenariats public-privés** sur la construction et l'entretien des infrastructures, le gouvernement canadien a créé PPP Canada,[2] une société d'État qui œuvre en faveur de l'adoption de partenariats de ce type dans les marchés d'infrastructure, avec des partenaires aux échelons provincial, territorial, municipal, fédéral, des Premières Nations et du secteur privé. Parmi les exemples d'investissement de *P3 Canada Funds* (un programme de financement géré par PPP Canada) dans les collectivités rurales, il convient de citer le projet de modernisation de l'aéroport international d'Iqaluit (Iqaluit, Nunavut) et le projet d'amélioration des installations de traitement des eaux usées de Lac La Biche (comté de Lac La Biche, Alberta).

Industrie Canada réalise des investissements ciblés d'infrastructure par le biais de sa stratégie d'amélioration de la couverture par le haut débit, de façon à desservir autant de foyers que possible. Cette stratégie comporte des programmes de financement (tels que Large bande Canada : Un milieu rural branché, achevé en mars 2012) et des adjudications de fréquences (les autorités prenant des mesures spéciales dans la bande des 700 mégahertz (MHz) afin de s'assurer que les Canadiens vivant en milieu rural ont accès à des services sans fil perfectionnés en temps utile).

Infrastructure Canada s'efforce de répondre aux besoins d'infrastructure publique du pays par des initiatives de collaboration dans ce domaine, comme le Plan Chantiers Canada (qui intègre le haut débit et la connectivité). En collaboration avec Infrastructure Canada, les organismes de développement régional réalisent des investissements d'infrastructure en zone rurale par le biais de divers programmes, habituellement mis en œuvre en collaboration avec les provinces, les territoires et les municipalités, mais aussi avec les Premières Nations et le secteur privé. Parmi les exemples, on peut citer le Fonds d'amélioration des collectivités, le Fonds Chantier Canada et le Fonds sur l'infrastructure municipale rurale.

Les exemples de développement économique communautaire comprennent :

- Le Programme de développement du Sud de l'Ontario (PDSO) de l'Agence fédérale de développement économique pour le Sud de l'Ontario (FedDev Ontario) donne un coup de pouce à l'économie locale et améliore la croissance et la compétitivité des entreprises et des collectivités locales grâce à des financements stratégiques ;
- Le Programme de développement du Nord de l'Ontario (PDNO)[3] de l'Initiative fédérale de développement économique pour le Nord de l'Ontario (FedNor) fournit des contributions remboursables et non remboursables aux organisations à but non lucratif et aux PME pour les projets ciblés sur l'une des trois priorités suivantes : développement économique communautaire, développement des entreprises et innovation ;
- L'ensemble des programmes nationaux de développement économique autochtone de l'Agence canadienne de développement économique du Nord (FedNor).

Les provinces et les territoires s'efforcent aussi d'encourager les investissements du secteur privé dans les collectivités rurales par le biais d'initiatives professionnelles et axées sur ces collectivités, et en recourant à la fiscalité et à la réglementation (Chambre de commerce canadienne, 2011). Les exemples au niveau des provinces sont les suivants :

- Taux réduit de l'impôt sur les sociétés, ce qui attire les investissements internationaux et/ou faible taux d'imposition des personnes physiques, qui attire et fidélise la main-d'œuvre qualifiée. Ainsi, pour attirer l'investissement privé, l'Alberta prévoit des exonérations fiscales sur les ventes au détail et le capital, des exonérations de cotisations sociales et fiscales sur les machines et l'équipement[4] ;
- La Nouvelle-Écosse a créé un Fonds d'investissement pour le développement économique communautaire (CEDIF), une structure qui permet de lever des capitaux localement pour financer des opérations commerciales et qui propose aux acteurs qui investissent localement de généreux crédits d'impôt ;

- Le Programme de partenariat pour la croissance du Manitoba, qui gère les partenariats entre la province et ses collectivités rurales, propose des financements avec partage des coûts aux régions qui souhaitent définir et mener à bien des projets de développement économique en s'appuyant sur les avantages stratégiques de la région. Dans ces projets, les coûts sont partagés entre la province et les candidats admissibles (municipalités rurales, collectivités des Premières Nations, organisations à but non lucratif, chambres de commerce et autres collectivités et organisations à but non lucratif du Manitoba)[5] ;
- Dans l'Ontario, le programme Maintien et expansion des entreprises (M+E) est un projet de développement économique exhaustif qui élabore des stratégies locales en faveur des entreprises, de façon à créer de l'emploi et à le maintenir, et à trouver de nouveaux débouchés dans les collectivités rurales de cette province[6].

Lorsqu'elles en ont les capacités, les collectivités locales s'efforcent d'attirer et de fidéliser les entreprises, mais aussi d'élargir leur zone géographique d'intervention. De nombreuses collectivités rurales se sont regroupées à l'échelon régional pour élaborer et mettre en œuvre des plans stratégiques. La région du Sud-Ouest de l'Ontario (SOO) est un bon exemple à cet égard. Ce partenariat formé de cinq comtés (Brant, Elgin, Middlesex, Norfolk et Oxford) de la partie méridionale du centre de l'Ontario soutient le développement des entreprises et de l'économie dans la région.

Territoire couvert et qualité des services publics

Compte tenu de la taille du pays, la fourniture d'une infrastructure de bonne qualité facilitant le développement de zones rurales et l'accès aux services publics est une difficulté qui est surmontée grâce à des interventions dynamiques et diversifiées des pouvoirs publics. Alors que la population canadienne vit essentiellement en zone urbaine, plus de 6 millions de Canadiens, soit 18 % de la population, vivaient en zone rurale en 2011.

Pour faciliter l'accès aux **services publics**, Service Canada propose un guichet unique, à l'échelon fédéral, pour les services publics et les prestations suivants : éducation et formation, emploi, santé, logement, immigration, allocation de complément de ressources, aide juridictionnelle, création d'entreprise. Service Canada dispose d'un réseau de 620 points de service dans tout le pays, permettant ainsi à 95 % des Canadiens d'accéder aux services et aux programmes de l'État dans un rayon de 50 kilomètres de leur domicile.

Les **banques et les établissements financiers coopératifs** sont bien représentés en zone rurale au Canada[7]. On dénombre 6 205 agences bancaires dans le pays, dont 2 100 environ sont implantées en milieu rural et dans de petites localités[8]. On compte par ailleurs 771 établissements de crédit coopératif et de caisses populaires dans le Canada, avec 3 117 agences[9].

Le **service postal** est censé être un service universel au Canada[10]. On dénombrait 6 400 bureaux de poste dans ce pays, en 2012 (Postes Canada, 2012), le service étant assuré par 3 800 comptoirs postaux et plus de 7 300 tournées en milieu rural. Environ 88 % des foyers canadiens bénéficient d'un service de livraison, assuré par des facteurs, à domicile, dans des immeubles collectifs, dans leur quartier ou dans des cases postales rurales. Environ 12 % des foyers canadiens (qui vivent généralement dans des petites collectivités rurales) peuvent récupérer leur courrier dans les bureaux de poste ou des cases postales. Néanmoins, le service postal est déficitaire : en décembre 2013, Postes Canada a rendu public son Plan d'action en cinq points, qui vise à revoir ses modes de livraison et la tarification de ses services postaux, afin de répondre aux besoins nouveaux et futurs des Canadiens tout en réduisant ses coûts de façon importante (Postes Canada, 2013). Cette initiative passera notamment par la multiplication de boîtes postales communautaires en remplacement des boîtes personnelles.

En ce qui concerne les **services de santé**, la population rurale dispose d'un accès de relativement bonne qualité aux médecins de famille, 14.6 % d'entre eux étant installés en zone rurale en 2011 et desservant une population rurale qui représente 18 % de la population. Comme dans de nombreux pays, toutefois, les spécialistes sont moins nombreux qu'en zone urbaine. Pour offrir une couverture géographique importante de services de santé, les pouvoirs publics incitent le personnel médical à s'installer dans les régions déficitaires grâce à des aides à la formation, sous condition. Le gouvernement du Canada exonère en effet du remboursement de leurs prêts d'études canadiens les médecins de famille, les résidents en médecine familiale, les infirmiers praticiens et le personnel infirmier admissibles qui travaillent dans des collectivités rurales ou éloignées. Plusieurs programmes ciblés proposent des services de santé améliorés aux Premières Nations et aux Inuits. Depuis 2005, le nombre de médecins en milieu rural a augmenté six fois plus vite que la population. Toutes les provinces et tous les territoires (à l'exception du Yukon) ont signalé une augmentation du nombre de médecins, les Territoires du Nord-Ouest, l'Île-du-Prince-Édouard et la Saskatchewan rapportant des augmentations deux fois supérieures à la moyenne nationale (12 %, 9.7 % et 8.4 % respectivement, contre 4.1 %). Les provinces ayant connu une hausse plus modeste sont la Colombie britannique et (0.4 %) et Terre-neuve-et-Labrador (2.3 %).

Au Canada, le **système éducatif** est administré à l'échelon régional et il est performant (troisième section de ce chapitre). On dénombrait environ 15 500 établissements scolaires au Canada en 2008, lorsque la population s'établissait à environ 33.2 millions d'habitants[11]. En 2013, le Canada était doté de 98 universités pour 1.2 million d'étudiants inscrits, répartis comme suit : 898 400 étudiants à plein temps, 275 800 à temps partiel et 42 000 enseignants à plein temps[12]. En outre, on trouve 128 établissements d'enseignement post-secondaire répartis sur plus de 1 000 campus[13].

Le lien entre **accessibilité de l'infrastructure** et progression de l'emploi dans le secteur primaire (qui comprend l'agriculture) est faible, mais une infrastructure fiable, et en particulier un accès facile aux transports routiers et ferroviaires, est nécessaire pour amener la production nationale jusqu'aux consommateurs, sur le territoire national comme à l'étranger. Compte tenu des distances importantes qui caractérisent le Canada, le fait que les principales filières agricoles soient tournées vers les exportations suggère que l'infrastructure des transports est de suffisante pour offrir des coûts de transports qui ne sont pas prohibitifs[14].

Au XXe siècle, les compagnies provinciales publiques d'électricité ont permis d'achever l'**électrification** des zones rurales les moins peuplées du Canada. À l'exception de certaines collectivités rurales éloignées du Nord (Tuktoyaktuk, Territoires du Nord-Ouest) où l'électricité est produite par des générateurs diesel[15], dans la plupart des zones rurales habitées, l'électricité est fournie par des lignes à haute tension.

L'hydroélectricité est l'un des piliers de l'activité économique rurale dans certaines provinces. Le Canada est également un important consommateur d'électricité, par le biais de ses secteurs d'activité à forte intensité énergétique comme l'extraction minière, la fabrication de papier et de pâte à papier, la fonte et l'acier, l'élaboration primaire et le raffinage de la fonte, et la production de métaux non ferreux. Par ailleurs, la consommation d'électricité par l'agriculture est relativement faible par rapport à l'offre totale, puisqu'elle ne représente que 1.7 % de cette dernière.

Des services de qualité dans le domaine des **technologies de l'information et de la communication** sont essentiels pour maintenir la qualité de vie en milieu rural et pour améliorer les perspectives économiques dans ces zones. La disponibilité de services Internet et de télécommunications de haute qualité et à un prix abordable améliore la fourniture de services professionnels ou autres, ainsi que la communication et la collaboration entre exploitants. Du fait qu'ils relèvent d'une technologie structurante essentielle, ces services sont déterminants dans la capacité d'innovation d'une région[16].

En 2010, au Canada, on dénombrait environ 50 **lignes téléphoniques** fixes et 70 abonnements à la téléphonie mobile pour 100 habitants (Banque mondiale, 2012). Les services canadiens de téléphonie mobile semblent moins développés que ceux d'autres pays de l'OCDE. Ainsi, en 2010, on dénombrait 90 abonnés à la téléphonie mobile pour 100 habitants aux États-Unis, 97 en France, 101 en Australie, 116 en Suède, 128 en Allemagne et 130 au Royaume-Uni. Tous les pays cités, dont le

Canada, signalent que 99 % à 100 % de leur population est couverte par les réseaux de téléphonie mobile.

La fracture numérique se réduit progressivement entre zones urbaines et rurales au Canada, pour ce qui est de l'utilisation d'**Internet**. En 2007, 65 % des Canadiens vivant en milieu rural étaient équipés d'Internet contre 76 % des Canadiens citadins. Fin 2009, la proportion était de 72 % pour les Canadiens en milieu rural et de 83 % pour ceux installés en milieu urbain, tandis que 84 % des foyers ruraux avaient accès au haut débit, contre 100 % des foyers en milieu urbain. En 2011, si l'on rajoute le haut débit mobile (HSPA+ et LTE), pratiquement tous les foyers canadiens disposaient d'un accès à Internet à haut débit, d'au moins 1.5 mégabit par seconde (CRTC, 2012).

En ce qui concerne l'utilisation d'Internet par l'agriculture, les producteurs gèrent leur activité grâce à l'informatique et par Internet (Statistique Canada, 2011, AAC, 2013). En 2011, 60 % des exploitations déclaraient gérer leur activité par ordinateur ; 55 % d'entre elles utilisaient l'Internet et 45 % disposaient d'un accès à haut débit. Au niveau national, l'accès à l'Internet à haut débit variait de 41 % au Québec à 50 % sur l'Île-du-Prince-Édouard.

Graphique 5.1. Indice de compétitivité mondiale : qualité de l'infrastructure de transports, 2013-14

Note de 1 à 7 (note la plus élevée)

A. Indice de la qualité de l'infrastructure des transports dans certains pays

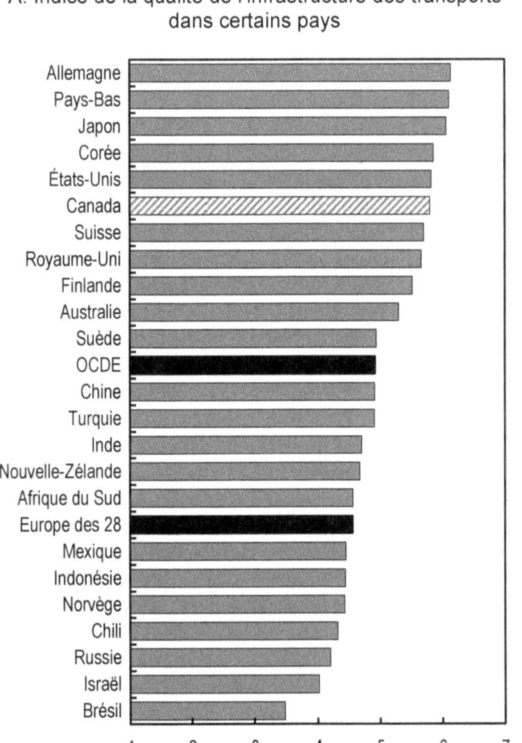

Les indices correspondant à l'Europe des 28 et à l'OCDE sont la moyenne simple des indices des pays membres.

B. Indice de la qualité de l'infrastructure des transports au Canada, par variable

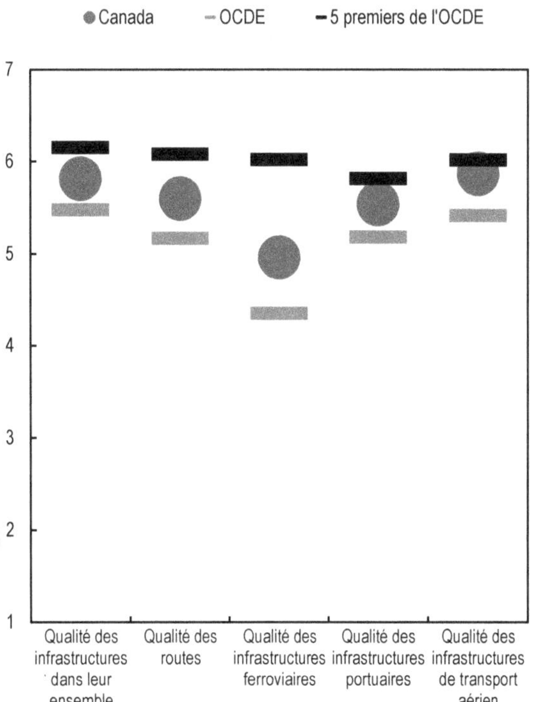

L'indice des '5 premiers de l'OCDE' représente la moyenne des scores des cinq pays de l'OCDE les plus performants (France, Allemagne, Espagne, Pays-Bas et Japon).

Source : Forum économique mondial (2013), *The Global Competitiveness Report 2013-2014: Full data Edition*, Genève. http://reports.weforum.org/the-global-competitiveness-report-2013-2014/#.

StatLink http://dx.doi.org/10.1787/888933290271

Globalement, l'accès à l'**eau** n'est pas un problème majeur au Canada, même si les différences d'une année à l'autre peuvent présenter un défi pour les producteurs agricoles au niveau régional. Le secteur agricole n'en est d'ailleurs pas le principal utilisateur, bien qu'il consomme 71 % de l'eau qu'il prélève, ce qui en fait de loin le premier consommateur. Les eaux souterraines, bien que relativement peu utilisées par rapport aux eaux de surface, représentent 26 % de l'approvisionnement en eau à usage domestique (soit 6.2 millions de personnes), 82 % des Canadiens vivant en milieu rural (environ 4 millions) s'approvisionnant sur la nappe phréatique (Environnement Canada, 2004).

Selon l'indice de compétitivité mondiale du Forum économique mondial, le Canada est relativement bien classé en termes de desserte et de qualité des transports, d'alimentation en électricité et d'infrastructures téléphoniques, à la fois en valeur absolue et au regard de son importante superficie (graphiques 5.1 et 5.2). Comme cela est précisé plus haut, le seul point faible est le nombre d'abonnements à la téléphonie mobile pour 100 habitants, qui est inférieur à la moyenne des pays de l'OCDE.

Graphique 5.2. Indice de compétitivité mondiale : qualité de l'infrastructure électrique et téléphonique, 2013-14

Note de 1 à 7 (note la plus élevée)

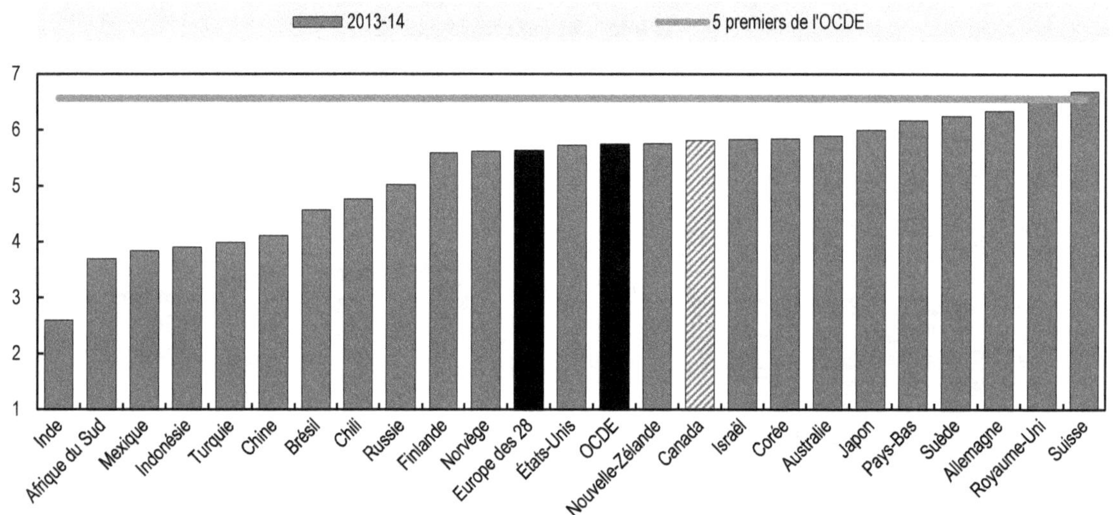

Les indices correspondant à l'Europe des 28 et à l'OCDE sont la moyenne simple des indices des pays membres.

L'indice des '5 premiers de l'OCDE' représente la moyenne des scores des cinq pays de l'OCDE les plus performants (Luxembourg, Suisse, Royaume-Uni, Autriche et Allemagne).

Source : Forum économique mondial (2013), *The Global Competitiveness Report 2013-2014: Full data Edition*, Genève. http://reports.weforum.org/the-global-competitiveness-report-2013-2014/#.

StatLink http://dx.doi.org/10.1787/888933290286

Politique du travail

La politique de l'emploi influence la composition de l'emploi et la mobilité de la main-d'œuvre dans la mesure où elle incite celle-ci à s'adapter à de nouvelles situation (ou l'en dissuade). Elle peut considérablement faciliter les ajustements structurels, y compris le regroupement d'exploitations, en aidant la main-d'œuvre en surnombre dans l'agriculture à trouver des possibilités d'emploi et une activité plus rémunératrice en-dehors du secteur agricole. La politique menée en matière de mobilité internationale des ressources humaines peut contribuer à mieux faire correspondre offre et demande de main-d'œuvre, mais aussi se répercuter sur l'innovation et le transfert de connaissances moyennant l'échange de compétences et de main-d'œuvre qualifiée.

Au Canada, le droit du travail est encadré par la loi, qui définit les aspects essentiels de la relation entre salarié et employeur et porte notamment sur le salaire minimum, les règles d'hygiène et de sécurité sur le lieu de travail, la lutte contre la discrimination et l'égalité de rémunération. En règle générale, les autorités fédérales fixent les règles qui s'appliquent à un nombre réduit de salariés (environ 10 %), dans des secteurs d'activité expressément répertoriés dans la Constitution — lignes aériennes, banques, transports ferroviaires et silo-élévateurs, meuneries et fabriques d'aliments du bétail, entre autres. Sinon, les provinces sont compétentes en matière de droit du travail pour la plupart des salariés.

Selon la province où se trouve leur lieu de travail, de nombreux salariés agricoles ne sont pas assujettis à un nombre important de règles salariales, notamment sur le salaire minimum, les heures de travail, les heures supplémentaires, les indemnités de congés annuels et les indemnités de jours fériés. En outre, certaines provinces (comme l'Alberta, le Nouveau-Brunswick ou l'Ontario) ont exclu les salariés agricoles du droit d'association et du droit de grève. Quoi qu'il en soit, la part de la main-d'œuvre salariée dans le secteur agricole augmente au fil du temps, ce qui donne à penser que le droit du travail aura un rôle toujours plus important à jouer dans ce secteur à l'avenir.

Globalement, la législation canadienne sur le travail est parmi les plus souples des pays de l'OCDE et des pays émergents, surtout en ce qui concerne le travail temporaire (graphique 5.3). Les besoins en main d'œuvre saisonnière de l'agriculture sont ainsi plus facilement remplis.

Selon l'Indice de compétitivité mondiale du WEF, qui repose sur une enquête d'opinion auprès des chefs d'entreprises, le Canada fait partie des cinq premiers pays de l'OCDE dont le marché du travail est le plus efficace (graphique 5.4). Ce pays est bien noté en particulier sur sa capacité à retenir les talents, un paramètre important pour l'innovation. Bien que le taux de participation des femmes à la population active soit supérieur à la moyenne des pays de l'OCDE, le Canada se classe bien en dessous des cinq premiers pays de l'OCDE dans ce domaine.

Graphique 5.3. Indicateurs de l'OCDE de la législation sur la protection de l'emploi, 2013[1]

Indice sur une échelle de 0 à 6, du moins au plus restrictif

■ Protection des travailleurs permanents contre les licenciements individuels et collectifs ◇ Réglementation des contrats temporaires

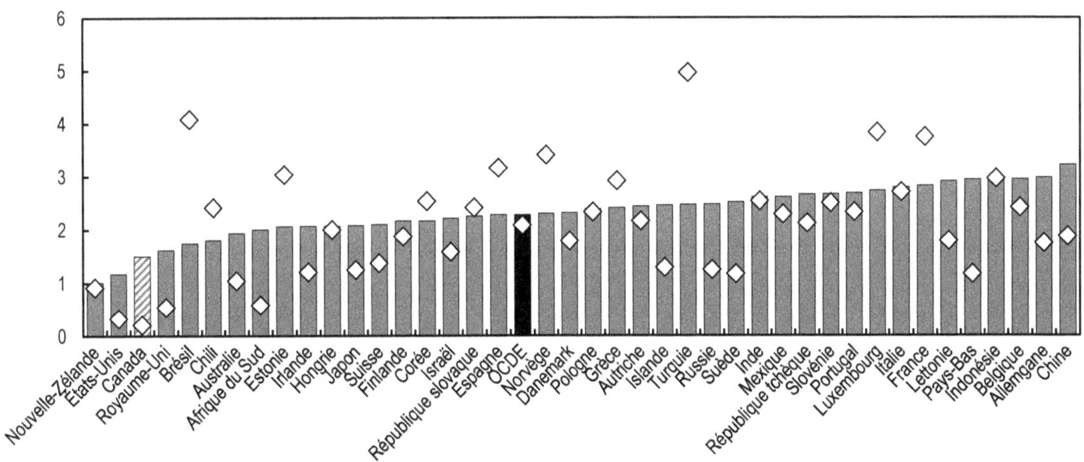

Les indicateurs de l'OCDE sur la protection de l'emploi se réfèrent à la flexibilité du marché de la main d'œuvre en termes des procédures et coûts du renvoi de travailleurs et des procédures afférentes au recrutement.

Les indices correspondant à l'OCDE sont la moyenne simple des indices des pays membres.

1. Les statistiques correspondent au 1er janvier 2013 pour les pays de l'OCDE et la Lettonie, et au 1er janvier 2012 pour les autres pays.

Source : OCDE (2013), base de données de l'OCDE sur l'emploi, www.oecd.org/employment/protection.

StatLink http://dx.doi.org/10.1787/888933290298

Graphique 5.4. Indice de compétitivité mondiale : efficacité du marché du travail, 2013-14

Note de 1 à 7 (note la plus élevée)

A. Indice de l'efficacité du marché du travail dans certains pays

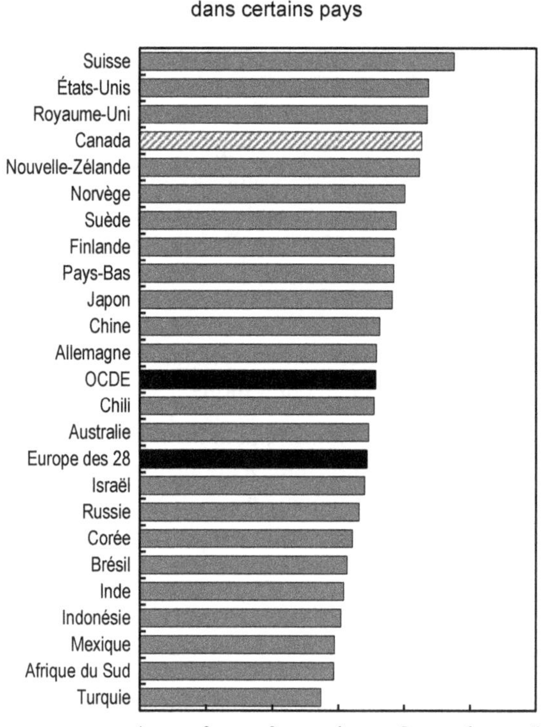

Les indices correspondant à l'Europe des 28 et à l'OCDE sont la moyenne simple des indices des pays membres.

B. Indice de l'efficacité du marché du travail au Canada, par variable

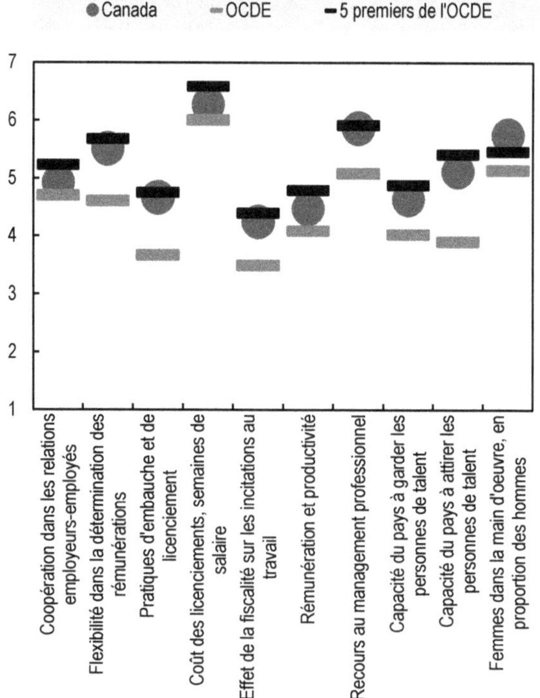

L'indice des '5 premiers de l'OCDE' représente la moyenne des scores des cinq pays de l'OCDE les plus performants (Suisse, États-Unis, Royaume-Uni, Canada et Nouvelle-Zélande).

Source : Forum économique mondial (2013), *The Global Competitiveness Report 2013-2014: Full data Edition*, Genève. http://reports.weforum.org/the-global-competitiveness-report-2013-2014/#.

StatLink http://dx.doi.org/10.1787/888933290309

On relève une inadéquation entre demande et offre de main-d'œuvre par région, secteur d'activité et métier. Les employeurs dans les secteurs d'activité et les régions qui connaissent la croissance la plus rapide signalent une pénurie de main-d'œuvre qui pourrait s'intensifier à mesure que le taux de chômage continue à diminuer (Ressources humaines et Développement des compétences Canada, 2012). En raison de cette demande non satisfaite et du caractère saisonnier du travail dans certains secteurs, les employeurs canadiens recourent massivement à de la main-d'œuvre étrangère temporaire.

Les initiatives publiques qui visent à répondre aux déséquilibres sur le marché du travail aident les travailleurs canadiens à développer leurs compétences et à trouver du travail, encouragent l'afflux de main-d'œuvre vers les régions où la pénurie est importante et facilitent l'immigration permanente ou temporaire de travailleurs dotés des compétences demandées[17]. La demande de main-d'œuvre temporaire étrangère est de plus en plus importante, à tous les niveaux de compétences. Les principaux programmes fédéraux dans ce domaine sont énumérés dans l'encadré 5.1.

Encadré 5.1. Programmes fédéraux de rééquilibrage du marché du travail

Initiatives d'aide à l'adaptation de la main-d'œuvre - Grâce à ses programmes de développement de compétences et d'aide à l'emploi, le Gouvernement du Canada (parfois en collaboration avec les provinces et les territoires) :

- Aide les travailleurs canadiens à s'adapter à l'évolution du marché du travail en devenant plus autonomes ;
- Soutient les employeurs canadiens en les aidant à satisfaire leurs besoins de main-d'œuvre ;
- Améliore l'efficacité du marché du travail.

Stratégie emploi jeunesse - La Stratégie emploi jeunesse repose sur trois grands programmes : développement des compétences, déroulement de carrière et emplois d'été. Ces programmes offrent un financement qui aide les employeurs à proposer des emplois, à offrir une expérience professionnelle et à mettre en place des programmes de formation pour les jeunes. Rien qu'en 2011, la Stratégie a aidé 70 000 jeunes canadiens à acquérir une expérience professionnelle et à se former. La Subvention à l'achèvement de la formation d'apprenti est un engagement des autorités fédérales (annoncé dans le cadre du Plan d'action économique du Canada 2013) de 40 millions CAD par an en faveur des métiers spécialisés et de l'apprentissage.

Immigration permanente (Citoyenneté et Immigration Canada)

L'un des principaux objectifs du programme d'immigration du Canada est de favoriser le développement économique en agissant sur la participation au marché du travail. Le Gouvernement du Canada prévoit actuellement de continuer à améliorer ses programmes d'immigration économique en élaborant un système à flux tendus qui permettra de recruter les personnes possédant les compétences qui répondent exactement aux besoins du marché du travail canadien et d'accélérer les procédures d'immigration les concernant.

Le *Programme des candidats des provinces (PCP)* est destiné à faciliter l'immigration de ressortissants étrangers dans des provinces ou des territoires particuliers, de façon à répondre à des besoins économiques précis. Les candidats à l'immigration au titre de ce programme possèdent les compétences et l'expérience professionnelle requises, mais ont aussi suivi les formations nécessaires pour participer immédiatement à l'activité économique de la province ou du territoire où ils ont été nommés.

Immigration temporaire (Citoyenneté et Immigration Canada et Ressources humaines et Emploi et Développement social Canada) - Le *Programme des travailleurs étrangers temporaires (PTET)* permet aux employeurs canadiens d'engager des ressortissants étrangers pour répondre à des pénuries provisoires à certains postes et dans certaines compétences, lorsque des citoyens canadiens ou des résidents permanents qualifiés ne sont pas disponibles. Le Gouvernement du Canada œuvre en permanence à affiner les règles du PTET afin de répondre à l'évolution des besoins des travailleurs et des employeurs. La plupart des modifications du PTET récemment annoncées sont destinées à encourager l'embauche de Canadiens, mais le secteur agricole primaire en est clairement exclu dans la plupart des cas. Le *Programme des travailleurs agricoles saisonniers (PTAS)* est une composante du PTET qui facilite l'embauche de main d'œuvre saisonnière dans l'agriculture primaire, pour une durée ne dépassant pas huit mois, de personnes originaires du Mexique et de certains pays des Caraïbes.

Programme des travailleurs de métiers spécialisés (PTMS) : Ce programme a été créé dans le cadre du Plan d'action économique du Canada 2012 (www.actionplan.gc.ca/). Il a pour objectif de contribuer à la croissance économique en s'employant à résoudre les importantes pénuries de main-d'œuvre à l'échelon régional. Il est destiné aux ressortissants étrangers qui souhaitent acquérir le statut de résident permanent, compte tenu de leurs qualifications dans un métier spécialisé. Pas plus de 5 000 demandes ne pourront être traitées en 2014.

À l'instar de ce qu'il se passe dans d'autres secteurs d'activité, les employeurs des secteurs de l'agriculture, de l'alimentation et des produits de la mer ont indiqué que recruter des travailleurs qualifiés et fiables restait un motif d'inquiétude, ce qui peut se répercuter sur la compétitivité du secteur. Nombre d'entreprises agricoles s'appuient sur le Programme des travailleurs étrangers temporaires (PTET), y compris le Programme des travailleurs agricoles saisonniers (PTAS) pendant la pleine saison, afin de satisfaire leurs besoins de main-d'œuvre lorsque les travailleurs nationaux ne sont pas disponibles ; ils peuvent ainsi employer du personnel disposant des compétences nécessaires pour produire des produits innovants à des prix compétitifs. Les travailleurs saisonniers occupent une place importante dans le secteur agricole primaire. En 2011, pratiquement les deux tiers des salariés dans ce secteurs étaient des travailleurs saisonniers ou temporaires (dont des travailleurs étrangers temporaires), avec des proportions plus élevées de travailleurs saisonniers signalées dans les provinces de Nouvelle-Écosse, l'Île-du-Prince-Édouard, le Nouveau-Brunswick et la Colombie britannique.

Politique de l'éducation

L'impact des politiques de l'éducation sur l'innovation est de trois ordres au moins : un niveau élevé de formation générale et scientifique facilite l'acceptation de l'innovation technologique par l'ensemble de la société ; les systèmes d'innovation ont besoin de chercheurs, d'enseignants, d'agents de diffusion et de producteurs bien formés pour assurer le développement d'innovations pertinentes ; il est généralement plus facile pour les producteurs agricoles et les responsables des entreprises ayant un degré d'instruction et des compétences de niveau supérieur d'adopter certaines innovations technologiques (Latruffe, 2010 ; OCDE, 2011).

Généralités

Il n'existe aucun ministère fédéral de l'éducation ni de système national intégré d'éducation. Les services ou les ministères chargés de l'éducation dans les provinces et les territoires sont responsables de l'organisation, de la dispense et de l'évaluation de l'enseignement aux niveaux primaire et secondaire, dans les filières techniques et professionnelles et dans l'enseignement post-secondaire. Certaines régions sont dotées d'une agence et d'un ministère, responsable, pour l'un, du primaire et du secondaire, et pour l'autre, de l'enseignement post-secondaire et de la formation professionnelle.

Bien qu'il y ait de très nombreuses similitudes entre les systèmes éducatifs des provinces et territoires du Canada, il existe également des différences importantes entre provinces et territoires en ce qui concerne les programmes d'études, les évaluations et les politiques de reddition des comptes, qui témoignent de la géographie, de l'histoire, de la langue, de la culture et des besoins particuliers de la population desservie.

La gestion locale de l'éducation est habituellement confiée aux conseils et commissions scolaires, aux districts scolaires, aux divisions scolaires ou aux conseils d'éducation de district, dont les membres sont élus par scrutin public. Les pouvoirs délégués à ces autorités locales sont déterminés par les gouvernements provinciaux et territoriaux et portent généralement sur le fonctionnement et l'administration (notamment financière) du groupe d'école dont elles ont la charge, sur la mise en œuvre des programmes scolaires, sur le personnel enseignant, sur l'inscription des élèves et sur la proposition de nouvelles constructions ou d'autres dépenses importantes d'équipement (CMEC, 2013).

Le système d'éducation canadien est vaste, diversifié et largement accessible. Par conséquent, la population canadienne est très instruite, compte tenu des importants taux d'inscription dans l'enseignement post-secondaire. En 2012, près de 90 % de la population âgée de 25 à 64 ans atteignait un niveau de scolarisation supérieur ou égal au deuxième cycle du secondaire et 53 % des adultes étaient diplômés de l'enseignement supérieur, soit la proportion la plus importante parmi les pays de l'OCDE (la moyenne des pays de l'OCDE s'établissant à 32 %) (OCDE, 2014). À 57 %, ce dernier pourcentage était plus élevé pour la jeune génération (25 à 34 ans), ce qui met en lumière les progrès permanents accomplis par ce pays en matière de résultats scolaires. Le Canada figure aussi en bonne place pour ce qui est du nombre de ses scientifiques, de ses ingénieurs et de ses diplômés d'écoles de commerce.

La dépense totale par élève dans l'enseignement primaire et secondaire public s'est établie à 10 678 CAD en moyenne (dollars courants) au Canada sur la période 2007/08, soit une hausse de 35 % par rapport à 2001/02 (Statistique Canada, 2010). Sur la même période, le taux d'inflation était de 14 %. Selon des statistiques de l'OCDE, les dépenses publiques par élève aux niveaux primaire et secondaire sont proches de la moyenne des pays de l'OCDE et de la plupart des pays ayant un niveau similaire de développement, mais elles sont considérablement plus élevées pour l'enseignement supérieur, y compris pour la R-D (graphique 5.5). En 2011, les dépenses publiques consacrées à l'éducation représentaient 13 % des dépenses publiques totales et 7 % du PIB, soit deux valeurs proches de la moyenne des pays de l'OCDE (graphique 5.6). La part des financements privés est supérieure à la moyenne des pays de l'OCDE. En 2010, les dépenses privées entraient à hauteur de

25 % environ des dépenses totales consacrées aux établissements d'enseignement en moyenne, contre 16 % en moyenne dans les pays de l'OCDE, tandis que les dépenses privées pour l'enseignement supérieur atteignaient 43 % au Canada et 31 % dans la zone de l'OCDE.

Graphique 5.5. Dépenses publiques moyennes par élève des établissements d'enseignement, 2011

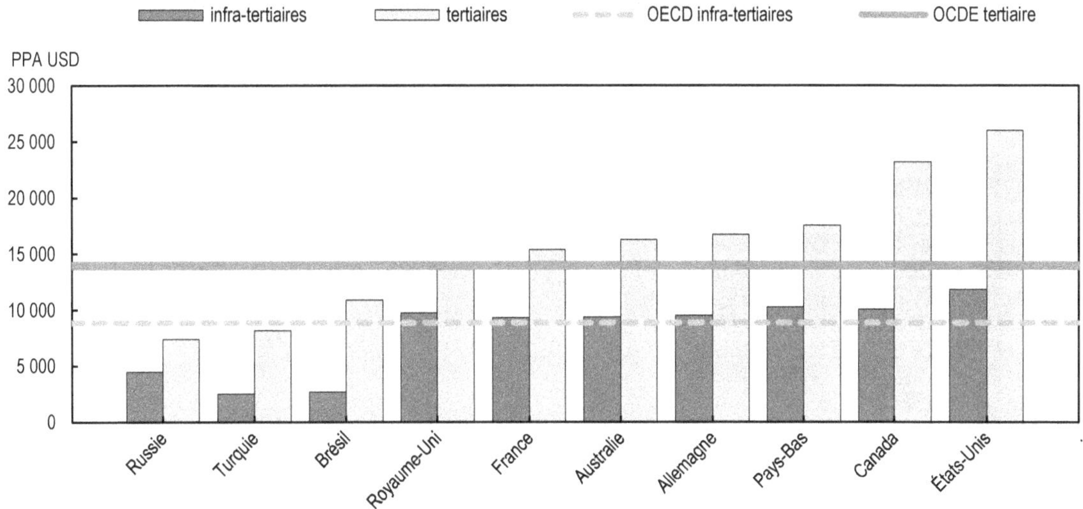

Source : OECD (2014), *Regards sur l'éducation 2014 : Les indicateurs de l'OCDE.* http://dx.doi.org/10.178/eag-2014-fr.

StatLink http://dx.doi.org/10.1787/888933290317

Graphique 5.6. Dépenses publiques et privée au titre des établissements d'enseignement en pourcentage du PIB, 2011

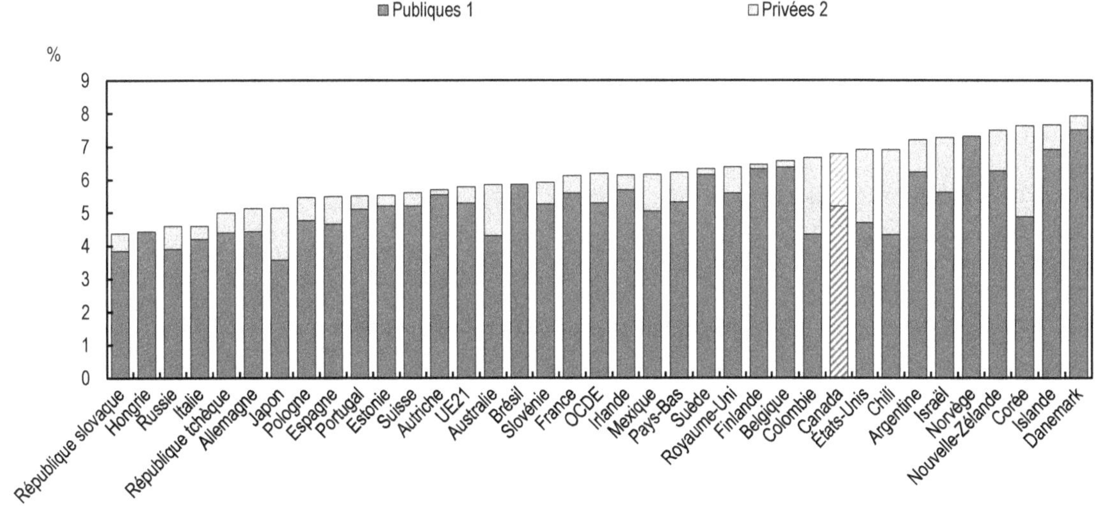

Les statistiques pour la République tchèque datent de 2012.

UE21 : États membres de l'Union européennes qui sont membres de l'OCDE.

1. Les dépenses publiques comprennent les subventions publiques aux ménages afférentes aux établissements d'enseignement ainsi que les dépenses directes de sources internationales au titre des établissements d'enseignement.

2. Les dépenses privées s'entendent déduction faite des subventions publiques au titre des établissements d'enseignement.

Source : OCDE (2014), *Regards sur l'éducation 2014 : Les indicateurs de l'OCDE.* http://dx.doi.org/10.1787/eag-2014-fr.

StatLink http://dx.doi.org/10.1787/888933290328

Le système d'enseignement secondaire canadien obtient de bons résultats, avec un taux de scolarisation et un niveau d'instruction élevés. Le Canada obtient un très bon score dans l'enquête de l'OCDE sur les performances des élèves (PISA), puisqu'il est 5e parmi les 34 pays membres de l'OCDE pour la lecture, 6e pour les connaissances scientifiques et 7e en mathématiques[18]. En outre, ce pays obtient de meilleurs résultats que de nombreux pays de l'OCDE en ce qui concerne l'aide à l'apprentissage apportée dans les écoles publiques aux enfants de milieu modeste (OCDE, 2014).

Graphique 5.7. Indice de compétitivité mondiale : enseignement supérieur et formation professionnelle (2013-14)

Note de 1 à 7 (note la plus élevée)

A. Indice sur l'enseignement supérieur et la formation professionnelle pour certains pays

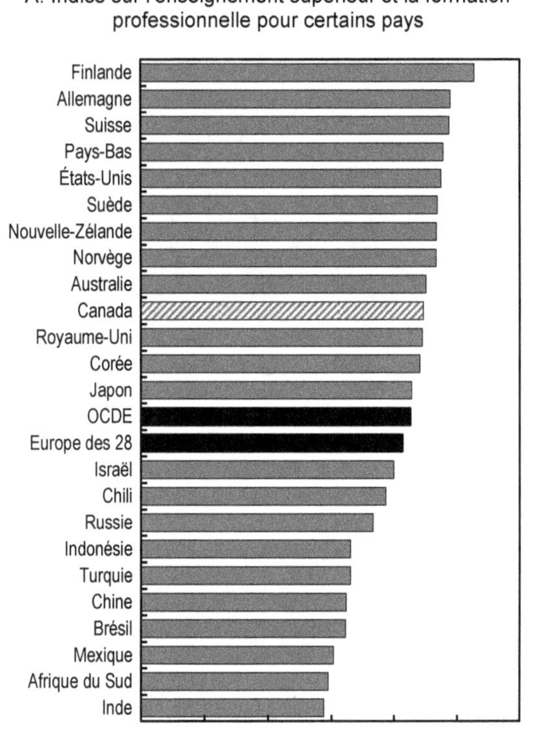

Les indices correspondant à l'Europe des 28 et à l'OCDE sont la moyenne simple des indices des pays membres.

B. Indice sur l'enseignement supérieur et la formation professionnelle au Canada, par variable

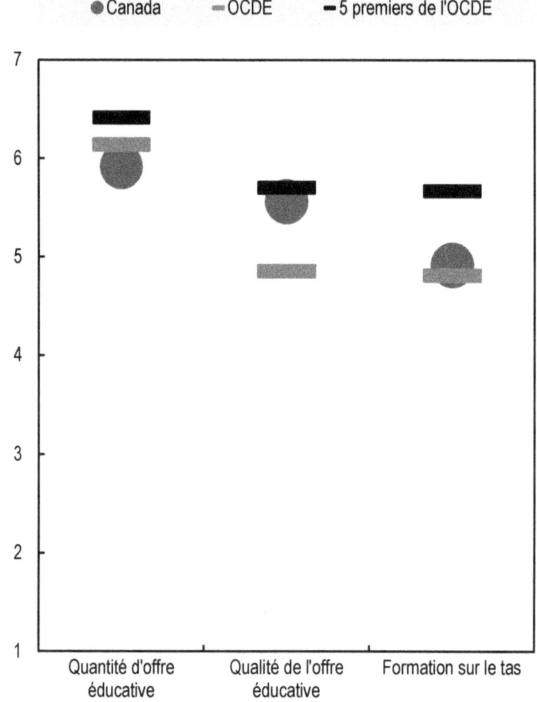

L'indice des '5 premiers de l'OCDE' représente la moyenne des scores des cinq pays de l'OCDE les plus performants (Finlande, Allemagne, Suisse, Belgique et Pays-Bas).

L'indice sur la quantité d'éducation est calculé à partir du taux de scolarisation dans le secondaire et le supérieur publié par l'Institut de statistique de l'UNESCO. L'indice sur la qualité de l'éducation est calculé à partir des réponses obtenues dans l'enquête d'opinion du WEF dans les domaines suivants : capacité du système éducatif à répondre aux besoins d'une économie compétitive, évaluation, par des cadres dirigeants, de la qualité de l'enseignement des mathématiques et des sciences à l'école et qualité des écoles de commerce ; facilité de l'accès Internet dans les écoles. L'indice sur la formation en cours d'emploi est calculé à partir des réponses obtenues dans l'enquête sur l'existence de services de formation spécialisés et sur la qualité, et le degré d'investissement des entreprises dans la formation et le développement des compétences de leur personnel.

Source : Forum économique mondial (2013), *The Global Competitiveness Report 2013-2014: Full data Edition*, Genève 2013, enquête auprès de cadres dirigeants. Les statistiques sur la quantité d'éducation proviennent de l'Institut de statistique de l'UNESCO. http://reports.weforum.org/the-global-competitiveness-report-2013-2014/#=.

StatLink http://dx.doi.org/10.1787/888933290334

Le système d'enseignement supérieur canadien permet aussi de disposer d'une main-d'œuvre qualifiée, qui obtient globalement de bons résultats sur le plan professionnel. Il est par ailleurs reconnu à l'échelle mondiale pour sa contribution à la recherche. L'enquête de l'OCDE sur les compétences des adultes (PIAAC) a montré qu'au Canada, les compétences des adultes en calcul et lecture se rapprochaient de la moyenne des pays de l'OCDE, tandis que les jeunes se classaient au-dessus de la moyenne[19]. Ces performances sont dues à un taux d'instruction plus élevé, mais le Canada obtient des résultats inférieurs à la moyenne des pays de l'OCDE lorsque l'on compare ses performances à celles des populations ayant le même degré d'instruction (OCDE, 2014). Comme dans d'autres pays de l'OCDE, les travailleurs très qualifiés bénéficient d'un taux d'emploi et d'un revenu plus importants (OCDE, 2014).

Selon l'Indice de compétitivité mondiale, qui est calculé à partir d'enquêtes d'opinion réalisées auprès de cadres dirigeants, le Canada se classe parmi les cinq premiers pays de l'OCDE pour la qualité de son enseignement supérieur (graphique 5.7). Cet indice est calculé à partir de l'évaluation faite par des cadres dirigeants de critères tels que la capacité du système éducatif à répondre aux besoins d'une économie compétitive, la qualité de l'enseignement des mathématiques et des sciences à l'école, la qualité des écoles de commerce et la facilité d'accès à Internet dans les écoles. Selon les cadres interrogés, la dispense de formations en cours d'emploi au Canada, c'est-à-dire l'existence de services de formation spécialisés et de qualité, et le degré d'investissement des entreprises dans la formation et le développement des compétences de leur personnel se situe dans la moyenne des pays de l'OCDE.

Enseignement agricole

L'enseignement agricole est intégré à l'enseignement général. Son manque d'attractivité semble faire obstacle aux inscriptions et cette filière semble, comme plusieurs autres, se caractériser par un décalage entre les compétences enseignées et les besoins du marché du travail.

Les nouvelles technologies et la mécanisation croissante dans le secteur agricole et agroalimentaire nécessitent de nouvelles connaissances et compétences. À mesure que les technologies deviennent plus complexes, les besoins en travailleurs instruits risquent de s'accroître et la formation continue restera un problème.

Niveaux d'instruction de la main-d'œuvre dans le secteur agricole et agroalimentaire

D'après le dernier recensement, l'agriculture est le secteur où la main-d'œuvre compte le plus de personnes n'ayant pas de diplôme de fin d'études secondaires – 37 % contre 15 % (graphique 5.8). La part de la main-d'œuvre agricole titulaire de certificats ou de diplômes est comparable à celle de la population active totale, mais on y trouve moins de personnes ayant fréquenté l'université (AAC, 2012b).

De même, dans le secteur agroalimentaire, on dénombre une proportion plus importante de travailleurs dépourvus de diplôme de fin d'études secondaires (environ 28 %) que dans le reste du secteur de la transformation (18 %). En général, les salariés du secteur des boissons ont un niveau d'instruction plus élevé que ceux qui travaillent dans la transformation des aliments, puisque près de 35 % des premiers ont au moins un diplôme de fin d'études secondaires au maximum (graphique 5.9).

Au début des années 1990, le niveau d'instruction de la majorité des salariés dans le secteur de la transformation des aliments et des boissons correspondait au lycée ou moins. En 2008, la proportion de salariés du secteur agroalimentaire ayant un niveau d'instruction post-secondaire ou universitaire était bien plus élevée, cette progression étant essentiellement tirée par les titulaires d'un diplôme collégial (graphique 5.9).

Graphique 5.8. Répartition de la main-d'œuvre par niveau d'instruction dans l'agriculture et au total, 2006

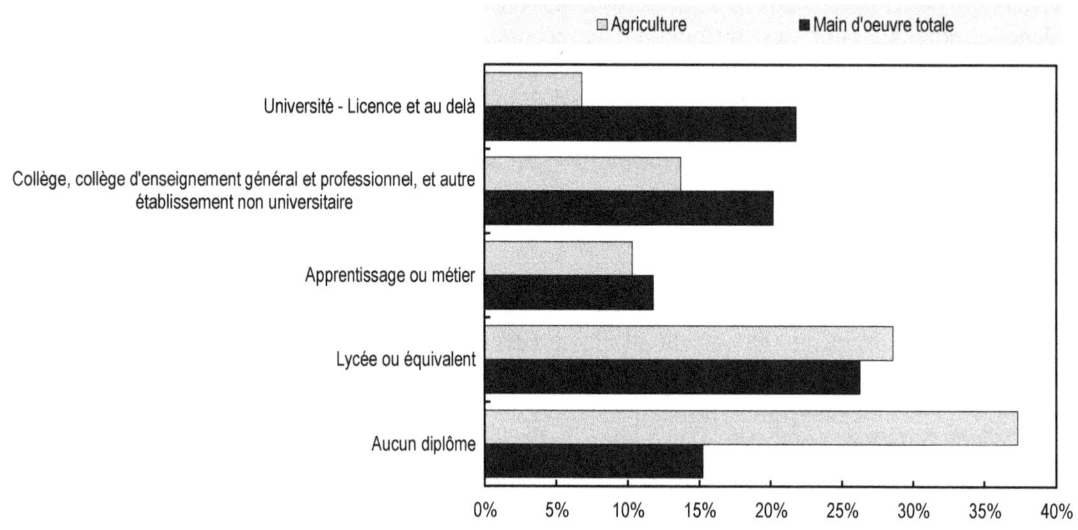

Source : Statistiques Canada, recensement de la population, 2006.

StatLink http://dx.doi.org/10.1787/888933290347

Graphique 5.9. Niveau d'instruction dans l'industrie agroalimentaire, 2006

A. Répartition de la main-d'œuvre en fonction du plus haut degré d'études atteint et par secteur d'activité, 2006

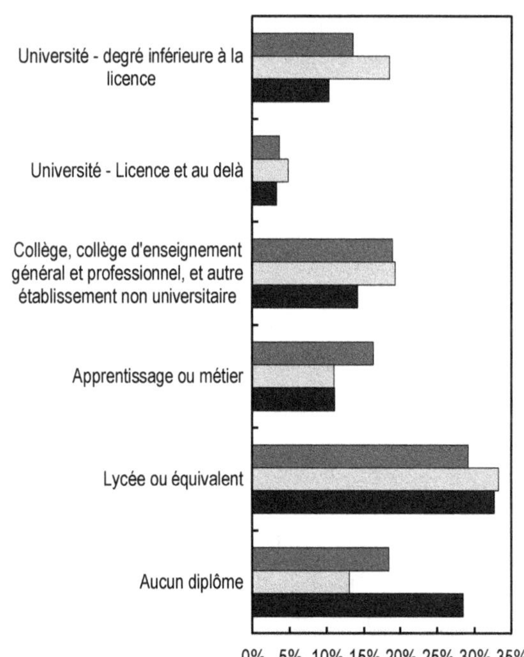

Source : Statistique Canada, Recensement de la population, 2006.

B. Proportion des salariés dans le secteur de la transformation des boissons et des aliments par degré d'études, 1991-2008

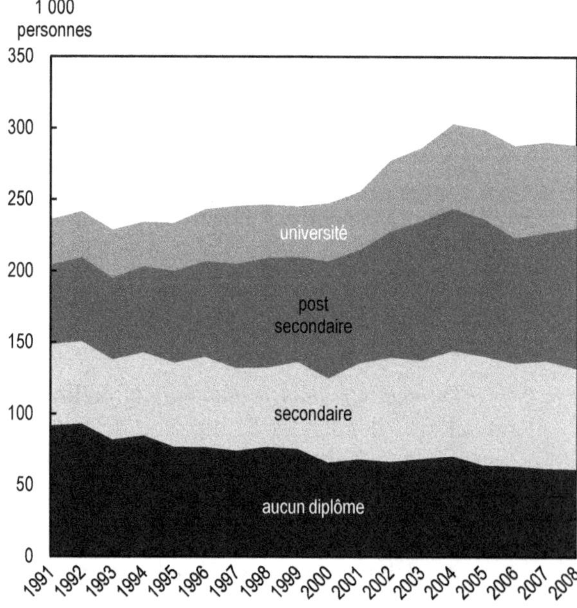

Source : Statistique Canada, enquête sur la population active, présentation tabulaire spéciale.

StatLink http://dx.doi.org/10.1787/888933290351

Tendances en matière d'inscriptions

Des statistiques annuelles montrent que les inscriptions dans des formations universitaires liées à l'**agriculture** ont fortement augmenté entre 2005/06 et 2010/11. La tendance est la même concernant le nombre de diplômés, sur la même période. Le taux d'inscription et de diplômés des écoles d'agriculture a reculé en 2008/09 pour renouer récemment avec son niveau de 2005/06 (graphique 5.10).

Plusieurs universités et autres établissements d'enseignement post-secondaire proposent des formations dans la **transformation des aliments** (Conseil des RH du secteur de la transformation des aliments, 2011, p. 23). En 2008, plus de 5 000 étudiants se sont inscrits dans ces formations, dont 1 000 ont été diplômés. Environ 2 000 de ces étudiants ont été engagés dans des programmes d'apprentissage, dans le secteur de la transformation alimentaire, en 2008. Au niveau du lycée, il n'existe aucun programme de formation précisément lié à la transformation des aliments.

Le nombre d'inscriptions à des formations dans le secteur de l'agroalimentaire et dans les secteurs connexes ne cesse d'augmenter (Conseil des RH du secteur de la transformation des aliments, 2011, p. 23). L'Association des facultés canadiennes d'agriculture et de médicine vétérinaire (AFCAMV) reconnaît que les inscriptions ont été stables ou ont augmenté après un léger recul (AFCAMV, 2013). Selon les dernières statistiques (2010-11) en matière d'inscriptions dans les facultés d'agronomie et de médecine vétérinaire, les diplômés de 2010-11 se sont vus proposer 10 spécialisations, les plus demandées étant l'alimentation (25 %), l'environnement (12 %) et d'autres spécialisations (32 %).

À l'échelon régional, c'est à l'université du Manitoba et à celle de l'Alberta que les inscriptions ont le plus augmenté. En ce qui concerne la répartition démographique, les deux tiers des nouveaux inscrits sont des femmes et plus de la moitié sont des étudiants étrangers. Dans toutes les facultés, l'offre de formation s'élargit pour dépasser les disciplines traditionnelles de l'agroalimentaire, mais, selon l'AFCAMV, le perfectionnement de personnel hautement qualifié (PHQ) reste limité dans les universités malgré une collaboration bien ancrée dans la recherche.

Graphique 5.10. Inscriptions et diplômés des écoles d'agriculture, 2005/06 à 2010/11

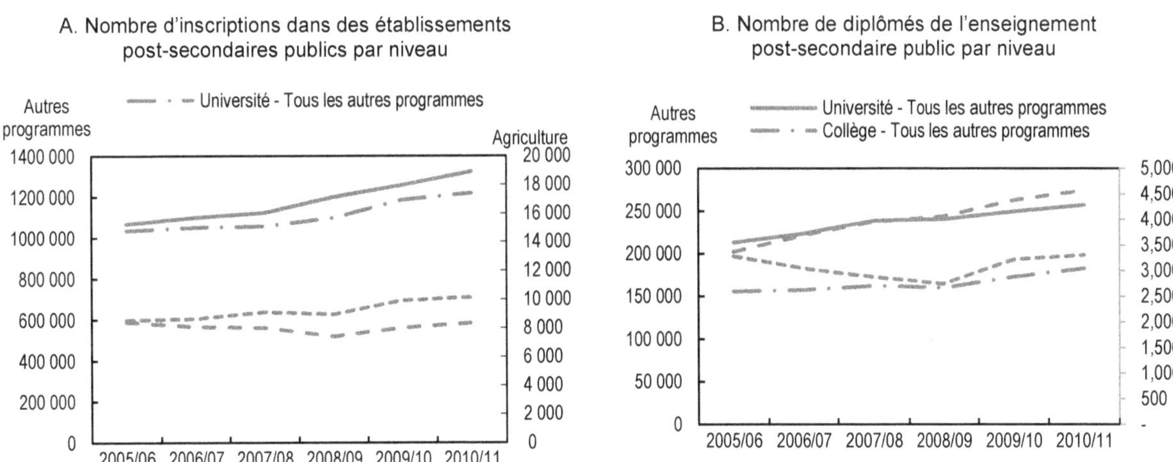

Source : Statistiques Canada, CANSIM tableau 477-0019 et 0020, Système d'information sur les étudiants postsecondaires.

StatLink http://dx.doi.org/10.1787/888933290365

Répondre à la demande

Les employeurs du secteur agricole et agroalimentaire déclarent que recruter et fidéliser des travailleurs qualifiés et fiables est problématique. Dans les provinces, les universités évoquent aussi la difficulté de répondre à l'augmentation et à l'évolution des besoins, malgré leurs efforts pour attirer des étudiants et adapter leurs programmes à la demande future du marché du travail[20].

Un certain nombre d'études montrent qu'il est difficile de remplir les postes vacants dans l'agriculture (Mussell et Stiefelmeyer, 2005) tandis que les producteurs signalent que les offres d'emploi qu'ils publient ne sont pas pourvues en raison du manque de compétences recherchées.

Des études récentes sur la filière agroalimentaire montrent également que les entreprises sont confrontées à certains obstacles, faute de disposer de suffisamment de main-d'œuvre qualifiée. Selon une enquête récente sur l'innovation, plus de 25 % des entreprises du secteur agroalimentaire invoquent la pénurie de main-d'œuvre qualifiée comme faisant obstacle à l'innovation (graphique 5.11). Un nombre relativement plus important d'entreprises de la filière bovine et des produits laitiers était confronté à cette difficulté, par rapport au reste du secteur. En 2009, plus de 25 % des entreprises spécialisées dans la transformation alimentaire affirmaient qu'elles tardaient à innover parce qu'elles manquaient de main-d'œuvre qualifiée, tandis qu'elles étaient 27 %, dans le secteur industriel, à invoquer cet argument (Statistique Canada, 2009). La plupart des acteurs interrogés par le Conseil des RH du secteur de la transformation des aliments ont signalé que le nombre actuel de places dans des formations post-secondaires ne répondait pas aux besoins du secteur, en particulier en ouvriers qualifiés (bouchers, découpeurs de viande, boulangers, préposés au mélange).

Graphique 5.11. Part des entreprises du secteur agroalimentaire confrontées à des obstacles à l'innovation en raison de la pénurie de main-d'œuvre qualifiée, par sous-secteur, 2009

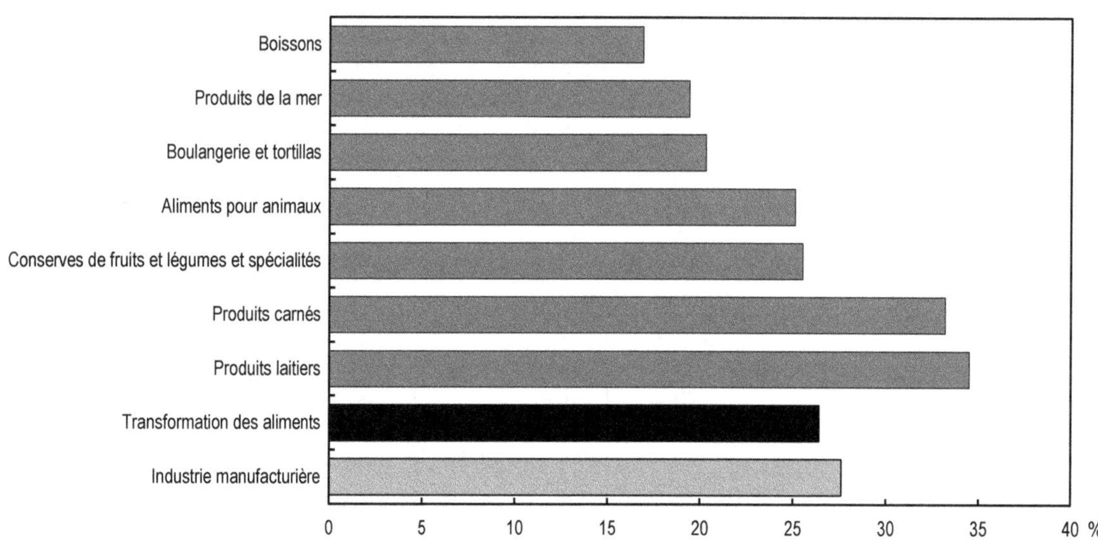

Source : Statistique Canada, Enquête sur l'innovation et les stratégies d'entreprise, 2009.

StatLink http://dx.doi.org/10.1787/888933290376

Certaines provinces font état d'une importante demande de main-d'œuvre dans le secteur agricole et agroalimentaire (le rapport est par exemple de un à trois dans l'Ontario, où ce secteur est en plein essor) et d'un nombre plus important d'inscriptions d'étudiants étrangers. L'Association des facultés canadiennes d'agriculture et de médecine vétérinaire (AFCAMV, 2013) fait remarquer que, par diplôme, les diplômés de l'université du Manitoba dans ce secteur se sont vus proposer 1.85 offre, mais aussi qu'aucun diplômé des écoles vétérinaires ne s'était trouvé involontairement au chômage.

La perception qu'a l'opinion publique du secteur agricole et agroalimentaire constitue un obstacle important à l'arrivée de nouveaux entrants. Contrairement à d'autres secteurs tels que le bâtiment, le commerce détail ou le tourisme, qui élaborent des stratégies de communication et de marketing qui attirent les jeunes, de nombreux acteurs du secteur agricole constatent que ce secteur n'as pas su se vendre de façon efficace aux jeunes et à d'autres nouveaux entrants potentiels (Conseil canadien pour les ressources humaines en agriculture, 2009, p. 34). Toutefois, il existe un certain nombre d'initiatives qui soutiennent les carrières dans l'agriculture (encadré 5.2).

Les gouvernements cherchent ainsi à répondre aux besoins de main-d'œuvre du secteur de l'agriculture de différentes façons : immigration, programmation, initiatives de recrutement et de fidélisation, développement des compétences et formation, etc. (encadré 5.1). La plupart de ces initiatives sont organisées par les provinces. Ainsi, l'Alberta soutient des programmes de stages et de formation en coopérative, tandis que l'Ontario et le Québec mettent l'accent sur la recherche. Une planification et une communication anticipées entre ministères, universités et professionnels sont considérées importantes par plusieurs provinces. La Saskatchewan, ainsi qu'un certain nombre d'autres provinces comme le Manitoba et l'Ontario, proposent des bourses dans les filières de formation agricole.

Outre leur collaboration avec l'université, les autorités fédérales nouent des partenariats avec les professionnels, afin de satisfaire aux besoins de main-d'œuvre de ces derniers (encadré 5.3).

Encadré 5.2. La promotion des métiers de l'agriculture

Par l'intermédiaire de son site Internet **Travailler au Canada**, le gouvernement fédéral du Canada propose des rapports personnalisés qui associent offres d'emploi, profils professionnels, informations et prévisions sur le marché, exigences en matière de certification et de compétences, et informations sur les formations et l'enseignement. Si ce site ne fait pas précisément la promotion des métiers de l'agriculture, il donne des informations sur ces métiers.

Le gouvernement fédéral finance aussi des **projets fondés sur des partenariats** (d'envergure nationale) qui informent sur le marché du travail, les normes professionnelles nationales et les régimes d'homologation et d'accréditation. Ces projets ont pour but de contribuer à répondre à la pénurie de main-d'œuvre dans les secteurs stratégiques de l'économie canadienne.

Le secteur agricole et agroalimentaire bénéficie beaucoup de la promotion des qualités des produits canadiens. AAC s'appuie sur toute une série d'activités et d'initiatives de communication dans ses efforts de promotion de l'agriculture. Ainsi, cet organisme soutient les événements **Agriculture en ville**, qui s'efforcent de sensibiliser les consommateurs urbains sur l'origine de leurs aliments, les modes de production et les dimensions scientifiques de l'activité agricole. En 2010, des événements Agriculture en ville ont eu lieu à Winnipeg, dans le Manitoba et à Burnaby, en Colombie britannique, la fréquentation étant respectivement de plus de 25 000 personnes et d'environ 120 000 personnes.

Grâce aux programmes de partage des coûts entre niveaux fédéral, provincial et territorial, le gouvernement de la Saskatchewan a récemment annoncé le lancement d'une **Initiative de sensibilisation à l'agriculture**, qui a consisté à financer, à hauteur de 50 %, les producteurs, organisations de produits, entreprises agro-industrielles et organismes publics qui élaborent et mettent en œuvre des activités de sensibilisation et d'éducation à l'agriculture. Le programme Leadership jeunesse et mentorat apporte aussi un financement aux organisations professionnelles en vue de coordonner et de soutenir des programmes de mentorat entre jeunes agriculteurs et principales sociétés du secteur.

En 2012, Financement agricole Canada a lancé **« L'agriculture, plus que jamais »**, une initiative pluriannuelle qui vise à modifier les perceptions sur l'agriculture et notamment à réduire l'écart entre perceptions des producteurs et du grand public sur ce secteur.

Les organisations **Agriculture en classe** s'efforcent de mieux faire connaître, comprendre et apprécier l'agriculture dans la vie de tous les jours. Il existe quatre organisations de ce type dans les provinces de l'Ontario, du Manitoba, de la Saskatchewan et de la Colombie britannique. Dans les autres provinces, ce sont les autorités provinciales (ou la *Federation of Agriculture* à Terre-neuve-et-Labrador) qui gèrent ces initiatives. Les organisations provinciales Agriculture en classe disposent aussi d'un réseau national informel de communication - Agriculture en classe Canada – qui est un forum national permettant aux organisations provinciales de travailler en collaboration, de partager des informations et des ressources éducatives, de créer des programmes et de coordonner les actions de développement professionnel.

Encadré 5.2. La promotion des métiers de l'agriculture *(suite)*

Le **Conseil canadien pour les ressources humaines en agriculture** est une organisation professionnelle nationale à but non lucratif qui a pour objet de traiter les problèmes liés aux ressources humaines auxquels sont confrontées les entreprises du secteur agricole au Canada. Cet organisme est financé par les autorités fédérales. Il a récemment mis au point un outil de gestion de carrière (**AgriParcours**) qui aide les salariés du secteur agricole à faire des choix éclairés sur le type de compétences et de connaissances à acquérir. Cet outil est également utile pour les étudiants et les travailleurs étrangers qualifiés qui envisagent de travailler dans une exploitation.

Le recrutement et la fidélisation de la main-d'œuvre ont été récemment étudiés par le Conseil canadien pour les ressources humaines en agriculture (CCRHA, 2009), l'Alliance des fabricants alimentaires de l'Ontario (AOFP, 2004) et le Conseil des ressources humaines du secteur de la transformation des aliments (CRHSTA, 2008). Le CCRHA participe à deux initiatives qui visent à améliorer l'image de marque des professions agricoles, tandis qu'aussi bien l'AOFP que le CRHSTA ont commencé à repérer et à résoudre (via leurs programmes de formation) les problèmes liés à la fidélisation des travailleurs dans le secteur agroalimentaire..

Encadré 5.3. Initiatives fédérales visant à satisfaire les besoins de main-d'œuvre dans le secteur agricole et alimentaire

À partir de 2003, l'AAC a créé des **tables rondes sur les chaînes de valeur dans certains secteurs** (qui font intervenir l'ensemble de la chaîne de valeur) afin de renforcer les partenariats entre ces secteurs et l'État, et de résoudre les principaux problèmes rencontrés dans les secteurs concernés. Ainsi, la Table ronde sur la chaîne de valeur du secteur horticole a mis en place un groupe de travail consacré aux questions salariales, qui se penche sur un certain nombre de problématiques liées aux ressources humaines, notamment la promotion du secteur et la sensibilisation à ses métiers, les compétences et la formation, les politiques et la réglementation publiques, et l'innovation.

À l'automne 2012, AAC a créé un **groupe de travail sur l'emploi** chargé d'examiner les difficultés d'embauche auxquelles l'agriculture, le secteur agroalimentaire et les industries des produits de la mer sont confrontés. Ce groupe de travail a réuni des représentants des pouvoirs publics, des filières professionnelles et de l'université afin de trouver des solutions à court et à long terme aux difficultés rencontrées. En 2013, ce groupe de travail a publié son rapport final, un plan d'action national pour la main-d'œuvre (*LAP - Labour Action Plan*)[1] dans le secteur de l'agriculture et de l'agroalimentaire, qui vise à accroître l'offre de main-d'œuvre et à améliorer les connaissances et les compétences des salariés dans ces secteurs. Du côté de l'offre, le plan comprend des mesures visant à faciliter l'accès à des emplois temporaires et saisonniers grâce à une diminution des coûts de transaction, ainsi que des mesures visant à améliorer l'information sur les possibilités d'emploi et de carrière pour les ressortissants nationaux, notamment via le développement d'un outil en ligne de gestion des emplois. Du côté de l'amélioration des compétences, le plan propose de développer un outil de ressources pour l'enseignement en ligne, de façon à améliorer l'accès à toutes les formes et possibilités d'enseignement, à analyser les programmes actuels pour s'assurer qu'ils permettent d'acquérir les compétences et les connaissances requises, et à améliorer la gestion des ressources humaines dans les entreprises. Dans le rapport, il est recommandé que le Conseil canadien pour les ressources humaines en agriculture (CCRHA) conduise la mise en œuvre de ce plan d'action, en collaboration avec la profession et les partenaires publics concernés.

Le **Conseil canadien pour les ressources humaines en agriculture (CCRHA)** est lié au système canadien d'acquisition de connaissances de différentes façons. Ainsi, l'Association des programmes de diplômes en agriculture du Canada est membre *ex officio* du conseil d'administration du CCRHA. Par ailleurs, ce dernier entretient d'étroites relations de travail avec l'Association des collèges communautaires du Canada. Enfin, plusieurs établissements d'enseignement agricole sont membres des groupes consultatifs sur les projets du CCRHA (CCRHA, 2012, p. 15).

En outre, le CCRHA et le Conseil des ressources humaines du secteur de la transformation des aliments (CRHSTA), tous les deux financés par des fonds publics, mènent des travaux de recherche et d'analyse sur les besoins en main-d'œuvre et en ressources humaines des secteurs de l'agriculture et de l'agroalimentaire. En collaboration avec les grandes entreprises du secteur, les autorités et les acteurs du monde de l'éducation, ces Conseils élaborent et diffusent des stratégies en matière de ressources humaines qui permettent de résoudre les difficultés liées au recrutement, à la formation et au développement des compétences dans les secteurs de l'agriculture et de l'agroalimentaire. Compte tenu de contraintes budgétaires persistantes, le financement public à certaines organisations professionnelles a été réduit.

1. Addressing Labour Shortages in the Agriculture & Agri-Food Industry through a National Labour Action Plan, octobre 2013. /www.cahrc-ccrha.ca/sites/default/files/LTF%20Labour%20Action%20Plan%20-%20Oct%2011%202013.pdf.

Notes

1. Les organismes de développement régional au Canada, sont les suivants : Agence de promotion économique du Canada Atlantique (APECA), Développement économique Canada pour les régions du Québec (DEC), Agence canadienne de développement économique du Nord (FedNor), Agence fédérale de développement économique pour le Sud de l'Ontario (FedDev Ontario), Initiative fédérale de développement économique pour le Nord de l'Ontario (FedNor), Diversification de l'économie de l'Ouest Canada (DEO).

2. PPP Canada : www.p3canada.ca/home.php.

3. FedNor Business Plan 2012-2013 : http://fednor.gc.ca/eic/site/fednor-fednor.nsf/eng/fn03792.html#21.

4. Gouvernement de l'Alberta, *Reasons to Invest* : www.albertacanada.com/business/invest/reasons-to-invest.aspx.

5. Gouvernement du Manitoba : http://news.gov.mb.ca/news/index.html?archive=&item=17303.

6. Gouvernement de l'Ontario : www.omafra.gov.on.ca/french/rural/edr/bre/index.html.

7. BSIF du 31 mars 2012, cité sur le site Internet de l'Association des banquiers canadiens.

8. Association des banquiers canadiens : www.cba.ca/fr.

9. Les coopératives de crédit et les caisses populaires sont des institutions financières coopératives qui appartiennent à leurs sociétaires et sont gérées par ces dernières. L'un des principes fondamentaux d'une coopérative de crédit est le contrôle démocratique.

10. Site Internet de Transport Canada : www.tc.gc.ca/fra/medias/fiches-information-postescanada-1770.htm.

11. Statistique Canada : www.statcan.gc.ca/pub/81-582-x/81-582-x2007001-fra.htm.

12. Association des universités et collèges du Canada : www.aucc.ca/canadian-universities/facts-and-stats/.

13. Association des universités et collèges du Canada : www.collegesinstitutes.ca/fr/nos-membres/liste-des-membres/.

14. Service d'exportation agro-alimentaire – Feuillets d'information – Coup d'œil sur le Canada : www.ats-sea.agr.gc.ca/stats/4679-fra.htm.

15. Pembina Institute – Renewable Energy : www.pembina.org/arctic/renewable-energy.

16. *Rural Innovation: Critical Issues Affecting the Innovation Capacity of Canada's Rural Regions,* Global Advantage Consulting Group et Blue Sky Strategy Group, 2010, étude non publiée.

17. Les compétences sur l'immigration sont partagées entre les autorités fédérales, provinciales et territoriales. En vertu de la Constitution, les provinces et les territoires ont autorité pour légiférer sur les questions d'immigration, sous réserve que de telles législations soient cohérentes avec le droit fédéral.

18. Le Programme international pour le suivi des acquis des élèves (PISA) est une enquête internationale triannuelle qui vise à évaluer les systèmes éducatifs dans le monde en testant les compétences et les connaissances des élèves de 15 ans.

    Pour plus de détails, voir www.oecd.org/pisa/pisaproducts/, http://www.oecd.org/pisa/keyfindings/pisa-2012-results-overview.pdf et http://gpseducation.oecd.org/CountryProfile?primaryCountry=CAN&treshold=10&topic=PI.

19. L'Enquête de l'OCDE sur les compétences des adultes a été réalisée dans le cadre du Programme international pour l'évaluation des compétences des adultes (www.oecd.org/site/piaac/).

20. Ainsi, selon les estimations, la demande globale en matière de nouvelles embauches (jeunes diplômés de l'université) dans l'Ontario devrait augmenter de 10 % à 20 % au cours des prochaines années, tandis que la demande potentielle de diplômés du lycée agricole de l'Ontario dépasse l'offre (JRG Consulting, 2012).

Références

AAC (2013), *Vue d'ensemble du système agricole et agroalimentaire canadien 2013*, Agriculture et Agroalimentaire Canada, disponible à l'adresse www.agr.gc.ca/fra/a-propos-de-nous/publications/publications-economiques/liste-alphabetique/vue-d-ensemble-du-systeme-agricole-et-agroalimentaire-canadien-2013/?id=1331319696826.

AAC (2012), *Vue d'ensemble du système agricole et agroalimentaire canadien 2012*, Agriculture et Agroalimentaire Canada, disponible depuis l'adresse http://ageconsearch.umn.edu/bitstream/126213/3/Overview_2012_fr.pdf.

Alliance des fabricants alimentaires de l'Ontario (AOFP) (2004), « Workforce Ahead: A Labour Study of Ontario's Food Processing Industry », rapport établi pour l'AOFP par e-CONOMICS Consulting et JAYEFF PARTNERS.

Association des facultés canadiennes d'agriculture et de médecine vétérinaire, présentation aux sous-ministres fédéraux-provinciaux-territoriaux, avril, disponible à l'adresse www.cfavm.ca/fileadmin/fichiers/fichiersCFAVM/PDF/ACFAVM_Presentation_23_April_2013_rev_DDHr.pptx.

Banque mondiale (2012), Indicateurs du développement dans le monde 2012: http://data.worldbank.org/sites/default/files/wdi-2012-ebook.pdf.

Conseil canadien pour les ressources humaines en agriculture (CCRHA) (2012), *Rapport annuel 2011-2012*, disponible à l'adresse www.cahrc-ccrha.ca/sites/default/files/files/News-Events/CCRHC_RapportAnnuel_2011-12.pdf.

Conseil canadien pour les ressources humaines en agriculture (CCRHA) (2009), « Recherche au sein du marché du travail sur le recrutement et la rétention de la main-d'œuvre dans le secteur agricole primaire », financé par le Gouvernement du Canada par l'entremise du Programme des conseils sectoriels, , disponible à l'adresse www.cahrc-ccrha.ca/sites/default/files/files/Publications-FR/Recrutement-Retention/LMI%2520Final%2520ReportFRE.pdf.

CFAVM (2013), "University Roles in Science, Innovation and HQP in the Canadian Agri-food System", Association of Canadian Faculties of Agriculture and Veterinary Medicine, Presentation to Federal-Provincial-Territorial Deputy Ministers, April. disponible à l'adresse www.cfavm.ca/fileadmin/fichiers/fichiersCFAVM/PDF/ACFAVM_Presentation_23_April_2013_rev_DDHr.pptx.

Chambre de commerce du Canada (2011), « Argumentation économique en faveur de l'investissement dans les collectivités éloignées du Canada », disponible à l'adresse www.chamber.ca/download.aspx?t=0&pid=256a09a6-afe5-e211-aaf9-000c29c04ade.

Conseil des RH du secteur de la transformation des aliments (2011), « Qui transforme vos aliments ? », Étude d'information sur le marché du travail 2011 de l'industrie des aliments et boissons, , disponible à l'adresse www.fphrc.com/uploads/lmi/whos_processing_report_f_web.pdf.

CMEC (2013), Source for Education « Context » : Conseil des ministres de l'Éducation (Canada) – L'éducation au Canada : une vue d'ensemble, disponible à l'adresse www.cmec.ca/298/L-education-au-Canada--une-vue-d-ensemble/index.html.

CRTC (2012), Rapport de surveillance du CRTC sur les communications 2012, disponible à l'adresse www.crtc.gc.ca/fra/publications/reports/policymonitoring/2012/cmr2012.pdf.

Environnement Canada (2004), Menaces pour la disponibilité de l'eau au Canada (chapitre 7 – Pratiques et changements concernant l'aménagement du territoire – agriculture), Institut national de recherche scientifique, Burlington, Ontario. Série de rapports d'évaluation scientifique de l'INRE rapport n° 3 et Série de documents d'évaluation de la science de la DGSAC n°1. 128 p, disponible à l'adresse www.ec.gc.ca/inre-nwri/default.asp?lang=Fr&n=0CD66675-1&offset=12&toc=show.

JRG consulting (2012), « Planning for Tomorrow for OAC: Input from Industry, prepares for the Ontario Agricultural College, University of Guelph (Summary Report) », janvier, p. 6.

Latruffe, L. (2010), « Compétitivité, productivité et efficacité dans les secteurs agricole et agroalimentaire », *Documents de l'OCDE sur l'alimentation, l'agriculture et les pêcheries* n° 30. http://dx.doi.org/10.1787/5km91nkdt6d6-fr.

Mussell, A. et K. Stiefelmeyer (2005), *Environmental Scan and Literature Search of Agricultural Human Resources Issues*, rapport établi par le George Morris Centre pour le Steering Committee for the Investigation of an Agriculture Sector Council for Human Resources Issues.

OCDE (2014), *Regards sur l'éducation, 2014*, disponible à l'adresse www.oecd.org/edu/eag.htm. Note sur le Canada disponible à l'adresse www.oecd.org/edu/Canada-EAG2014-Country-Note.pdf.

OCDE (2013), *Les systèmes d'innovation agricole : Cadre pour l'analyse du rôle des pouvoirs publics,* Éditions de l'OCDE, Paris. http://dx.doi.org/10.1787/9789264200593-fr.

OCDE (2012), *Études économiques de l'OCDE : Canada, 2012*, Éditions de l'OCDE, Paris. http://dx.doi.org/10.1787/eco_surveys-can-2012-fr.

OCDE (2011), *Renforcer la productivité et la compétitivité dans le secteur agricole*, Éditions de l'OCDE, Paris. http://dx.doi.org/10.1787/9789264167131-fr.

Plan budgétaire (2013), *Emplois, croissance et prospérité à long terme - le Plan d'action économique de 2013*, disponible à l'adresse www.budget.gc.ca/2013/doc/plan/toc-tdm-fra.html.

Postes Canada (2013), *Plan d'action en cinq points,* décembre, disponible à l'adresse www.canadapost.ca/cpo/mc/assets/pdf/aboutus/5_fr.pdf.

Postes Canada (2012), Rapport annuel 2012, p. 42, disponible à l'adresse www.canadapost.ca/cpo/mc/assets/pdf/aboutus/annualreport/2012_AR_complete_fr.pdf.

Ressources humaines et Développement des compétences Canada (2012), « The State of the Canadian Labour Market, IRPP Roundtable Temporary Migration and the Canadian Labour Market » Deck, diapositive 7, 30 avril.

Statistique Canada (2011), Recensement de l'agriculture de 2011, www.statcan.gc.ca/ca-ra2011/.

Statistique Canada (2010), *Summary Public School Indicators for Canada, the Provinces and Territories, 2001/2002 to 2007/2008*, disponible à l'adresse www.statcan.gc.ca/pub/81-595-m/81-595-m2010083-eng.pdf.

Statistique Canada (2009), *Enquête sur l'innovation et les stratégies d'entreprise,* disponible à l'adresse www.ic.gc.ca/eic/site/eas-aes.nsf/fra/h_ra02092.html.

Chapitre 6

Politiques agricoles canadiennes : changement structurel, développement durable et innovation

Ce chapitre présente une vue d'ensemble des mesures agricoles intérieures et commerciales, en soulignant celle qui soutiennent l'investissement, l'adoption de l'innovation ou des pratiques environnementales, et le développement des bioproduits. Il présente également l'évolution du niveau et de la composition du soutien à l'agriculture et examine les incidences probables des mesures de politique agricole sur le changement structurel, la performance environnementale et l'innovation dans le secteur.

Les données statistiques concernant Israël sont fournies par et sous la responsabilité des autorités israéliennes compétentes. L'utilisation de ces données par l'OCDE est sans préjudice du statut des hauteurs du Golan, de Jérusalem Est et des colonies de peuplement israéliennes en Cisjordanie aux termes du droit international.

Politique agricole et innovation

Les mesures prises au niveau national concernant l'agriculture et les échanges agricoles ont un impact sur les investissements et sur les pratiques des exploitations agricoles ; elles constituent un arsenal d'instruments qui ont différentes répercussions sur le changement structurel, le développement durable et l'innovation.

Les études de l'OCDE ont montré que les mesures qui introduisent une distorsion sur les marchés des intrants et des produits – protection aux frontières, contrôle de l'offre, paiements au titre de la production et soutien aux intrants variables – font que les exploitants agricoles ont moins intérêt à faire un usage plus productif des facteurs de production (OCDE, 2012). Elles font donc obstacle à l'ajustement structurel, puisqu'elles dissuadent les producteurs d'innover pour devenir plus concurrentiels. Par leur fait, il se peut que des ressources continuent d'être utilisées dans le secteur agricole alors que sans ces mesures, elles seraient réaffectées à des usages plus productifs ; Ces mesures peuvent inciter à pratiquer une production plus intensive, parfois sur des terres marginales ou fragiles ; et elles peuvent encourager des pratiques de production qui ne prennent pas toujours suffisamment en compte la durabilité environnementale à long terme.

Les mesures d'aide généralisée au revenu, quand elles sont découplées de la production, constituent un moyen plus efficace de fournir des transferts aux producteurs, et par là, d'accroître leur capacité à investir et à innover. Elles laissent également plus de latitude aux exploitants pour se lancer dans de nouvelles activités et dans de nouvelles productions. Toutefois, même si elle est découplée des choix de production et ciblée, l'aide au revenu ralentit l'ajustement nécessaire pour faciliter les économies d'échelle, attirer de nouveaux entrants et donc stimuler l'innovation et la croissance de la productivité. Si elle est conditionnée à l'adoption de pratiques respectueuses de l'environnement, cette aide peut favoriser une utilisation plus durable des ressources.

Les mesures sur l'agriculture soutenant directement l'innovation sont plus susceptibles d'encourager les exploitants agricoles à innover et d'accroître leur capacité d'innovation, et favoriseront donc le changement structurel. De même, les paiements agroenvironnementaux ciblant explicitement l'objectif environnemental recherché seraient plus efficaces pour orienter les agriculteurs vers des pratiques innovantes et durables.

Politique agricole interne

Cadre et principaux instruments de la politique agricole

La politique agricole du Canada vise à créer un secteur innovant, concurrentiel, flexible et profitable. La plupart des secteurs de produits (par exemple les grandes cultures, les viandes rouges et l'horticulture) sont axés sur l'exportation, tandis que d'autres marchés de matières premières sont soumis à régulation, avec gestion de l'offre (par exemple les produits laitiers, la volaille et les œufs) et agences de commercialisation. Ces produits sont soutenus par des droits de douanes, des quotas de production qui sont échangeables uniquement à l'intérieur de chaque province, et un système de péréquation des prix.

Le cadre général de la politique agricole est régi par des accords entre les niveaux fédéral, provincial et territorial (accords FPT). Le cadre quinquennal en vigueur actuellement pour les secteurs agricole et agroalimentaire, entré en application en avril 2013, s'appelle **Cultivons l'avenir 2 (CA2)**. Inspiré des cadres antérieurs, il continue d'apporter une aide aux outils de gestion du risque, mais cette fois en ciblant particulièrement les risques qui dépassent la capacité de gestion de risque de l'entreprise. Il est aussi axé sur les trois grands domaines prioritaires que sont l'innovation, la compétitivité et le développement des marchés, avec un effort nouveau sur l'innovation (AAC, 2012).

Les deux principaux instruments de politique agricole en place dans ce cadre pour soutenir un secteur rémunérateur, adaptable, compétitif et innovant sont les **Initiatives stratégiques** et les **programmes de gestion des risques de l'entreprise (GRE)**.

Les **programmes GRE** offrent aux producteurs agricoles des outils de gestion du risque pour les aider à faire face au risque lié à la volatilité des marchés et aux catastrophes naturelles. Entre 2007 et 2012, les programmes de GRE ont distribué plus de 12 milliards CAD d'aide aux agriculteurs dans tout le pays. Ces programmes sont financés à 60 % par le gouvernement fédéral et à 40 % par les provinces.

La combinaison de ces programmes permet d'offrir une protection contre différents types de pertes, ainsi que des options pour la gestion de la trésorerie. Les quatre programmes GRE cofinancés sont les suivants :

- **Agri-investissement**, qui apporte des fonds à un compte d'épargne géré par l'exploitant agricole, et revient donc à subventionner l'épargne des agriculteurs.
- **Agri-stabilité**, qui apporte une aide lorsque les marges d'une exploitation connaissent une forte baisse.
- **Agri-protection**, qui offre une assurance (cofinancement des primes) contre les risques naturels.
- **Agri-relance**, qui apporte un secours ponctuel aux producteurs touchés par des catastrophes naturelles.

Les **Initiatives stratégiques** de CA2 sont dotées d'un financement de 2 milliards CAD sur les cinq ans, avec un co-financement des autorités fédérales, provinciales et territoriales, afin que les autorités des provinces et des territoires mettent en place une programmation flexible de mesures non liées à la gestion des risques. En outre, le cadre de la politique comprend un financement fédéral de 1 milliard CAD sur les cinq ans pour alimenter trois nouveaux programmes fédéraux axés sur des domaines stratégiques :

- **Agri-innovation** pour soutenir les investissements visant à accroître la capacité du secteur à développer et commercialiser de nouveaux produits et de nouvelles technologies (Encadré 6.1).
- **Agri-marketing** pour aider le secteur à améliorer sa capacité à adopter des systèmes d'assurance, notamment en matière de salubrité et de traçabilité des aliments, afin de répondre aux besoins des consommateurs et du marché. Ce programme aide aussi les producteurs à préserver les marchés existants et à trouver de nouveaux débouchés pour leurs produits par des activités de promotion et de valorisation de marques. Ce programme associe des initiatives et des contributions financières publiques en faveur de projets conduits par le secteur.
- **Agri-compétitivité** cible des investissements dans l'agriculture et l'agroalimentaire, qui permettent de renforcer la capacité du secteur agricole et agroalimentaire à s'adapter et à assurer sa rentabilité sur les marchés national et international, au moyen d'initiatives et de contributions financières publiques en faveur de projets dirigés par le secteur.

Dans l'ancien cadre quinquennal, en vigueur jusqu'à la fin mars 2014, qui était doté d'un budget équivalent, un certain nombre de dispositifs et de programmes ont joué un rôle comparable pour aider le secteur à s'adapter et à adopter de nouvelles technologies et de nouvelles pratiques. Ces dispositifs étaient les suivants :

- Le Fonds de flexibilité agricole (Agri-flexibilité),[1] plan quinquennal d'un budget de 500 millions CAD, soutenait l'investissement des exploitants agricoles.
- L'Initiative Agri-transformation (IAT) versait des contributions remboursables afin d'encourager les investissements dans les technologies et les processus innovants et leur adoption par le secteur de la transformation de produits de l'agriculture (coopératives et entreprises à but lucratif de droit canadien) en privilégiant les biens d'équipement neufs. Son budget était de 500 millions CAD sur les cinq ans.

- Le Programme canadien d'adaptation agricole (PCAA) apportait des financements à des projets de petite envergure menés par des acteurs du secteur. Pouvaient en bénéficier les exploitants, des coopératives, des offices de commercialisation et des entreprises. Ce programme était doté d'un budget de 163 millions CAD sur les cinq ans.

Encadré 6.1. Agri-innovation

Le Programme **Agri-innovation** de CA2, qui ne concerne que le niveau fédéral, porte sur les trois phases du continuum de l'innovation : recherche, transfert de technologie, puis commercialisation et adoption de l'innovation. Il se compose de trois volets :

- Le **volet Recherche accélérant l'innovation** mené par ACC a vocation à apporter des solutions aux nouveaux besoins scientifiquement établis du secteur, au moyen d'activités de recherche-développement et de transferts de technologie, afin de recenser et d'atténuer les risques qui pèsent sur la production, de suivre l'évolution des besoins du développement durable, d'améliorer la productivité et de profiter de nouveaux débouchés. Il cible les recherches transversales, très en amont de l'adoption.
- Le volet **recherche-développement** dirigé par le secteur privé apporte une aide aux recherches et aux transferts de connaissance au stade de pré-commercialisation, pour les produits et processus innovants en agriculture, en agroalimentaire et en agro-industrie. Dans le cadre de ce volet, les candidats approuvés bénéficient d'aides financières ou d'une assistance dispensée par les chercheurs et des experts d'AAC pour les transferts de connaissance. Les aides peuvent être attribuées à deux types de projets : les grappes agro-scientifiques et les projets agro-scientifiques.
  - **L'initiative de grappes agro-scientifiques** vise à soutenir la mobilisation et la coordination d'une masse critique d'expertise scientifique parmi le milieu industriel, universitaire et public. Les financements s'adressent à des acteurs du secteur non lucratif et du secteur lucratif (ce dernier sous certaines conditions) ; les partenaires peuvent être des chercheurs ou des personnels AAC (dans le cadre d'un accord de recherche concertée). Cette initiative d'envergure nationale est animée par des organes sectoriels et regroupe plusieurs éléments du Plan de sciences appliquées du secteur agricole sous une même demande d'aide. L'enveloppe maximum, distribuée sous la forme de contributions non remboursables, est de 20 millions CAD sur cinq ans et requière un financement du secteur privé.
  - **Projets agro-scientifiques**. Ces aides, moins généralistes, sont destinées à des projets de recherche isolés ou à un petit nombre de projets. Les projets peuvent être d'envergure régionale ou locale. Les aides s'adressent aux entités à but lucratif ou non lucratif. Le montant maximum de financement, qui prend la forme d'un accord de contribution non remboursable, est de 5 millions CAD et requière un financement du secteur privé.
- Le volet **commercialisation et l'adoption**, dirigé par le secteur privé, a pour objet de faciliter la démonstration, la commercialisation et l'adoption de produits, de technologies ou de services agroindustriels. Ce dispositif soutient des projets de démonstration avant la commercialisation, de commercialisation et d'adoption menés par le secteur privé.

Ces initiatives fédérales se doublent d'autres programmes, où les coûts sont partagés avec les provinces et les territoires, afin de tenir compte des besoins d'innovation spécifiques aux différents territoires, toujours dans la perspective de l'objectif général d'innovation au niveau national.

Source : Programme Agri-Innovation: http://www.agr.gc.ca/eng/?id=1354301302625.

Avant l'introduction de *Agri-innovation*, il existait déjà plusieurs programmes sur l'agriculture qui ciblaient spécifiquement la création, l'adoption et la commercialisation de l'innovation dans le secteur, comme par exemple le Programme d'innovation en agriculture (PIA), en place entre novembre 2011 et mars 2013. Le Programme Agri-débouchés (janvier 2007-mars 2011) versait également des contributions remboursables pour financer les investissements en équipement et d'autres coûts, afin de rendre possible et d'accélérer la commercialisation de produits, de processus et de services agricoles, agroalimentaires et agroindustriels.

Plusieurs initiatives à l'échelon fédéral et provincial soutiennent le développement de bioproduits industriels (encadré 6.2 et tableau annexe 7.A.1).

Le Programme CA2 vise à s'éloigner des aides versées de manière réactive pour soutenir le revenu en faveur de programmes qui protègent les producteurs des catastrophes liées aux marchés et à la nature, en introduisant des mesures plus stratégiques et proactives. Il continue de laisser aux provinces et aux territoires une certaine latitude pour concevoir et exécuter leurs programmes – à l'exception de la gestion du risque – pour poursuivre les objectifs nationaux communs tout en répondant aux différentes priorités régionales. Les provinces peuvent aussi déterminer le niveau des ressources à mobiliser pour ce soutien, dans les limites convenues de l'accord-cadre.

Encadré 6.2. Aide au développement de produits industriels bio-sourcés

Le Gouvernement canadien a créé des programmes spécifiques pour encourager le secteur des biotechnologies, comme l'Initiative écoÉNERGIE pour les biocarburants. Il existe également des programmes plus généralistes ouverts notamment au secteur des biotechnologies, en complément des initiatives spécifiquement réservées aux secteurs des bioproduits et de l'agroalimentaire. Le Tableau annexe 7.A.1 présente les principales initiatives fédérales visant à encourager le développement des produits industriels bio-sourcés, à travers plusieurs types de dispositifs :

- Soutien financier ciblé à la R-D, comme le programme Agri-Innovation (Encadré 6.1), le Fonds de technologies du développement durable pour soutenir les derniers stades du développement de solutions de lutte contre la pollution de l'air, de l'eau et des sols, ou l'Initiative écoÉNERGIE.
- Soutien aux investissements d'équipement destinés au développement, à l'adoption ou à la montée en échelle de technologies, comme Avrio Ventures (Section 3.3), le Fonds pour l'énergie propre ou des investissements pour la Transformation de l'industrie forestière.
- Réglementation visant à créer un cadre clair et prévisible de réglementation (Section 3.1).
- Politique visant à encourager le développement de l'industrie des biotechnologies, de la production à l'utilisation.
  - Au niveau des producteurs, on retrouve le Canadian Biomass Network, le Comité de la chaîne de valeur des bioproduits industriels et le Réseau sur les biocarburants cellulosiques ;
  - Au niveau sectoriel, la Stratégie du gouvernement du Canada sur les carburants renouvelables impose des proportions minimum de coupage (5 % pour l'essence et 2 % pour le diesel) ; différentes initiatives sur les biocarburants et la biomasse prévoient des aides qui s'amenuisent au fil du temps. Un effort particulier porte actuellement sur les biocarburants de nouvelle génération ; et des actions d'information sur les bioproduits sont menées dans les différentes régions (outils de cartographie).

Dans la plupart des provinces, des stratégies publiques soutiennent le développement de la production et de la consommation de bioénergies et de biogaz en améliorant la réglementation, en organisant des démonstrations, en apportant des aides et en établissant des normes.

Certaines réglementations provinciales imposent l'utilisation de carburants renouvelables ; par exemple un pourcentage minimum de renouvelables dans le diesel et l'essence peut être fixé (respectivement 5 % et 5 % en Colombie britannique, 5 % et 2 % dans l'Alberta ; 7.5 % et 2 % dans le Saskatchewan, 8.5 % et 8.5 % dans le Manitoba, 5 % et 2 % dans l'Ontario, 5 % et 0 % au Québec et 5 % et 2 % dans le Nouveau Brunswick).

Les provinces misent aussi sur des incitations financières :

- Pour les investissements dans des projets durables d'infrastructure, en particulier dans les domaines de la gestion des déchets ou des énergies nouvelles et renouvelables (Colombie britannique) ; de la construction d'équipements de transport des biocarburants (Saskatchewan) ; des systèmes de conversion de biomasse en énergie (Manitoba) ; des technologies innovantes comme des équipements de production d'énergies renouvelables, des biotechnologies (Ontario), ou de la bioénergie (Québec);
- Au développement des marchés et des chaînes de valeur des produits de la biomasse (triticale et sylviculture dans l'Alberta, bioproduits, carburants renouvelables et coproduits dans l'Ontario, biomasse et biogaz dans l'Ile-du-Prince-Édouard, bois au Québec) ;
- A la production de produits de bioénergie, en versant un crédit au litre ou au kWh aux producteurs de biocarburants et de bioélectricité (Alberta, Saskatchewan, Manitoba, Québec) ;
- À la R-D pour développer des matières premières renouvelables d'origine biologique (Alberta) ; des bioproduits (Manitoba) ; la filière éthanol (Ontario) ; ou l'innovation en général (Nouveau Brunswick) ;
- Crédit d'impôts à la R-D (Saskatchewan).

Plusieurs programmes fédéraux et provinciaux facilitent l'accès à des crédits pour les agriculteurs, les organisations de production ou les coopératives (Encadré 6.3). Certains programmes peuvent contribuer au développement des exploitations et à la modernisation des équipements, avec un impact positif sur l'innovation, alors que d'autres ont essentiellement pour but d'apporter une avance de trésorerie).

Encadré 6.3. Programmes de crédit à l'agriculture

Le Programme de paiement anticipé (PPA) est un programme de garantie d'emprunt administré par le gouvernement fédéral, qui garantit des avances de fonds jusqu'à concurrence de 400 000 CAD. Ces sommes sont versées par les organisations de production aux producteurs, en fonction du type de production (bétail compris). Grâce aux garanties PPA, les organisations de production peuvent emprunter à taux préférentiels auprès d'établissements financiers afin de remettre aux producteurs une avance sur la valeur prévue des denrées agricoles en production ou stockées. Les prêts sont sans intérêt jusqu'à 100 000 CAD et remboursables en 18 mois.

Le **Programme de la Loi canadienne sur les prêts agricoles (LCPA)** de juin 2009, qui vient en remplacement de celui de la Loi sur les prêts destinés aux améliorations agricoles et à la commercialisation selon la formule coopérative (LPACFC), est un programme de garantie d'emprunt ouvert aux nouvelles exploitations, aux coopératives agricoles et au transfert intergénérationnel d'exploitations agricoles. Les emprunts peuvent s'élever au maximum à 500 000 CAD. Les agriculteurs peuvent les utiliser pour s'établir, pour moderniser ou développer leur exploitation ; les coopératives agricoles peuvent aussi bénéficier de prêts pour le traitement, la distribution ou la commercialisation des denrées agricoles.

Les **gouvernements provinciaux** accordent des garanties de crédit et de prêts à l'agriculture. Par exemple :

- Programme de garantie de crédit à l'exploitation (GCE) pour l'agriculture est un programme administré par la Société des services agricoles du Manitoba (MASC) pour aider les exploitants à obtenir des lignes de crédits auprès de certains établissements de crédit. Le GCE garantit les prêts destinés à couvrir les frais généraux de l'exploitation, les frais de subsistance, à participer à la modernisation des exploitations, au remboursement du principal ou des intérêts de prêts en cours, et à certains investissements en capital. Dans le cadre du programme GCE, la MASC offre aux établissements de crédit une garantie de 25 % sur un prêt d'exploitation consenti à un agriculteur.
- La province de l'Alberta, à travers sa Société de services financiers pour le secteur agricole, propose un ensemble similaire de services et de garanties de crédits aux producteurs éligibles.

Dans le cadre de la *Loi sur la commercialisation des produits agricoles (LCPA)*, le gouvernement fédéral peut octroyer à des entités provinciales – qui peuvent être des offices ou des agences de commercialisation – la compétence pour « réglementer la commercialisation de tous les produits agricoles sur les marchés interprovinciaux et internationaux.» La LCPA accorde aux entités provinciales le pouvoir de mettre en œuvre des réglementations et des instruments. Dans certains cas, ils peuvent notamment établir des quotas de production et fixer les prix (exemple de la gestion de l'offre). La LCPA reconnaît également aux autorités provinciales le pouvoir de prélever des droits sur les déplacements inter-provinces ou les exportations de biens agricoles. Les offices et agences provinciaux ont adopté des réglementations de commercialisation sur le stockage et le transport ; la classification et la qualité ; la mutualisation des recettes ; la tenue des livres comptables, des archives et des informations sur la commercialisation ; l'inscription des exploitations agricoles ; l'octroi de licences aux producteurs, aux grossistes et aux transporteurs ; et la fixation des prix. Une large gamme de produits sont couverts, notamment les champignons, les pommes de terre, le blé, les pommes, les asperges, les haricots, les fruits rouges, le tabac jaune de l'Ontario, les raisins, les oignons, le soja, la viande de porc, le sirop d'érable, les légumes secs et le lin.

En vertu du **Programme de mise en commun des prix**, le gouvernement fédéral passe un accord avec une agence de commercialisation, afin de faciliter la commercialisation coopérative de produits agricoles. Selon l'accord, les produits sont vendus à un prix garanti, les agences de commercialisation ont le droit d'avancer un versement initial aux producteurs qui livrent des produits et les coûts de commercialisation sont couverts jusqu'à un certain plafond. Le prix garanti est fixé à un pourcentage (actuellement 65 %) du prix de gros attendu du produit. La garantie s'exerce lorsque le prix de marché devient inférieur au prix garanti. Lorsque la totalité de la production agricole est vendue, le prix de gros réalisé moyen est déterminé. Si la valeur calculée est inférieure au paiement initial plus les coûts de commercialisation éligibles, le programme prévoit un paiement correspondant au manque à gagner versé par le gouvernement canadien. Entre 2011 et 2013, le Programme de mise en commun des prix a permis des accords annuels avec trois des cinq agences de commercialisation pour un montant total garanti d'environ 34 à 45 millions CAD. D'après les autorités canadiennes, le Programme de mise en commun des prix n'a donné lieu à aucune dépense du gouvernement depuis 1997 (OMC, 2011). Le Programme de paiement anticipé et le Programme de mise en commun des prix font tous deux partie de la *Loi sur la commercialisation des produits agricoles (LCPA)*.

Face aux enjeux agro-environnementaux de l'agriculture, le Canada mise sur une approche fondée sur la réglementation, sur des mesures volontaires et sur des incitations financières à l'adoption de pratiques respectueuses de l'environnement. Les provinces appliquent des impératifs spécifiques locaux qui restreignent parfois les pratiques agricoles (Encadré 6.4).

S'agissant de réglementation des pratiques agricoles et d'innovation, il faut savoir que les approches prescriptives de la réglementation risquent de dissuader les acteurs d'adopter des approches innovantes. Cela étant, elles peuvent être adaptées aux conditions locales pour autoriser ou stimuler l'innovation. Par exemple :

- Pour bénéficier du programme de crédit d'impôt foncier pour l'environnement de la province de l'Île-du-Prince-Édouard, le contribuable doit être en conformité avec la *Loi sur la protection de l'environnement* et en particulier avec ses dispositions applicables aux zones-tampon. La réglementation a évolué au fil du temps pour s'adapter aux conditions locales, par exemple la pente du terrain entourant les corridors rivulaires tampon.
- La réglementation de l'Ile-du-Prince-Édouard sur les pratiques de culture de la pomme de terre interdit la culture sur les terrains de pente supérieure à 11 %, les rotations inférieures à trois ans, la culture à moins de 10 mètres d'un cours d'eau.
- Une nouvelle réglementation sur la gestion des déchets des vignobles dans la région du Niagara dans l'Ontario impose qu'il y ait des équipements de traitement des déchets sur place, ce qui peut être onéreux. Pour réduire les coûts, un vignoble a adapté un dispositif de lagunage déjà existant pour effectuer un prétraitement des déchets. Le lagunage était déjà utilisé dans l'Ontario pour traiter différents types de déchets, comme les eaux usées municipales et le drainage de mines de métal et de charbon, mais pas pour le vignoble. D'autres petits vignobles de la province pourraient également choisir de suivre volontairement cet exemple, qui a de plus l'avantage d'offrir un habitat naturel à la faune sauvage.

Il existe d'autres exemples dans lesquels l'anticipation de réglementations à venir stimule l'innovation avant même que les nouvelles règles soient en place. Par exemple, un fabricant d'engrais, Agrium, utilise les nanotechnologies pour que les engrais ne libèrent les éléments nutritifs que sous certaines conditions spécifiques, afin de réduire les rejets de gaz azotés à effet de serre. Ces technologies ont été développées avant que la réglementation en la matière soit adoptée, dans la perspective de faciliter son application. Des fabricants d'équipements d'épandage des effluents d'élevage ont mis au point des déflecteurs et des injecteurs permettant de réduire les odeurs, notamment parce qu'ils anticipaient un durcissement de la législation sur l'épandage d'effluents d'élevage.

Encadré 6.4. Les approches des politiques agroenvironnementales

Programmes agroenvironnementaux au niveau fédéral

Pour encourager l'adoption de pratiques environnementales innovantes, le gouvernement fédéral recourt essentiellement au cofinancement de programmes au niveau de l'exploitation administrés par les autorités provinciales et territoriales. Il existe deux programmes (co-financés au niveau fédéral et provincial) qui s'efforcent d'améliorer la durabilité environnementale de l'agriculture : les programmes de planification agroenvironnementaux (PAE) et les programmes d'encouragement de l'intendance environnementale. Ces programmes sont conçus au niveau des provinces et des territoires et sont gérés par les ministères de l'agriculture provinciaux ou par les organisations agricoles locales tierces. Les programmes de planification agroenvironnementaux proposent une évaluation environnementale des pratiques de gestion de l'exploitation et un plan d'action détaillant les risques identifiés et des actions ou pratiques permettant de les atténuer. les programmes d'encouragement de l'intendance environnementale apportent aux exploitations ayant réalisé un plan environnemental un financement partagé au niveau fédéral et povincial pour les aider à adopter des pratiques de gestion bénéfiques (PGB), comme la gestion des éléments nutritifs, le stockage des effluents et le contrôle de l'érosion des sols. Ces PGB sont des pratiques bénéfiques pour l'environnement dans le contexte régional où elles sont appliquées, comme la réduction de la charge en éléments nutritifs des plans d'eau.

En Colombie britannique et dans l'Ontario, le PAE est un processus gratuit, confidentiel et volontaire, qui permet aux agriculteurs de faire un bilan des forces et des risques de leur exploitation, ainsi que de connaître les mesures à prendre pour améliorer sa performance environnementale. Au Québec, les programmes agroenvironnementaux sont aussi menés dans le cadre du PAE ; les taux d'adoption y sont plus élevés car l'une des composantes du PAE, le Plan agro-environnemental de fertilisation, est obligatoire. Comme cela a été expliqué récemment dans une étude de cas de l'OCDE dans le contexte du projet OCDE sur la croissance verte consacrée à l'aide sur à l'adoption de pratiques respectueuses de l'environnement en Colombie britannique, dans l'Ontario et au Québec (OCDE, 2015), les programmes agroenvironnementaux comprennent souvent une composante de transfert de connaissances.

Réglementations de niveau provincial sur la gestion du bétail et des éléments nutritifs

Les provinces canadiennes imposent de plus en plus de plans de gestion des éléments nutritifs en faisant évoluer leur réglementation. La création de zones tampons à proximité des cours d'eau et des sources d'eaux souterraines pour limiter le ruissellement des éléments nutritifs est désormais une exigence fréquente. Des arrêtés municipaux peuvent réglementer le lieu de stockage des effluents d'élevage et imposer une distance minimum par rapport aux habitations ou aux cours d'eau les plus proches.

Ces dernières années, plusieurs gouvernements provinciaux ont instauré des mesures de lutte contre la pollution de l'environnement provenant des exploitations d'élevage. Par exemple :

- La *Loi sur la gestion des éléments nutritifs* dans la province de l'Ontario fixe des exigences réglementaires pour certaines pratiques de gestion des éléments nutritifs et exige que les agriculteurs notent ces pratiques visant à pour limiter le risque de contamination de l'eau par des sources agricoles. Ces pratiques régulées comprennent la gestion des effluents d'élevage (stockage et épandage par exemple), l'épandage de produits d'origine non agricole (comme les bio-solides d'épuration et les résidus de la transformation des végétaux) et le traitement des effluents et d'autres matières dans des digesteurs anaérobies situés sur l'exploitation.
- Dans son *Règlement sur la gestion des animaux morts et des déjections du bétail*, en application de la *Loi sur l'environnement* – la province du Manitoba prescrit différents critères pour l'utilisation, la gestion et le stockage des effluents d'élevage et des animaux morts dans les exploitations, pour assurer des pratiques d'élevage respectueuses de l'environnement. Pour atteindre cet objectif général, il est nécessaire d'obtenir un permis pour toute construction, modification et extension d'un dispositif de stockage des effluents d'élevage. Il existe des contraintes spécifiques pour les terres appartenant à la Couronne, notamment la densité maximum du bétail, des restrictions sur la pose de clôture, sur le drainage et l'adduction d'eau.
- Le *Règlement sur les exploitations agricoles* de la province du Québec vise à s'attaquer au problème de la pollution diffuse causée par les activités agricoles, particulier en veillant au bon équilibre phosphorique des sols. Il consiste notamment à imposer des normes pour les locaux de stabulation et la gestion des effluents d'élevage, et des restrictions sur l'utilisation des sols pour limiter la pollution de l'eau.

Changement institutionnel

Historiquement, les producteurs de blé et d'orge de l'Ouest canadien étaient tenus de vendre leur production à la Commission canadienne du blé. En août 2012, il a été mis fin au monopsone de la **Commission canadienne du blé** (CCB), qui est devenue une organisation de commercialisation comme une autre. Cela signifie que :

- Les agriculteurs ne sont plus contraints de satisfaire les exigences de la CCB sur le blé et l'orge, ce qui ouvre la voie à de nouvelles possibilités d'innovation variétale.
- Ils sont libres de transformer leur propre production ou de passer contrat avec des transformateurs, d'où de nouvelles possibilités d'innovation dans la transformation.
- Ils sont libres de vendre ou d'exporter leur production à l'acheteur de leur choix, ce qui peut donner lieu à de nouvelles innovations dans l'acheminement, la logistique, la manutention, etc.

En août 2012, un accord temporaire sur cinq ans est entré en application, autorisant une « retenue remboursable au point de vente » pour le blé et l'orge livrés aux compagnies agréées de l'Ouest canadien, afin de remplacer le financement qui était auparavant fourni par une structure unique sous l'égide de la Commission canadienne du blé au titre de la recherche, de la promotion de la commercialisation et de l'assistance technique. Ce financement bénéficie à trois structures, la Fondation de recherches sur le grain de l'Ouest, l'Institut international du Canada pour le grain et le Centre technique canadien pour l'orge brassicole, qui l'utilisent pour financer des recherches, des activités de promotion de la commercialisation et d'assistance technique pour les filières du blé et de l'orge.

Politique en matière d'échanges agricoles

La plupart des restrictions à l'importation et des mesures pour l'exportation sont liées à des dispositifs de soutien des prix sur le marché intérieur, en particulier pour les denrées soumises au contrôle de l'offre. Le marché des produits laitiers, par exemple, est protégé par des contingents tarifaires, des droits de douane prohibitifs pour le hors-quota et des subventions à l'exportation. Les droits de la nation la plus favorisée (NPF) appliqués aux produits laitiers, en moyenne de 228.5 % en 2012, sont parmi les plus élevés de toutes les grandes catégories de produits. Dans sa notification à l'OMC concernant les subventions à l'exportation, le Canada déclare pratiquer des « subventions financées par les producteurs » pour quatre catégories de produits (poudre de lait écrémé, fromage, autres produits laitiers et produits incorporés)[2]. En outre, la Commission canadienne du lait (CCL) bénéficie des privilèges propres aux entreprises commerciales d'État (ECE) dans la mise en œuvre des engagements du Canada en matière de contingents tarifaires sur le beurre (tableau AIV.1). Les licences d'importation dans le cadre des contingents tarifaires sur le beurre ont été attribuées exclusivement à la CCL, avec la condition que ces importations soient destinées à des entreprises de transformation et de deuxième transformation. À l'exception d'un petit nombre de produits dans certaines provinces (par exemple le lait de consommation dans les provinces de l'Atlantique), la majorité des produits laitiers font l'objet d'échanges commerciaux entre les provinces, sans aucune restriction (OMC, 2011).

S'agissant des mesures touchant les exportations, l'Examen des politiques commerciales de l'OMC évoque également le programme fédéral *Agri-marketing*, qui cofinance par abondement les activités visant à accroître la capacité de commercialisation et la compétitivité des filières canadiennes de l'agriculture, de l'agroalimentaire, du poisson et des fruits de mer.

En moyenne simple, les droits d'importation NPF sont relativement faibles pour la plupart des produits au Canada, et les contingents tarifaires sont généralement atteints, sauf dans les produits pour lesquels le Canada est compétitif sur le marché de l'exportation. Toutefois, du fait des droits élevés qui pèsent sur certains produits, la moyenne simple des droits NPF pour les secteurs agricoles de l'OMC est relativement élevée (graphique 3.4).

Outre l'Accord de libre-échange nord-américain (ALENA) avec le Mexique et les États-Unis, le Canada est partie à plusieurs accords commerciaux bilatéraux (avec le Panama, la Jordanie, la Colombie, le Pérou, le Costa Rica, le Chili et Israël ; un accord a de plus été récemment signé avec le Honduras). Ils couvrent généralement les produits agricoles. En octobre 2013, le Canada et l'Union européenne sont parvenus à un accord politique sur les principaux éléments d'un Accord économique et commercial global (AECG), qui supprimerait 99 % des droits de douane entre les deux économies et toucherait les échanges de produits agricoles, notamment le bœuf et le fromage. L'Accord de libre-échange Canada – Corée signé en mars 2014 se traduira par la suppression des droits de douane sur 86.8 % des lignes tarifaires agricoles et ouvrira davantage de marchés aux principaux produits d'exportation de l'agriculture canadienne comme le bœuf, le porc, le canola et les céréales. Le Canada négocie actuellement des accords avec d'autres pays et groupes de pays, en Amérique latine et en Asie (Inde, Japon). En particulier, il est engagé dans les négociations du Partenariat transpacifique.

Niveau et composition du soutien aux producteurs agricoles

Les indicateurs de l'OCDE sur le soutien à l'agriculture mesurent : 1) le niveau du soutien des pouvoirs publics aux recettes des exploitants agricoles (estimation du soutien aux producteurs en pourcentage des recettes agricoles brutes, ESP en %) ; 2) le recours aux instruments ayant un effet de distorsion sur le marché tels que les mesures de soutien des prix du marché (SPM) pour le faire ; et 3) le soutien aux services d'intérêt général su secteur agricole (estimation du soutien aux services d'intérêt général, ESSG), par rapport au soutien aux exploitants. La classification des mesures de l'ESP et l'ESSG peut aussi contribuer à mettre en évidence, dans une certaine mesure, la part de l'aide destinée à favoriser l'adoption de pratiques innovantes et durables.

Les principaux instruments de l'action publique au Canada qui apportent un soutien aux exploitants agricoles sont variables par nature, car ils dépendent des conditions climatiques ou du marché (graphique 6.1.) Dans l'ensemble, le niveau du soutien en pourcentage des recettes agricoles brutes se situe entre 12 % et 18 % la plupart des années depuis le milieu des années 1990, et toujours en deçà de la moyenne des pays de l'OCDE (graphique 6.3). Pour la plupart des denrées, les prix reçus par les producteurs sont alignés sur les prix des marchés mondiaux, mais le prix intérieur des denrées soumises au contrôle de l'offre est nettement supérieur aux niveaux mondiaux : en 2010-12, les prix reçus par les producteurs de lait étaient deux fois plus élevés que les prix mondiaux et ceux reçus par les producteurs de volaille et d'œufs plus élevés d'un tiers.

Dans l'ensemble, le SPM représente 50 % à 60 % du total du soutien aux producteurs (OECD, 2014, tableau A.5). Le reste est pour l'essentiel constitué de transferts budgétaires, surtout destinés à compenser les pertes de revenu des exploitations, et sont souvent calculés à l'hectare. Le soutien au titre des intrants utilisés sert principalement à soutenir l'innovation (aide à l'investissement et fourniture de services) ainsi qu'à la gestion du risque. Il représentait environ 7% de l'ESP au cours des dernières années (OCDE, 2014, tableau A.5). En outre, le Canada n'impose pas de contraintes liées aux paiements aux producteurs, pas plus qu'il ne verse de subventions importantes pour l'adoption de pratiques agro-environnementales (OCDE, 2014, graphique 1.9).

La part des formes de soutien les plus distorsives – SPM et paiements calculés en fonction de la production et de l'utilisation d'intrants sans contraintes – est plus élevée que la moyenne des pays de l'OCDE (graphique 6.2). Les trois secteurs soumis au contrôle de l'offre – produits laitiers, volaille et œufs – sont ceux où les distorsions sont les plus fortes et dont les performances sont les plus faibles (OCDE, 2014, chapitre 4).

Pour les autres denrées, le soutien à la gestion du risque a accru la capacité d'investissement des exploitants agricoles mais n'a pas créé d'incitations spécifiques à l'adaptation ou à l'innovation. Les agriculteurs, lorsqu'ils ont innové, l'ont fait surtout pour répondre aux forces du marché. Les incitations directes des pouvoirs publics à l'innovation ont été limitées et leur montée en charge dans le cadre actuel de politiques publiques n'est pas encore reflétée dans les indicateurs ESP, qui couvrent la période allant jusqu'en 2013.

Graphique 6.1. Évolution du soutien aux producteurs canadiens, 1986-2013

Soutien en pourcentage des recettes brutes agricoles

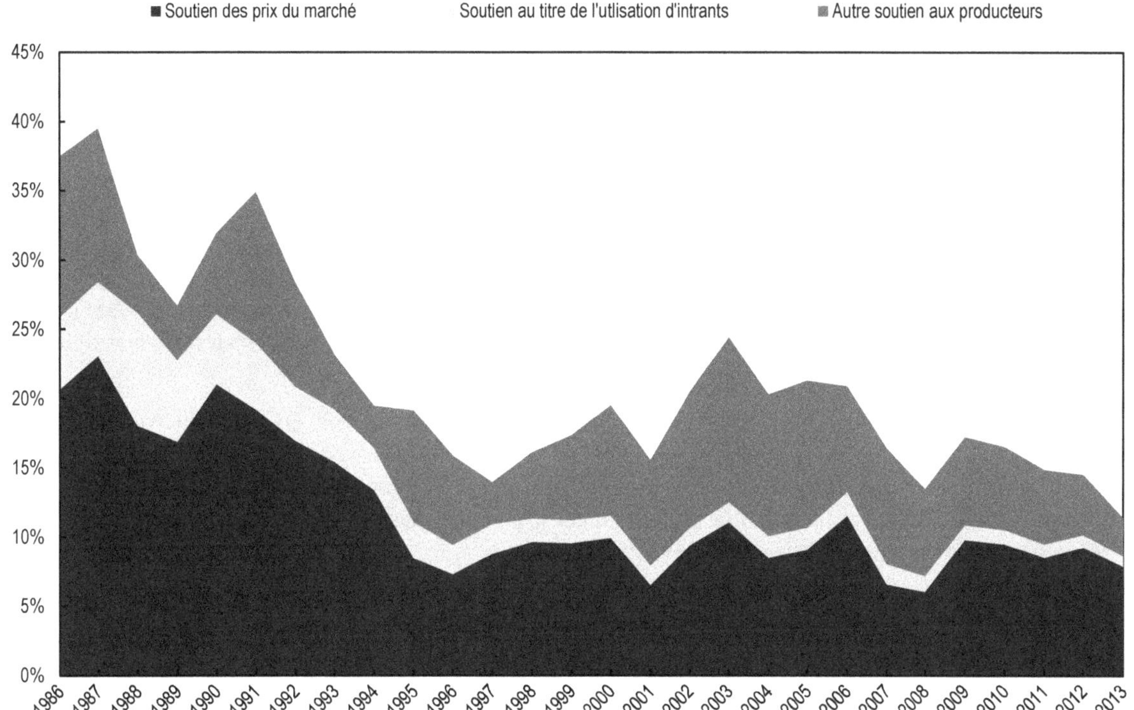

Source : OCDE (2014), « Estimations du soutien aux producteurs et aux consommateurs », *Statistiques agricoles de l'OCDE* (base de données). http://dx.doi.org/10.1787/data-00705-en.

StatLink http://dx.doi.org/10.1787/888933290386

Graphique 6.2. Niveau et composition du soutien aux producteurs dans quelques pays, 1995-97, 2011-13

Soutien en pourcentage des recettes agricoles brutes

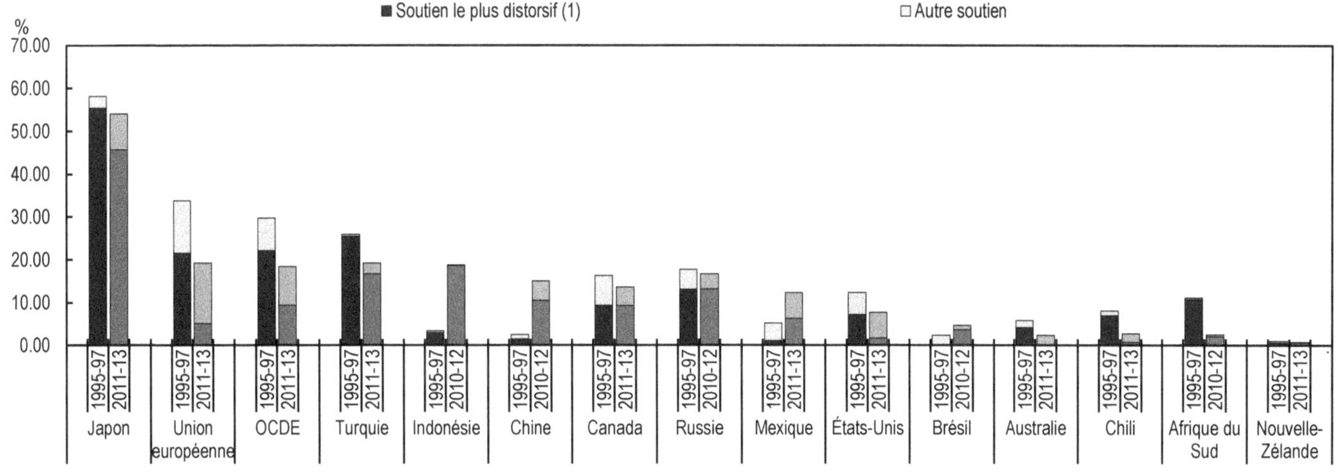

Union européenne : Europe des 27 en 2011-13 et Europe des 15 en 1995-97.

1. Le soutien ayant le plus fort effet distorsif sur la production et les échanges est constitué de paiements en fonction de la production et de l'utilisation d'intrants sans contraintes sur les intrants.

Source: OCDE (2014), « Estimations du soutien aux producteurs et aux consommateurs », *Statistiques agricoles de l'OCDE* (base de données). http://dx.doi.org/10.1787/data-00705-en.

StatLink http://dx.doi.org/10.1787/888933290393

Soutien total au secteur agricole

Outre les politiques de soutien aux producteurs agricoles, les pouvoirs publics soutiennent aussi les services d'intérêt général pour le secteur, comme la R-D, l'enseignement et la vulgarisation agricoles, les services d'inspection et de contrôle, et les investissements d'infrastructure, qui ont tous un impact de long terme sur l'innovation et la croissance de la productivité agricoles. Les services d'intérêt général se composent également de services de commercialisation et de promotion des produits agricoles ainsi que de la détention de stocks publics. Dans ce rapport, l'action des pouvoirs publics en termes de services d'intérêt général est envisagée dans le contexte des différents secteurs de l'action publique. Par exemple, le rôle des pouvoirs publics dans la R-D et la vulgarisation agricoles est examiné dans le chapitre 7 sur les systèmes d'innovation agricole, et l'enseignement agricole est traité dans la troisième section du chapitre 5 sur la politique éducative. Les dépenses publiques sur ces services sont comptabilisées dans les indicateurs de l'OCDE du soutien agricole comme l'ESSG. Leur importance dans le soutien total à l'agriculture au regard du soutien aux producteurs individuels illustre l'accent placé sur les avantages à long terme pour le secteur.

Au Canada, les aides publiques aux services généraux représentent un quart du soutien total à l'agriculture (graphique 6.3), proportion voisine de la moyenne des pays de l'OCDE ; les seuls pays où elles sont plus importantes sont ceux où le niveau de soutien aux producteurs est très faible (graphique 6.4). Cela correspond à la tendance historique des politiques agricoles, qui est de privilégier le soutien au marché et aux revenus.

Graphique 6.3. Composition du soutien à l'agriculture au Canada, 2011-13

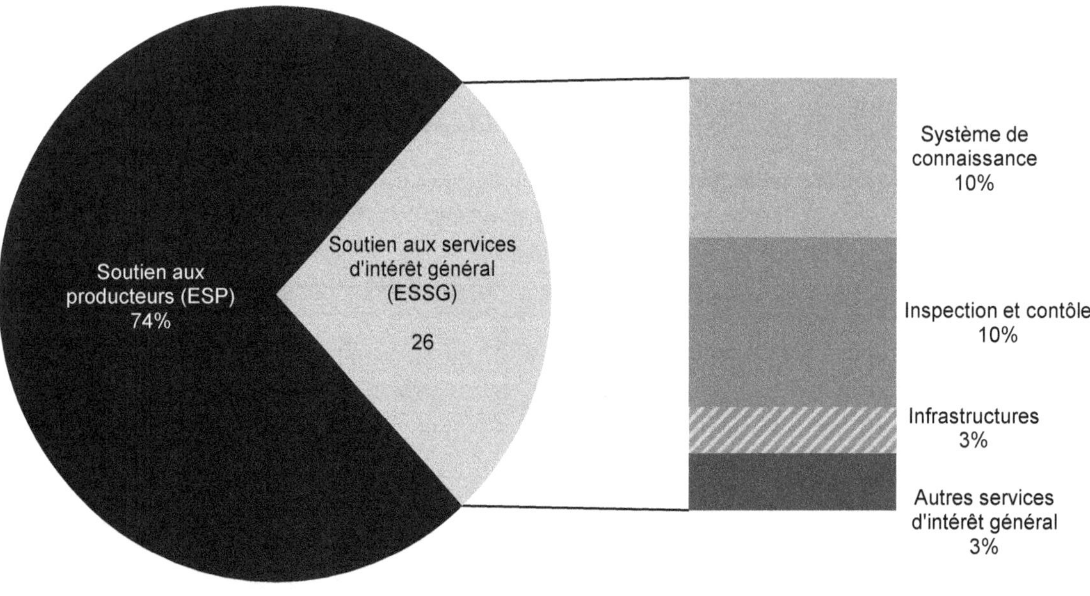

1. Le soutien à l'agriculture, mesuré par l'estimation du soutien total (EST), est la somme de l'estimation du soutien aux producteurs (ESP), de l'estimation du soutien aux services d'intérêt général (ESSG) et des transferts budgétaires aux consommateurs - lesquels sont inexistants au Canada.

Source : OCDE (2014), "Estimations du soutien aux producteurs et aux consommateurs », Statistiques agricoles de l'OCDE (base de données). http://dx.doi.org/10.1787/data-00705-en.

StatLink http://dx.doi.org/10.1787/888933290408

Graphique 6.4. Composition du soutien à l'agriculture dans quelques pays, 2011-13

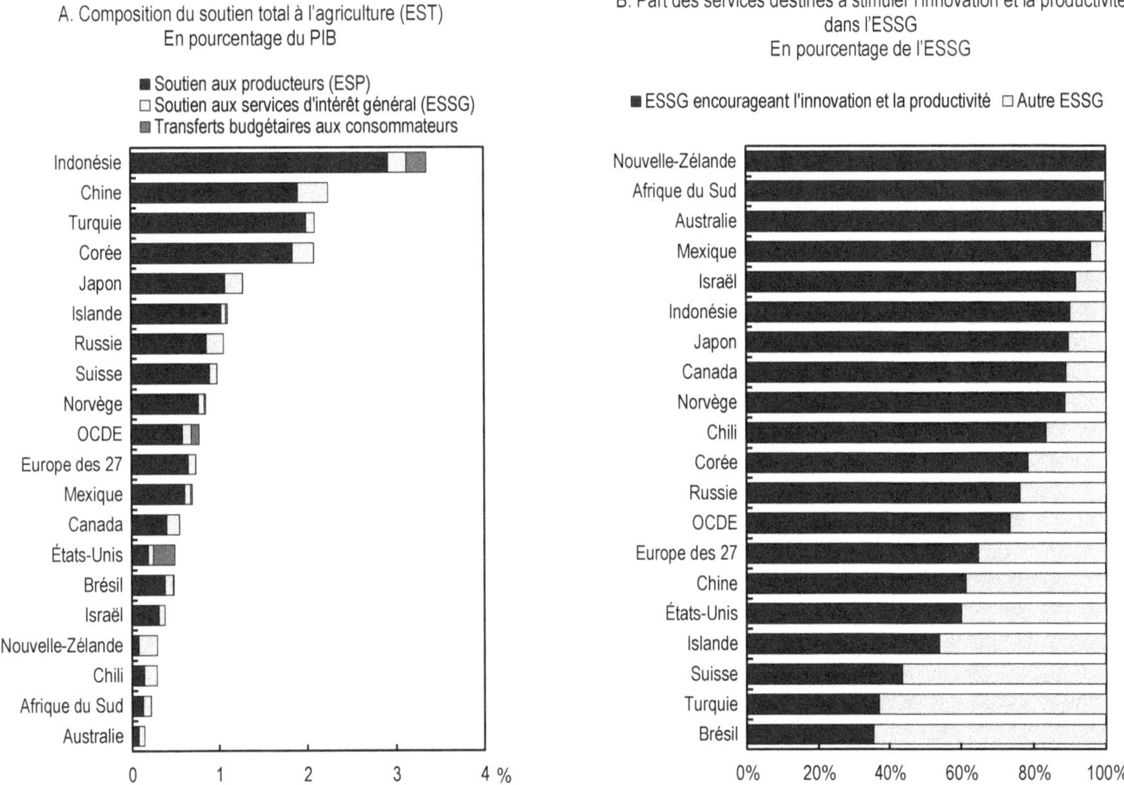

L'estimation du soutien aux services d'intérêt général destinés à stimuler l'innovation et la productivité comprend les systèmes de connaissances et d'innovation agricoles, l'inspection et le contrôle, le développement et la maintenance d'infrastructures, hors restructuration d'exploitations. Les données pour le Brésil, la Chine, l'Indonésie, la Fédération de Russie, et l'Afrique du sud correspondent à la période 2010-12.

Source : OCDE (2014), « Estimations du soutien aux producteurs et aux consommateurs », Statistiques agricoles de l'OCDE (base de données. http://dx.doi.org/10.1787/data-00705-en.

StatLink http://dx.doi.org/10.1787/888933290411

Au sein des services généraux, la majeure partie des fonds est consacrée à stimuler l'innovation et la productivité, et donc à soutenir la compétitivité à long terme (graphique 6.4). Pendant la période étudiée, les dépenses publiques d'investissement dans le développement d'infrastructures pour l'agriculture, souvent financées au niveau provincial, ont augmenté plus rapidement que l'inflation. C'est là une bonne chose car l'investissement dans l'infrastructure améliore l'environnement économique et le rend plus propice à l'innovation ; toutefois, la part de ces dépenses par rapport au PIB est faible. La part du soutien aux activités liées à l'innovation comme la R-D, l'enseignement et la vulgarisation agricoles dans le PIB est plus élevée que la moyenne des pays de l'OCDE, mais en termes réels la dépense publique dans ces domaines a diminué (OCDE, 2014). Comme nous le verrons dans le chapitre 7, c'est en partie dû au rôle croissant d'acteurs non gouvernementaux dans le financement de ces activités, et au relatif désengagement de l'État de certains domaines comme les services de vulgarisation.

Notes

1. http://actionplan.gc.ca/en/initiative/agricultural-flexibility-fund.
2. [G/AG/N/CAN/92] cité dans OMC (2011).

Références

AAC (2012), « Backgrounder - Growing Forward 2: Innovation, Competitiveness and Market Development », disponible à l'adresse www.agr.gc.ca/cb/index_e.php?s1=n&s2=2012&page=n120914b1 .

OCDE (2015), *Promouvoir la croissance verte en agriculture : le rôle de la formation, des services de conseil et des mesures de vulgarisation*, Études de l'OCDE sur la croissance verte, Éditions de l'OCDE, Paris. 10.1787/9789264235168-fr.

OCDE (2014), *Politiques agricoles : suivi et évaluation - Pays de l'OCDE 2014*, Éditions de l'OCDE, Paris. http://dx.doi.org/10.1787/agr_pol-2014-fr.

OCDE (2012), *Politiques agricoles : suivi et évaluation - Pays de l'OCDE 2012*, Éditions de l'OCDE, Paris. http://dx.doi.org/10.1787/agr_pol-2012-fr.

OMC (2011), *Examen des politiques commerciales – Canada* [WT/TPR/S/246/Rev.1], Genève.

Chapitre 7

Le système d'innovation agricole canadien

Ce chapitre souligne comment un système d'innovation agricole qui fonctionne bien peut contribuer à assurer une bonne utilisation des fonds publics, et une meilleure réactivité aux besoins des « consommateurs d'innovation » grâce à une collaboration entre les acteurs publics et privés, y compris étrangers. Un système d'innovation opérationnel est par conséquent essentiel pour améliorer la performance économique, environnementale et sociale du secteur agricole et agroalimentaire. L'impact positif à long terme de la R-D agricole sur la croissance de la productivité n'est plus à démontrer ; les technologies et les pratiques peuvent aussi contribuer à améliorer l'utilisation viable des ressources naturelles.

Les données statistiques concernant Israël sont fournies par et sous la responsabilité des autorités israéliennes compétentes. L'utilisation de ces données par l'OCDE est sans préjudice du statut des hauteurs du Golan, de Jérusalem Est et des colonies de peuplement israéliennes en Cisjordanie aux termes du droit international.

Profil général d'innovation

L'innovation en agriculture est de plus en plus liée à l'innovation générale : progrès des TIC, des biotechnologies et des nanotechnologies, mais aussi innovation dans la commercialisation. Un profil d'innovation dynamique signifie que les connaissances générales et les connaissances spécifiques d'autres domaines (nécessaires pour développer et appliquer les innovations agricoles) sont disponibles, et qu'il existe une culture d'innovation chez les acteurs économiques et dans la société dans son ensemble.

Industrie Canada, le ministère de l'industrie au niveau fédéral, est chargé de la stratégie fédérale du Canada en matière de sciences et de technologie. Dans le plan économique publié en 2006 (Avantage Canada), une stratégie pour les sciences et les technologies a été établie.[1] Elle définit les orientations générales de l'État et a été utilisée comme outil pour définir et diriger le développement de l'innovation et les priorités de collaboration (par exemple un Avantage entrepreneurial, un Avantage du savoir, et un Avantage humain). Fin 2012, le ministre d'État pour la Sciences et Technologie a été chargé de définir une nouvelle Stratégie dans ce domaine.

Le Conseil national de recherches Canada (CNRC),[2] qui dépend d'Industrie Canada, est le principal organe du gouvernement canadien en matière de R-D ; il travaille avec des clients et des partenaires pour apporter un soutien à l'innovation, conduire des recherches stratégiques et fournir des services scientifiques et techniques. Le Programme d'aide à la recherche industrielle (PARI) du CNRC soutient les petites et moyennes entreprises canadiennes pour le développement et la commercialisation de technologies. Industrie Canada possède aussi un organe consultatif, le Conseil des sciences, de la technologie et de l'innovation (CSTI), qui dispense des avis et publie des rapports comparatifs tous les deux ans. Toutefois, les données comparatives ne sont presque jamais ventilées par secteur, notamment pour le secteur agricole.

Il existe plusieurs organismes subventionnaires comme le Conseil de recherches en sciences naturelles et en génie du Canada (CRSNG), le Conseil de recherches en sciences humaines du Canada (CRSH) et les Instituts de recherche en santé du Canada (IRSC) qui distribuent des fonds publics pour soutenir la R-D, ainsi que l'innovation dans certains domaines cibles. Chacune de ces organisations fixe des priorités en fonction de la stratégie générale du gouvernement. Il existe au niveau des gouvernements provinciaux le même processus de fixation du budget, et ils peuvent doter les universités et les collèges (niveau post-secondaire) de leur territoire pour qu'ils concentrent leurs efforts sur les priorités agricoles de la province.

Les acteurs de l'innovation agricole peuvent participer à des programmes d'innovation du gouvernement ne ciblant pas spécifiquement l'agriculture. On considère généralement que l'accès à ces programmes est octroyé de manière concurrentielle, puisque tout secteur peut y prétendre, ainsi qu'à leur financement et aux services dispensés. Certains programmes liés aux politiques publiques sont consacrés, par exemple, à la recherche spatiale ou aux TIC et sont exclusivement destinés à ces secteurs. Les systèmes d'innovation agricole comportent des liens croisés avec ceux d'autres secteurs (santé, environnement, énergie etc.). Cela entraîne par conséquent un degré relativement élevé de complexité dans leur positionnement dans le système général d'innovation.

Dans son troisième et dernier rapport en date, le CSTI fait le bilan des progrès en matière de sciences, de technologies et d'innovation (STI) depuis 2008 et distingue cinq indicateurs clés stratégiques sur lesquels le Canada doit progresser :

- Le pourcentage des dépenses intérieures brutes de R-D du secteur des entreprises (DIRDE) par rapport au PIB.
- L'investissement des entreprises en technologies de l'information et des communications.
- Le pourcentage des dépenses de recherche et développement de l'enseignement supérieur (DIRDES) par rapport au PIB.

- Le nombre de doctorats décernés pour 100 000 habitants.
- La part des ressources humaines travaillant dans des domaines scientifiques et technologiques.

Dans son étude du profil d'innovation du Canada, l'édition 2012 de l'Étude économique du Canada de l'OCDE (OCDE, 2012b, Chapitre 1) constate que l'offre publique de savoirs est riche, comme le mesurent les deux grands indicateurs que sont le nombre d'articles scientifiques par habitant (en ajustant la qualité en fonction du classement des revues) et la dépense de R-D du secteur de l'enseignement supérieur en proportion du PIB, au quatrième rang de la zone de l'OCDE (graphique 7.1). Le système d'enseignement public semble, lui aussi, avoir suivi l'évolution des besoins de l'économie de la connaissance. La population active compte une proportion élevée de ressources humaines dans la science et la technologie (RHST). Le nombre de diplômes de sciences et d'ingénieur décernés, ainsi que le nombre de chercheurs, sont légèrement au-dessus des moyennes des pays de l'OCDE. La politique de l'innovation, dans son ensemble, est encore principalement envisagée à travers le prisme S&T traditionnel, centrée sur les universités, même si cette optique change lentement face à la prise en compte croissante du hiatus commercial qui existe entre la recherche universitaire et la recherche appliquée. Dans l'ensemble l'indice Global Innovation Index (INSEAD, 2011) juge favorablement la capacité d'innovation du Canada, et l'estime en phase avec le niveau élevé de son PIB par habitant. D'après l'indice *Global Innovation Index* 2014, le Canada se classe 12e, avec 92 % du score maximum (Cornell University, INSEAD, et OMPI, 2014). En revanche, le Canada occupe une bien moins bonne place en termes d'efficience de l'innovation, ce qui dénote un mauvais rendement global des intrants utilisés pour produire de l'innovation.

La dépense intérieure brute de R-D des entreprises (DIRDE) et le brevetage – corrélés positivement – sont deux domaines dans lesquels le Canada pèche par rapport à d'autres pays de l'OCDE. Cela peut surprendre compte tenu à la fois de la qualité de son capital humain et de l'ampleur du soutien budgétaire (troisième en importance dans la zone de l'OCDE) qu'il prodigue à l'innovation des entreprises. Parmi les pays qui dépensent beaucoup en R-D (CE, 2009) le Canada est celui où l'on observe la plus grande divergence entre les ressources humaines et l'infrastructure de recherche et l'activité de R-D et de brevetage des entreprises. Il faut néanmoins noter la bonne performance relative du Canada en termes d'incidence de l'innovation telle que la mesurent les enquêtes sur l'innovation (OCDE, 2009).

Constatant ce déséquilibre entre une recherche universitaire de qualité mondiale et une R-D des entreprises médiocre, les gouvernements ont réexaminé les liens entre le milieu universitaire et le monde de l'entreprise. L'examen du soutien fédéral de la R-D paru récemment – Rapport du groupe d'experts, aussi appelé rapport Jenkins report (Gouvernement canadien, 2011) – recommandait que le Conseil national de recherches (CNR), qui gouverne les principaux instituts publics de recherche, soit restructuré pour se concentrer davantage sur la recherche appliquée impulsée par la demande, afin de mieux répondre aux besoins des entreprises. Ce recentrage est déjà engagé, et dans son nouveau budget, le gouvernement fédéral s'est engagé à aller encore plus loin. La pénétration relativement élevée du haut débit, grâce à un important soutien public, représente également une infrastructure critique de nature à potentialiser les retombées de l'innovation publique et privée (graphique 7.1).

Graphique 7.1. Profil du Canada en matière de sciences et d'innovation

2010 ou dernière année disponible

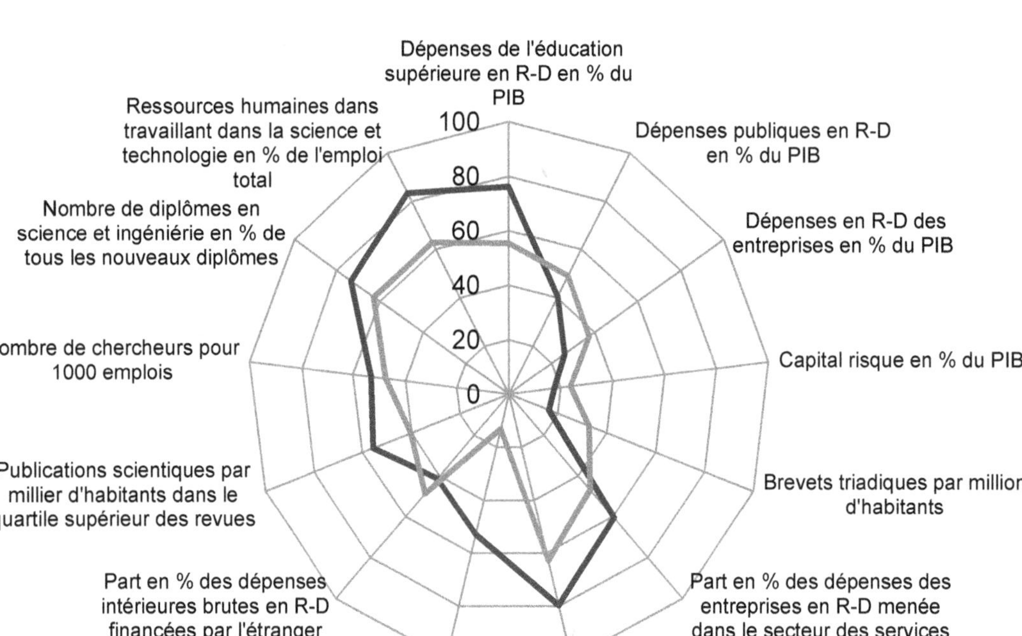

Source : OCDE (2012), *Études économiques : Canada 2012*. http://dx.doi.org/10.1787/eco_surveys-can-2012-fr.

StatLink http://dx.doi.org/10.1787/888933290429

Panorama des acteurs du système d'innovation agricole et de leurs rôles respectifs

Les systèmes d'innovation agricole comprennent un large éventail d'acteurs qui déclenchent, orientent, financent, effectuent, informent et facilitent l'innovation. Les principaux sont les concepteurs des politiques, les chercheurs, les conseillers, les agriculteurs, les entreprises privées et les consommateurs. Les catégories habituellement utilisées sont : pouvoirs publics, recherche, entreprises, universités, autres organisations, notamment à but non lucratifs, et marchés.

Le tableau 7.1 présente un aperçu général des principaux acteurs du système canadien d'innovation agricole et de leurs principaux rôles, et le graphique 7.2 place les rôles dans le contexte du continuum de l'innovation. Différents acteurs d'une même catégorie peuvent avoir des rôles bien distincts : les pouvoirs publics aux niveaux fédéral et provincial, par exemple, les universités et les collèges, ou les grandes multinationales par rapport aux petites entreprises locales.

An Canada, **le secteur des entreprises**, premier « innovateur », joue un rôle moteur en produisant les nouvelles idées, les nouvelles technologies, les nouveaux processus, les nouvelles méthodes d'organisation et de commercialisation, les autres acteurs jouant un important rôle de soutien. Le secteur des entreprises peut intervenir à tous les stades et dans toutes les fonctions du continuum de l'innovation, mais surtout dans la conduite de recherches moins pures (fondamentales) et dans l'application d'innovations au service d'objectifs commerciaux. Une partie de l'innovation réalisée dans les entreprises ne relève pas nécessairement de la science mais consiste dans de nouveaux modèles d'entreprises, de nouvelles pratiques organisationnelles, de nouveaux processus et de nouvelles méthodes de marketing qui procèdent de disciplines non scientifiques.

Les agriculteurs canadiens se lancent dans de nouvelles pratiques innovantes comme le non-labour ou l'agriculture raisonnée et améliorent en permanence la qualité et la variété de leurs semences (ou de leur cheptel). Les industries de transformation représentent un large éventail d'entreprises, des multinationales (EMN) jusqu'aux PME. Les EMN au Canada diffusent plus rapidement les innovations dans le reste du monde, possèdent souvent des capacités de R-D et leur première préoccupation est généralement de faire face aux obstacles réglementaires à l'innovation. À l'autre extrémité du spectre, les PME ont plus de difficultés pour leur financement et pour leur croissance. Les fournisseurs d'intrants constituent une source d'innovation très porteuse dans le secteur agricole et agroalimentaire : au niveau de l'exploitation agricole ce sont les nouvelles technologies liées aux pesticides et aux engrais ; au niveau de la transformation des aliments, les nouveautés concernent surtout l'emballage.

Tableau 7.1. Principaux acteurs des systèmes canadiens d'innovation agricole

Catégories	Principaux acteurs	Principaux rôles
Pouvoirs publics	• Fédéral • Provincial • Local (municipalités)	Stratégies, gouvernance, information ; déclencheurs (financent la R-D) ; et stimulation économique
Recherche	• Instituts de recherche	Producteurs de savoir (effectuent la R-D)
Enseignement supérieur	• Universités • Collèges	Producteurs de compétences ; et producteurs de savoir
Secteur des entreprises	• Exploitations (sociétés, entreprises familiales) • Entreprises (transformation alimentaires, PME, EMN, startups • Fournisseurs d'intrants[1]	Innovateurs : financent, effectuent des recherches, commercialisent, adoptent, mettent en œuvre les innovations.
Autres organisations	• Intermédiaires de l'innovation • Associations[2]	Facilitateurs[3]
Marchés	• Consommateurs, associations de consommateurs	Informations sur la demande

PME : petites et moyennes entreprises ; EMN: entreprises multinationales.

1. Fournisseurs d'innovations dans des domaines tels que les intrants agricoles, les équipements, les matériaux d'emballage, etc.

2. Les associations représentatives professionnelles et des différentes filières (canola, légumes secs, etc.) représentent un poids important dans le secteur agricole.

3. Les pouvoirs publics peuvent aussi avoir un rôle de facilitation ; toutefois, les organisations font un travail de lobbying et d'information auprès des gouvernements fédéral et provinciaux, travaillent avec l'enseignement supérieur et les acteurs de la filière. Bien que les pouvoirs publics assurent des fonctions telles que bâtir des réseaux et jouer un rôle catalyseur pour la collaboration, qui s'apparentent à de la facilitation, leur rôle a été assimilé à celui de Déclencheurs.

Source : Agriculture et Agroalimentaire Canada.

Graphique 7.2. Le rôle des acteurs de l'innovation dans le continuum de l'innovation

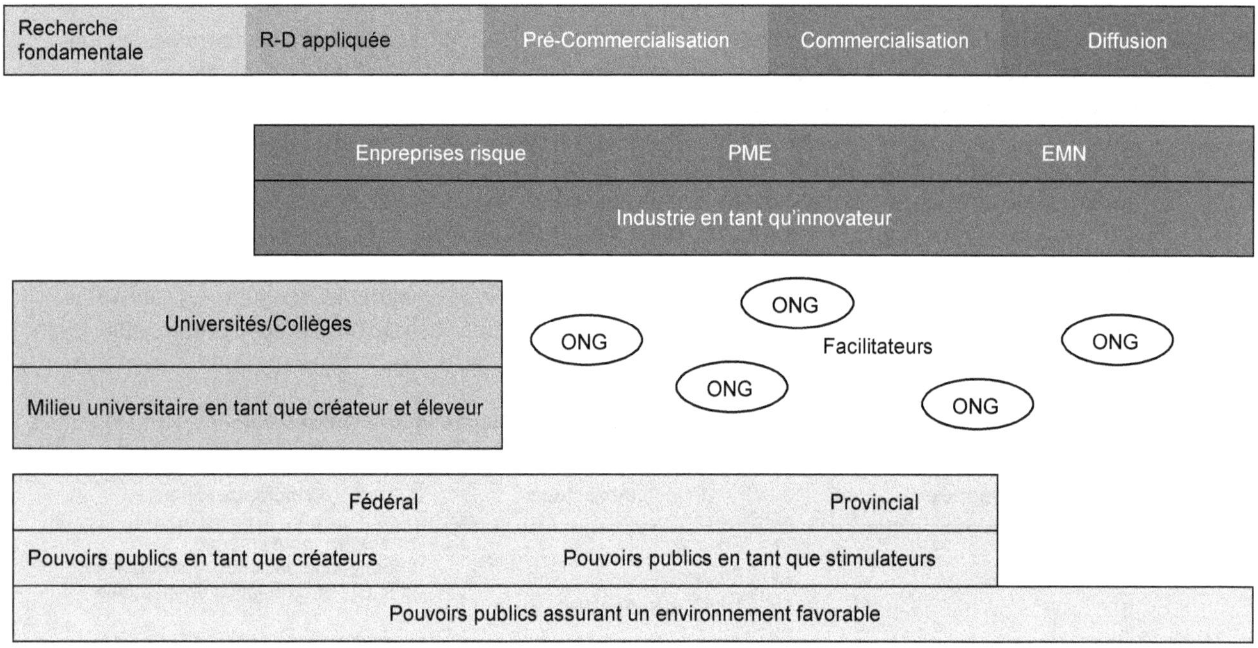

Recherche fondamentale | R-D appliquée | Pré-Commercialisation | Commercialisation | Diffusion

Enpreprises risque | PME | EMN

Industrie en tant qu'innovateur

Universités/Collèges

Milieu universitaire en tant que créateur et éleveur

ONG | ONG | ONG | ONG | ONG

Facilitateurs

Fédéral | Provincial

Pouvoirs publics en tant que créateurs | Pouvoirs publics en tant que stimulateurs

Pouvoirs publics assurant un environnement favorable

PME : petites et moyennes entreprise ; EMN : entreprises multinationales ; ONG: Organisations non gouvernementales.

Source : Agriculture et Agroalimentaire Canada.

Les biotechnologies constituent une composante du secteur agricole caractérisée par une forte intensité en R-D, et qui se distingue des autres secteurs par bien des traits. En général, il faut dix à quinze ans, et environ 1.5 milliard CAD pour commercialiser un produit issu des biotechnologies. Les entreprises canadiennes de biotechnologies sont, pour 80 % d'entre elles, à capitaux privés. La majorité du secteur est constitué de PME : en 2005, environ les trois quarts des entreprises de biotechnologies comptaient moins de 50 salariés (van Beuzekom et Arundel, 2009, cité par Genome Canada, 2011).

Les **pouvoirs publics** jouent un rôle essentiel, assurant un environnement propice à l'innovation et la soutenant de différentes manières : financement, recherche-développement (R-D), formation et développement agricoles, politiques, programmes et investissements, particulièrement dans les domaines relevant de l'intérêt public, et où le secteur privé est moins motivé à investir. La puissance publique se compose de trois grands niveaux : fédéral, provincial et local (municipal). L'innovation et l'agriculture sont deux domaines de compétence partagée entre les autorités fédérales et provinciales ; au niveau agrégé, le rôle niveau fédéral l'emporte sur les provinces en termes d'action sur l'innovation. Le tableau 7.2 délimite certaines des différences de haut niveau entre les rôles des autorités provinciales et fédérales. L'essentiel de la contribution relevant du niveau fédéral porte sur la R-D (salaires des chercheurs, programmes de recherche et d'innovation), alors que les contributions des provinces se répartissent entre recherche, développement agricole et formation (graphique 7.3).

La puissance publique est exécutant de recherche-développement depuis plus de 125 ans. AAC possède des capacités de transfert de sciences et de technologies réparties dans tout le pays, avec un réseau de 19 centres de recherche, exploitations agricoles, laboratoires et bureaux de communication (annexe 7.C). L'organisation est structurée selon trois écosystèmes agricoles : régions côtières, prairie/plaines boréales et plaines à forêts mixtes (graphique 7.11), de façon à ce que les transferts de recherche, de développement et de technologies nationaux soient adaptés aux besoins de chaque région. Par conséquent, le gouvernement fédéral exécute une proportion de la R-D plus élevée dans l'agriculture que dans l'ensemble de l'économie (tous secteurs confondus).

Tableau 7.2. Différences entre les autorités fédérales et provinciales : rôles dans l'innovation

Autorités	Fédérales	Provinciales
Collaboration avec d'autres niveaux de gouvernement	• Action extérieure dans la recherche et l'innovation au niveau multinational et bilatéral, des organes de gouvernance internationaux et des grands défis. • Action intérieure sur les relations avec les provinces.	• Action intérieure sur les grappes d'innovation locales (municipales) et régionales et les priorités économiques régionales. • Quelques initiatives provinciales avec des partenaires internationaux dans des domaines spécialisés.
Interactions avec le secteur et les ONG	• Relations avec les ONG nationales et privilégie les filières où l'impact est le plus fort au niveau national.	• Plus grande proximité avec les ONG provinciales et les sous-secteurs les mieux représentés dans la province. • Souvent avec financement combiné fédéral et provincial.
Programmation de l'innovation	• Fenêtre de cinq ans, évolue avec les cadres AAC	• Approches différentes selon les provinces. • Les plus petites provinces n'ont pas toujours la masse critique nécessaire pour certaines formes de programmation.
Capacité de recherche	• AAC possède un réseau de centres de recherche répartis dans le pays. • Finance et participe à des partenariats de recherche-développement avec les entreprises privées, les gouvernements provinciaux, l'enseignement supérieur et la communauté scientifique internationale.	• Variable –les recherches sont souvent réalisées dans le cadre de protocoles d'entente avec les universités ou de dispositifs de cofinancement avec des instituts de recherche spécialisés. • Cotisation recherche obligatoire dans certaines provinces.

Source : Agriculture et Agroalimentaire Canada.

Graphique 7.3. Système d'innovation agricole : contributions fédérales et provinciales, 2008-13,

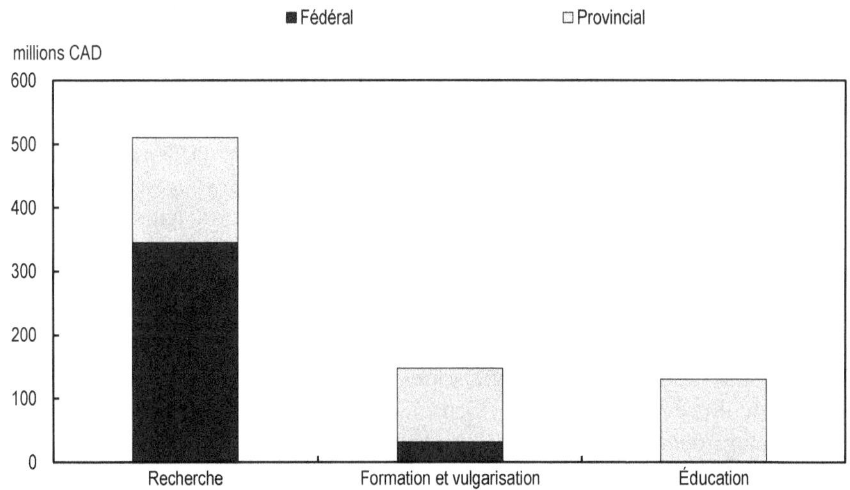

Source : Base de données des dépenses publiques d'Agriculture et Agroalimentaire Canada. http://www.agr.gc.ca/eng/about-us/publications/economic-publications/alphabetical-listing/farm-income-financial-conditions-and-government-assistance-data-book-2013/?id=1392131614380.

StatLink http://dx.doi.org/10.1787/888933290430

Depuis une date plus récente, le gouvernement fédéral a augmenté sa contribution financière à la R-D menée par le secteur privé. Dans le contexte de sa politique d'innovation générale, il a également mis l'accent sur l'amélioration de la performance commerciale.

L'activité de R-D de la puissance publique varie d'une province à l'autre, mais elle est généralement très inférieure celle que l'on observe au niveau fédéral, avec une consolidation (comme dans l'Alberta) ou le recours à des acteurs tiers (comme dans l'Ontario). Le ministère de l'agriculture de l'alimentation et des affaires rurales de l'Ontario (OMAFRA) a stoppé presque toute sa R-D interne il y a de nombreuses années suite à un important effort de réduction de personnel, et sa R-D est désormais effectuée dans le cadre d'un protocole d'entente avec l'université de Guelph (graphique 7.3). Il en va de même pour la province de Québec, qui fait réaliser sa recherche en agronomie dans ses universités de Laval et de McGill.[3]

La **formation** des agriculteurs, des professionnels de l'agroalimentaire, des agronomes, des chercheurs et des techniciens en sciences agricoles, en biosciences, en sciences de l'alimentation, en nutrition et en sciences vétérinaires incombe principalement aux collèges et aux universités au sein de l'enseignement supérieur[4]. L'Association des Facultés canadiennes d'agriculture et de médecine vétérinaire (AFCAMV) représente 13 universités et collèges importants possédant des programmes en agriculture ou en science vétérinaire. Le coût des formations est de plus en plus largement supporté par les droits universitaires payés par les étudiants, avec le soutien des gouvernements provinciaux. Quelques programmes fédéraux peuvent aussi apporter une contribution (la formation relève en principe de la compétence des provinces).

La quantité de R-D effectuée par les universités canadiennes est relativement importante : le Canada est l'un des pays de l'OCDE où la dépense en recherche-développement de l'enseignement supérieur est la plus élevée (DIRDES) ramenée au nombre d'habitants (graphique 4.4). Le premier rôle de l'enseignement supérieur est de former du personnel hautement qualifié (PHQ). Dans cette optique, l'université réalise aussi de la recherche-développement dans les domaines qui répondent aux évolutions de l'économie ou aux préoccupations de la société ; la recherche n'est donc pas nécessairement liée aux priorités du secteur public. La R-D des universités s'appuie sur différentes sources de financement. Les universités canadiennes commercialisent leur R-D de diverses manières mais dans l'ensemble, l'université considère que la commercialisation incombe au secteur privé. Les principales fonctions de l'université en ce qui concerne la commercialisation sont le transfert de technologie effectif et la création d'entreprises « *spin-off* » par d'anciens universitaires qui passent dans le secteur privé.

En résumé, le graphique 7.4 présente la diversité des bailleurs de fonds et des exécutants de la R-D au Canada.

Il existe également une grande variété d'organisations (non gouvernementales, le plus souvent à but non lucratif) actives dans l'innovation agricole au Canada, souvent en jouant un rôle de facilitation, comblant un manque que ne remplissent pas les autres acteurs.[5] Elles agissent le plus souvent pour une cause. Les intermédiaires de l'innovation sont les organisations qui facilitent le plus directement l'innovation car c'est leur principale mission, et ils opèrent à un point donné du continuum de l'innovation, généralement lorsqu'il existe un besoin non satisfait par d'autres acteurs. Ces intermédiaires de l'innovation sont des centres de recherche, des accélérateurs, des incubateurs et des services de commercialisation. Les associations professionnelles représentent généralement une sous-filière de l'agriculture (par exemple le Conseil canadien du Canola ou le Conseil des grains du Canada) et l'innovation peut n'être que l'une de leurs missions (gestion du financement collectif ou allocation de projets R-D). Les groupes d'intérêt et les organisations non-gouvernementales (ONG) sont généralement mus par une cause, et jouent donc un rôle indirect en remettant en question le statu quo (par exemple les ONG du domaine de la santé mobilisent des fonds pour la R-D médicale). Certaines ONG peuvent quant à elles avoir pour mission de faire pencher l'opinion pour ou contre les nouvelles technologies. Les ONG disposent de ressources relativement moins importantes, ce qui suggère plutôt un rôle de facilitation : elles exercent une influence, elles utilisent ou fournissent des services à d'autres acteurs. Il existe une telle variété d'organisations et elles sont parfois si imbriquées qu'il est difficile de définir des sous-catégories, mais il est clair que les ONG opèrent différemment des associations professionnelles et que les intermédiaires de l'innovation jouent un rôle capital.

Graphique 7.4. Bailleurs de fonds et exécutants de la R-D au Canada

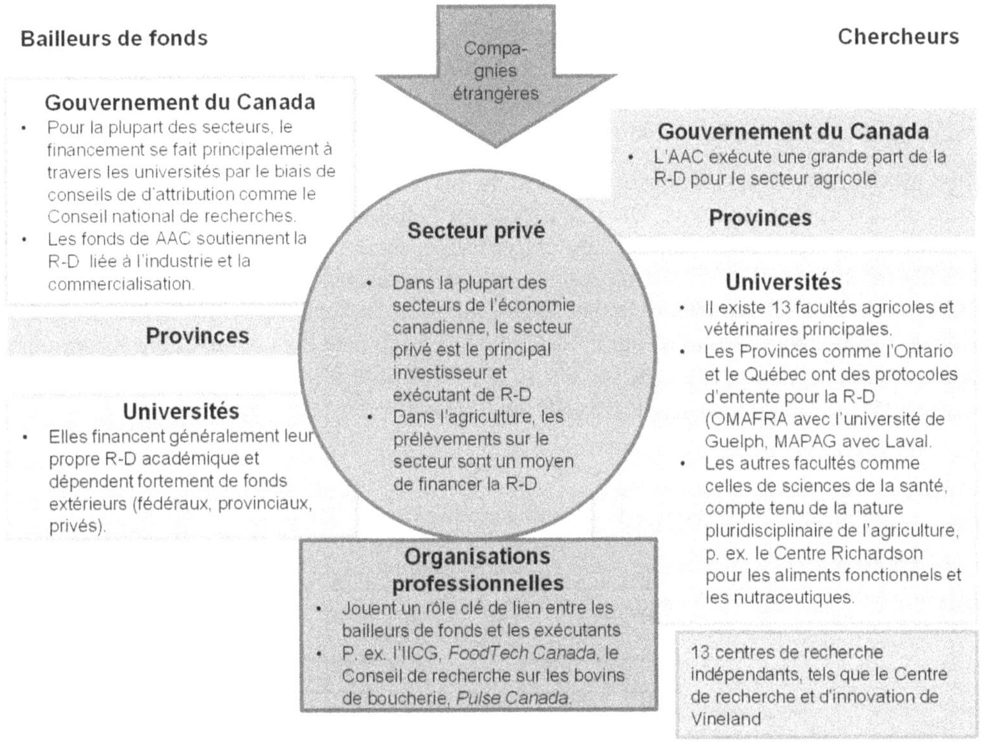

Bailleurs de fonds

Chercheurs

Compagnies étrangères

Gouvernement du Canada
- Pour la plupart des secteurs, le financement se fait principalement à travers les universités par le biais de conseils de d'attribution comme le Conseil national de recherches.
- Les fonds de AAC soutiennent la R-D liée à l'industrie et la commercialisation.

Provinces

Universités
- Elles financent généralement leur propre R-D académique et dépendent fortement de fonds extérieurs (fédéraux, provinciaux, privés).

Secteur privé
- Dans la plupart des secteurs de l'économie canadienne, le secteur privé est le principal investisseur et exécutant de R-D
- Dans l'agriculture, les prélèvements sur le secteur sont un moyen de financer la R-D

Organisations professionnelles
- Jouent un rôle clé de lien entre les bailleurs de fonds et les exécutants
- P. ex. l'IICG, *FoodTech Canada*, le Conseil de recherche sur les bovins de boucherie, *Pulse Canada*.

Gouvernement du Canada
- L'AAC exécute une grande part de la R-D pour le secteur agricole

Provinces

Universités
- Il existe 13 facultés agricoles et vétérinaires principales.
- Les Provinces comme l'Ontario et le Québec ont des protocoles d'entente pour la R-D (OMAFRA avec l'université de Guelph, MAPAG avec Laval.
- Les autres facultés comme celles de sciences de la santé, compte tenu de la nature pluridisciplinaire de l'agriculture, p. ex. le Centre Richardson pour les aliments fonctionnels et les nutraceutiques.

13 centres de recherche indépendants, tels que le Centre de recherche et d'innovation de Vineland

IICG : Institut international du Canada pour le grain.

Source : Agriculture et Agroalimentaire Canada.

Systèmes de gouvernance de l'innovation

La gouvernance est le moyen d'assurer une coordination entre les priorités de l'action publique, de la communiquer clairement, de veiller au suivi du travail accompli et à ce que les résultats et les conséquences des politiques soient évaluées au regard des objectifs visés. L'intégration du système agricole dans la gouvernance générale de l'innovation permet une meilleure utilisation des fonds publics, et une efficacité accrue des systèmes d'innovation grâce à la mise en commun de types d'expertise et de ressources complémentaires.

Priorités et coordination

Par exemple, la direction générale d'AAC et l'établissement des priorités des activités de recherche, de développement et de transfert de connaissances sont défini par un texte de portée globale, la Stratégie fédérale en matière de sciences et de technologie (S&T), évoquée dans la première section de ce chapitre. AAC participe également aux structures fédérales de gouvernance relatives à l'innovation qui sont habituellement sous la responsabilité d'Industrie Canada.

Comme pour les autres ministères et agences de niveau fédéral qui ont trait à la science, le rôle d'AAC en matière d'innovation consiste à général à :

- Éclairer la conception de la réglementation et les choix publics.
- Produire des connaissances scientifiques très en amont de l'adoption, applicables par un large éventail de parties prenantes.

- Soutenir l'innovation au service de la prospérité économique.

L'agriculture étant une compétence partagée entre les niveaux fédéral et provincial, la coordination entre l'AAC et les ministères de l'agriculture des provinces intervient à plusieurs niveaux[6] (graphique 7.5). Des mécanismes de consultation permettent des échanges d'informations entre les parties prenantes de l'innovation. Les accords de R-D entre autorités provinciales et départements d'agronomie des universités sont formalisés au moyen de protocoles d'entente.

Les producteurs et les entreprises du secteur privé influencent les orientations de la recherche publique de différentes manières. Dans le processus politique canadien, les producteurs individuels, les organisations de producteurs et les entreprises privées plaident en faveur de la recherche scientifique (et un certain nombre d'autres enjeux) par l'intermédiaire de leurs représentants politiques au niveau fédéral et provincial. Il existe des commissions parlementaires tant à la Chambre des communes (Comité permanent de l'agriculture et de l'agroalimentaire) qu'au Sénat (Comité permanent agriculture et forêts) qui travaillent sur les sujets liés à la science et à l'innovation, et demandent souvent des avis aux représentants du secteur pour éclairer les orientations gouvernementales.

Graphique 7.5. Gouvernance des systèmes canadiens d'innovation en agriculture

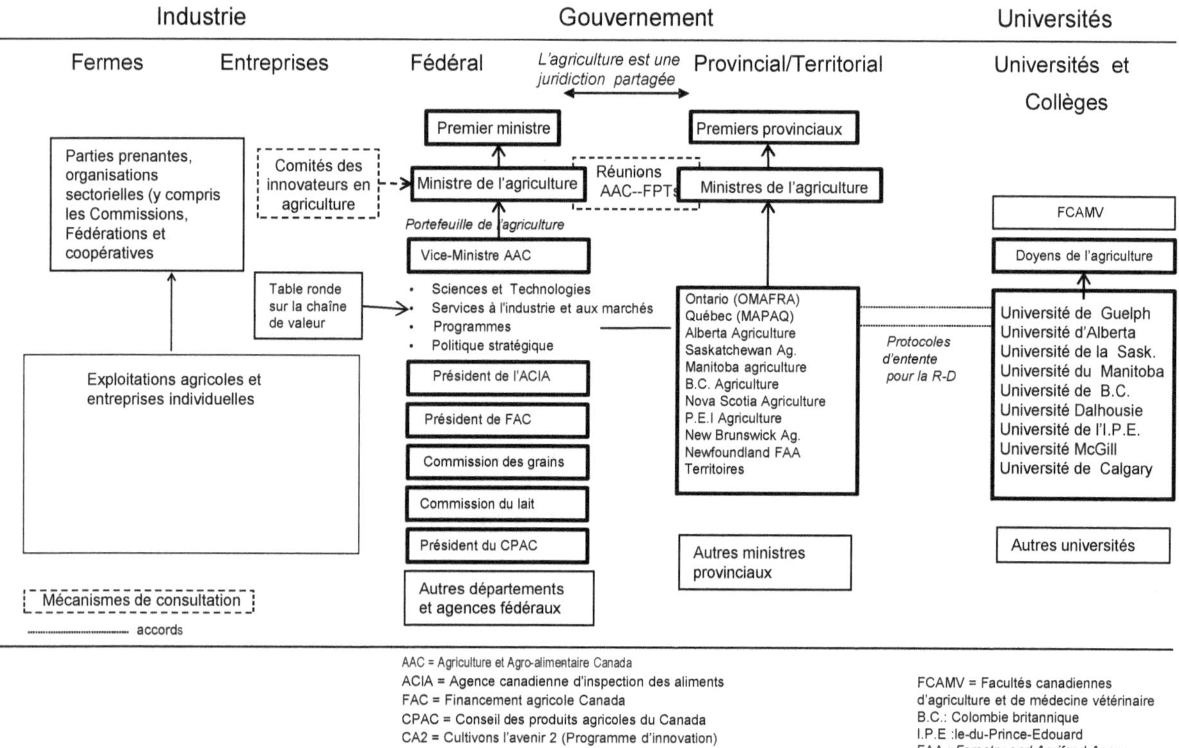

Source : Agriculture et Agroalimentaire Canada.

Les représentants de la profession sont également souvent invités à participer à des Comités du gouvernement, des groupes de travail ou d'autres instances chargées d'examiner les questions scientifiques et techniques aussi bien que les questions stratégiques concernant la recherche publique. Le Comité de développement des grains des Prairies (CDGP), forum d'échange d'informations sur le développement de cultivars de céréales améliorés pour les prairies de l'Ouest canadien, en est un exemple. Le CDGP dispense aussi des conseils aux agences de réglementation concernant la législation et la réglementation régissant l'amélioration des céréales, la production de cultivars et le développement du secteur. Les comités spécialisés par culture au sein du CDGP sont constitués de participants issus de la fonction publique, du monde universitaire et du monde agricole.

Plusieurs mécanismes de consultation existent dans les provinces pour contribuer à définir les priorités de la R-D. Par exemple dans l'Ontario, le Réseau consultatif pour la recherche (RCRM) est un réseau d'organismes consultatifs constitués d'experts d'un large éventail de secteurs, qui fournit des orientations stratégiques pour le long terme concernant le développement de programmes agricoles et identifie les priorités émergentes de la recherche.

L'adoption d'innovations est aussi l'un des objectifs de la politique agricole, mais il serait important de veiller à une meilleur cohérence entre politiques agricoles et politiques d'innovation afin que les mesures relavant de la politique agricole facilitent l'adoption des innovations, et que les mesures relevant de la politique d'innovation contribuent aux objectifs à long terme que sont la rentabilité et la compétitivité et la durabilité du secteur agricole et agroalimentaire.

Évaluation

Au niveau national, chaque ministère fédéral est responsable de l'évaluation de son propre programme d'innovation, et l'évaluation de la performance nationale en matière de science et de technologie ne comprend pas d'informations ventilées par secteur. Les procédures d'évaluation des programmes d'AAC sont décrites dans l'Annexe 7.B.

Les informations nécessaires pour l'évaluation des programmes et des systèmes d'innovation agricoles sont obtenues dans les mémoires au cabinet, les présentations au Conseil du Trésor, les cadres de gestion et de responsabilisation axé sur les résultats (CGRR),[7] stratégies de mesure du rendement, et les informations promotionnelles sur les programmes. Le Bureau de la vérification et de l'évaluation (BVE) d'AAC collecte des données financières et sur l'affectation des fonds, les critères de soumission des candidatures et les performances de différentes parties d'AAC.

Avant qu'une politique ou qu'un programme soit approuvé par le gouvernement, une Stratégie de mesure du rendement (qui souligne les objectifs du programme et définit les activités, les réalisations et les résultats escomptés) est élaborée. Ces stratégies permettent de faire en sorte que des données crédibles et fiables sur le rendement des programmes soient collectées afin de servir de base à l'évaluation. A l'appui de ces stratégies, des indicateurs de performance sont définis pour chaque bénéficiaire de financements au titre du programme. Les bénéficiaires font des rapports périodiques sur ces indicateurs et à la fin du projet, rendent compte des découvertes et des conclusions du projet d'innovation.

Les indicateurs disponibles pour les intrants sont les enveloppes budgétaires distribuées via un certain nombre de programmes d'innovation AAC, notamment ceux qui sont recensés dans le chapitre 6.

S'agissant des réalisations, les indicateurs disponibles sont les suivants :

- Nombre d'innovations créées (produits, processus ou pratiques).
- Nombre de brevets déposés et de copyrights.
- Nombre de publication dans des revues à comité de lecture.

- Nombre d'activités et de réseaux de transfert de connaissances (c'est-à-dire de partenariats public-privé).

Les programmes et les systèmes nationaux d'innovation agricole d'AAC sont évalués et comparés au moyen de séries d'indicateurs dans le cadre des stratégies de mesure du rendement. Conformément à la Politique sur les paiements de transfert, pour tous les programmes consistant à octroyer des fonds, il est obligatoire de préparer une stratégie de mesure du rendement. Les managers de ces programmes doivent élaborer et de mettre en œuvre les stratégies de mesure du rendement pour toutes dépenses directes nouvelles ou récurrentes liées des programmes, notamment à des programmes de bourses et de contributions. Les managers sont aussi chargés de faire en sorte que des données crédibles et fiables soient collectées sur le rendement afin de constituer une bonne base d'évaluation. Les évaluations d'ACC peuvent aussi utiliser des sources secondaires de données pour évaluer et comparer les programmes nationaux, au regard des programmes d'innovation agricole provinciaux, territoriaux et internationaux.

Les impacts macroéconomiques et sociaux, sans être un impératif spécifique de ces évaluations, revêtent toutefois une importance croissante depuis quelques années, car le gouvernement s'efforce d'établir un lien entre l'efficacité des programmes aux grands objectifs nationaux.

AAC fait depuis peu un effort particulier pour construire des indicateurs pour mesurer la performance d'innovation. Étant donné l'intérêt croissant des programmes d'innovation et des résultats d'innovation, il existe un besoin croissant de mesures fiables, et les entreprises du secteur agricole et agroalimentaire ont également besoin de se mesurer par rapport à celles d'autres pays et par rapport aux autres secteurs de l'économie canadienne (évaluation comparative).

En 2012, le gouvernement a créé le **Comité des innovateurs en agriculture (CIA)**, afin de recueillir des avis d'experts sur les moyens de stimuler l'innovation dans le secteur et de faire en sorte que les investissements publics dans l'innovation produisent les résultats et offrent la rentabilité attendus par les agriculteurs. Le CIA se compose de représentants venus de tout le pays et des différentes filières agricoles (viande de bœuf, bétail et génétique, porc, volaille, transformateurs, transformation, légumineuses, céréales et canola) et de participants apportant de nombreuses formes d'expertise et de compétences. Le travail du Comité s'est achevé en mars 2014 et un rapport final a été remis au Ministère de l'agriculture et de l'agroalimentaire, assorti de recommandations et d'avis selon les quatre axes suivants : réforme de la réglementation ; climat d'investissement propice à l'innovation et à la compétitivité ; collaboration public-privé ; culture entrepreneuriale (voir les principales recommandations dans l'encadré 7.1).

Encadré 7.1. Recommandations du Comité des innovateurs en agriculture

Les délibérations du Comité sur les quatre axes suivants ont conduit aux conclusions suivantes :

« Pour que le secteur réalise tout son potentiel de croissance, il faut maximiser la capacité d'innovation dans toute la chaîne de valeur. Alors qu'un grand nombre de parties prenantes ont un rôle à jouer quant à accroître l'innovation dans le secteur, c'est l'industrie qui doit stimuler l'innovation avec l'appui des pouvoirs publics.

Le principal défi de l'innovation à long terme pour le secteur agricole et agroalimentaire canadien est de combattre le sous-investissement chronique dans la recherche et le développement (R et D). Pour résoudre ce problème, il faut une action concertée dans les principaux secteurs de priorité qui sont relevés dans le présent rapport.

Réforme de la réglementation

Abolir simplement des réglementations n'est pas la solution pour réaliser une réforme réglementaire. Un processus continu de modernisation, harmonisé à l'échelle nationale et internationale, est requis. Les initiatives de modernisation de la réglementation sont cruciales afin de permettre au Canada d'affirmer qu'il est 'ouvert aux affaires'.

suite

Encadré 7.1. Recommandations du Comité des innovateurs en agriculture (*suite*)

Climat d'investissement favorable à l'innovation et à la compétitivité

Un climat d'investissement favorable à l'entreprise est un facteur clé pour appuyer l'innovation dirigée par l'industrie. En général, les facteurs économiques à prendre en considération comme l'accès au capital, à la main-d'œuvre, aux marchés et à la technologie, ainsi que les taux d'imposition concurrentiels, sont importants pour la création de conditions qui favorisent l'augmentation des investissements.

Collaborations entre le secteur public et le secteur privé

En vue d'obtenir l'impact le plus significatif, des partenariats entre les gouvernements, le milieu universitaire et le secteur privé sont requis pour stimuler l'innovation dans la chaîne de valeur et dans tout l'éventail des activités d'innovation (de la recherche à la commercialisation).

Culture entrepreneuriale

Il y a un changement de philosophie chez les premiers utilisateurs, un changement de mentalité en faveur de la compréhension de la demande des marchés et des consommateurs plutôt que la production. Le défi pour le secteur consiste à adhérer à cette philosophie. De plus, les membres du Comité de l'innovation en agriculture reconnaissent que la motivation et l'habileté de saisir de nouvelles occasions dépendent grandement de la capacité de l'industrie d'accroître la sensibilisation aux débouchés agricoles afin d'attirer les entrepreneurs, les investisseurs et le personnel hautement qualifié qui peuvent aider à positionner le Canada au rang de chef de file mondial en innovation.»

Six recommandations générales et liées entre elles ont été formulées :

- Le Canada doit se doter d'un environnement d'affaires concurrentiel s'il veut devenir une destination de choix pour les investissements, notamment dans la R-D et la transformation à valeur ajoutée.
- L'adoption d'une certaine façon de penser par les gouvernements, le milieu universitaire et l'industrie en matière de 'commercialisation rapide' est essentielle pour soutenir la concurrence sur les marchés internationaux.
- Un cadre réglementaire moderne, fondé sur des données scientifiques, constitue une composante clé d'un environnement d'affaires concurrentiel permettant d'accéder à des intrants appropriés et de maximiser les possibilités d'accès aux marchés mondiaux. Il est nécessaire que ce cadre soit harmonisé avec les exigences des diverses compétences au Canada.
- Une meilleure coordination, collaboration et optimisation des ressources, ainsi que la mise de l'accent sur les consommateurs, sont des objectifs réalisables par l'intermédiaire de la création de partenariats et de grappes en R-D entre les gouvernements, le milieu universitaire et l'industrie.
- L'analyse comparative est un outil important qui permet de mesurer nos capacités actuelles et de les comparer avec ce qui se fait chez nos concurrents (p. ex. adoption de produits, de pratiques, de technologies et de processus nouveaux) et peut favoriser un emploi plus productif des ressources actuelles et futures.
- La sensibilisation aux débouchés dans le secteur de l'agriculture et de l'agroalimentaire ainsi que la description du rôle des technologies agricoles modernes et des processus d'approbation vigoureux du Canada en ce qui concerne les aliments et les nouvelles techniques de production jouent un rôle essentiel dans le soutien à un secteur novateur.

Source : AAC (Agriculture et Agroalimentaire Canada) (2014a), Rapport du Comité de l'innovation en agriculture au ministre d'Agriculture et Agroalimentaire Canada, disponible à l'adresse : www.agr.gc.ca/fra/science-et-innovation/comite-des-innovateurs-en-agriculture/sommaire-du-rapport-final-du-comite-des-innovateurs-en-agriculture/?id=1373984119650.

Investir dans l'innovation

Le secteur public reste le principal bailleur de fonds pour la R-D agricole, que cette dernière soit publique ou privée. Une variété de mécanismes de financement est possible, qu'il s'agisse de dépenses publiques directement consacrés à financer les salaires des chercheurs et/ou des projets de recherche, des partenariats public-privé (PPP) et des incitations fiscales sous différentes formes. L'investissement des entreprises dans la R-D répond normalement à une demande du marché, mais les pouvoirs publics peuvent aussi avoir un rôle incitatif. Certaines mesures incitatives, comme des abattements fiscaux, s'appliquent à l'ensemble de l'économie, tandis que d'autres concernent uniquement l'agriculture. Les associations professionnelles et d'autres organisations non gouvernementales financent aussi la R-D. L'infrastructure du savoir est un bien public qui rend possible l'innovation ; il se compose d'une infrastructure de TIC et de technologies de portée générale, mais aussi d'une infrastructure du savoir particulière, comme des bases de données et des institutions.

Investissement dans la R-D publique

Priorités de la recherche publique dans l'agriculture

Au sein d'AAC, les activités sont axées sur l'application des sciences aux systèmes de production agricole. Elles sont groupées dans trois piliers qui mettent en évidence le rôle du ministère dans le soutien à la prospérité économique du secteur : apporter la science qui renforcera la résilience du secteur ; favoriser de nouveaux domaines opportuns pour le secteur ; et soutenir la compétitivité du secteur (tableau 3.5).

La direction générale de ces piliers est élaborée à travers une série de stratégies scientifiques sectorielles qui définissent les priorités pour les activités de AAC en matière de sciences à moyen-terme et permettent de planifier les travaux en détail[8]. Les stratégies soulignent les objectifs du ministère et les domaines de recherche scientifique, développement et transfert de connaissance, apportent un cadre dans lequel les scientifiques proposent des travaux, et décrivent le rôle de la capacité d'AAC en matière de science en relation et en collaboration avec d'autres organisations universitaires, gouvernementales et industrielles.

Sept des stratégies portent sur des secteurs de produits et comprennent des activités scientifiques sur : Les fourrages et le boeuf ; les céréales et les légumineuses ; les oléagineux ; l'horticulture.◦Le cheptel laitier, porc, volaille et autres animaux d'élevage ; les bioproduits ; et l'agroalimentaire. Deux autres stratégies concernent des défis transversaux pour l'agriculture : la productivité des écosystèmes agricoles et santé ; et la biodiversité et les bio-ressources. Dans chaque domaine, les activités de recherche, de développement et de transfert de connaissances d'AAC reposent sur la collaboration entre pouvoirs publics, professionnels du secteur, universités et de l'ensemble de la communauté scientifique.

La stratégie scientifique et technologique poursuivie actuellement au niveau fédéral répond au besoin d'obtenir une participation plus importante des acteurs du secteur privé travaillant dans les domaines scientifique et technique grâce à des initiatives actives émanant du secteur privé, dont les ressources répondent mieux aux besoins. AAC cherche à nouer des partenariats qui lui permettent d'exploiter ses ressources et ses capacités en collaboration avec les autres acteurs du système, à savoir d'autres ministères et services fédéraux et provinciaux, et des organisations professionnelles et des universités aussi bien au Canada qu'à l'étranger.

Dans les provinces, les programmes de recherche sont en général étroitement liés aux besoins du secteur. Les priorités sont définies directement par rapport aux objectifs suivants : augmentation de la rentabilité et de la résilience des exploitations, utilisation durable des ressources, amélioration des filières pour ce qui touche au développement de nouveaux produits (y compris de produits bio) et aux techniques de transformation, augmentation de la valeur ajoutée et sécurité et qualité des aliments. Ainsi, le secteur bio fait partie de l'un des sept domaines stratégiques définis dans le plan directeur du gouvernement du Québec en matière de recherche et d'innovation. Pour sa part, le Manitoba a créé et développé des centres et des réseaux de recherche dans le domaine agroalimentaire, de la santé et des médicaments (aliments fonctionnels et nutricaments).

Tableau 7.3. Orientation stratégique de l'AAC en matière de science et de technologie

Pilier 1 : Générer des produits scientifiques permettant d'accroître la résilience du secteur	Pilier 2 : Permettre au secteur de tirer parti de nouveaux débouchés	Pilier 3 : Soutenir la compétitivité du secteur
Relever les défis liés à la base de ressources et à la capacité de produire du secteur. • Recherche en amont – disciplines fondamentales. • AAC est un fournisseur important et assume un rôle de leadership.	Identifier les possibilités commerciales nouvelles et non conventionnelles pour le secteur. • AAC est un chef de file en matière de recherche en amont jusqu'au transfert et à l'application de la technologie dans le cadre de débouchés bénéficiant au public et à l'ensemble des intervenants. • Adopte plutôt un rôle de soutien lorsque la recherche passe en aval, pour les activités qui auront des retombées commerciales sur des sociétés privées.	S'assurer que le secteur dispose de la capacité nécessaire pour répondre aux demandes du marché. AAC a la capacité de : • tirer avantage des ressources de recherche à sa disposition pour relever les principaux défis et profiter des possibilités ; • fournir à l'industrie une expertise accessible au travers de collaborations.
Englobe les fonctions suivantes : • maintien des collections de ressources génétiques sur les invertébrés, les plantes, les champignons et les animaux en vue de détecter les espèces envahissantes et les nouveaux parasites ; • étudier les interactions et les effets de la production agricole sur l'eau, l'air, le sol et le climat ; • étudier les mécanismes biologiques des cultures et du bétail qui sont susceptibles d'aider le pays à faire face aux défis et aux menaces propres au secteur.	Englobe les fonctions suivantes : • développer la production de bioénergie, des produits chimiques bio-industriels et des bio-matériaux à partir des cultures et du bétail ; • appuyer l'élaboration de nouveaux produits alimentaires et non-alimentaires.	Englobe les fonctions suivantes : • établir des caractéristiques de production améliorées (p. ex., résistance à un parasite, une maladie ou une mauvaise herbe donnée, amélioration du rendement, etc.) ; • élaborer des stratégies pour réduire les risques tout au long de la chaîne de valeur des aliments, de la production à la distribution (agents pathogènes, infectieux, etc.) ; • élaborer des pratiques de production qui permettent d'améliorer la productivité, la durabilité et la rentabilité ; • élaborer des pratiques exemplaires de gestion qui facilitent la conformité aux règlements environnementaux et qui permettent aux intervenants du secteur de tirer profit des marchés des biens et services environnementaux ; • comprendre les facteurs critiques qui influent sur la qualité du produit ; • trouver des solutions permettant de réduire l'utilisation d'antibiotiques dans l'élevage du bétail.

Évolution des dépenses publiques dans la R-D

Ces dix dernières années, les dépenses publiques (aux échelons provincial et fédéral) consacrées à la R-D dans le domaine agricole et agroalimentaire ont augmenté, passant de 400 millions CAD en 2000 à 561 millions CAD en 2011, mais en termes réels (CAD de 2002), elles sont légèrement orientées à la baisse (graphique 7.6). Elles ont reculé plus fortement sur la période 2008-09, lorsque le Cadre stratégique pour l'agriculture est arrivé à son terme, mais sont remontées après la mise en place de nouvelles initiatives via Cultivons l'avenir (2008-2013). La part fédérale des dépenses totales au titre de la R-D a été de 70 % en moyenne, les provinces prenant en charge les 30 % restants. La plupart des provinces déclarent avoir maintenu ou légèrement augmenté leurs financements de R-D dans le secteur agricole.

Par rapport à des pays comme les États-Unis, l'Australie ou les Pays-Bas, les dépenses publiques réelles consacrées à la R-D agricole ont commencé à baisser plus tôt au Canada (graphique 7.7). Toutefois, l'intensité de la recherche canadienne dans ce secteur, c'est-à-dire le rapport entre dépenses publiques consacrées à la R-D dans l'agriculture et valeur ajoutée agricole, reste plus élevée qu'aux États-Unis, en Australie ou au Brésil, et bien plus élevée que dans l'ensemble de l'économie (graphique 7.8.B), bien qu'elle soit elle aussi orientée à la baisse (graphique 7.8.A).

Graphique 7.6. Évolution des dépenses publiques consacrées à la recherche agricole au Canada, 1990/91 à 2011/12

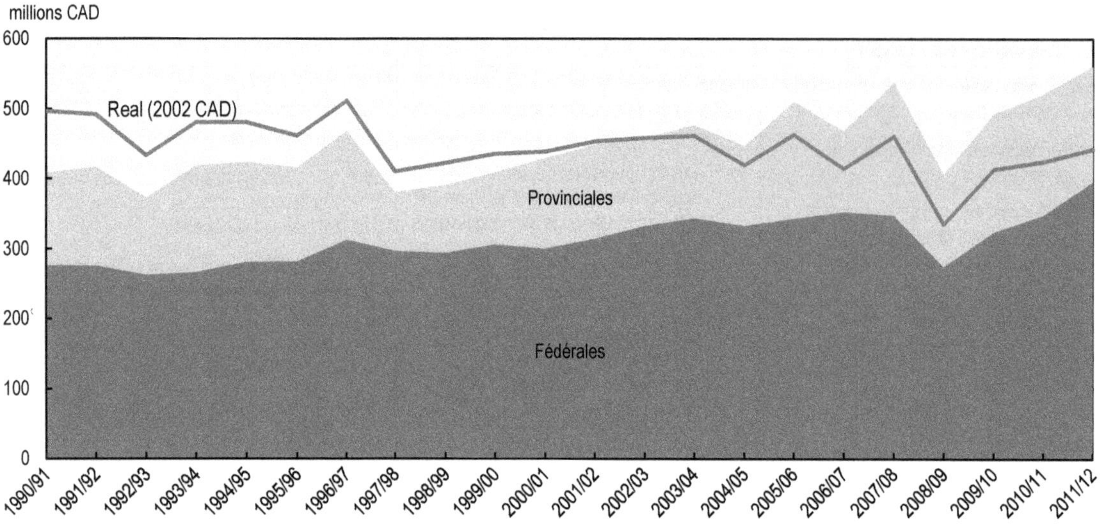

Les dépenses publiques de R-D pour l'agriculture et l'agroalimentaire en termes réel ont été déflatées en dollars 2002.
Les chiffres de 2011/12 sont des estimations.
Source : AAC (Agriculture et Agroalimentaire Canada) (2014b), Vue d'ensemble du système agricole et agroalimentaire canadien 2014, AAC, disponible depuis l'adresse http://www.agr.gc.ca/fra/a-propos-de-nous/publications/publications-economiques/liste-alphabetique/vue-densemble-du-systeme-agricole-et-agroalimentaire-canadien-2014/?id=1396889920372.

StatLink http://dx.doi.org/10.1787/888933290447

Graphique 7.7. Évolution en pourcentage des dépenses publiques réelles consacrées à la R-D entre les périodes 1984-86 et 2010-12

Crédits budgétaires publics de R-D (CBPRD) en millions de dollars de 2005 - Prix constants et PPA

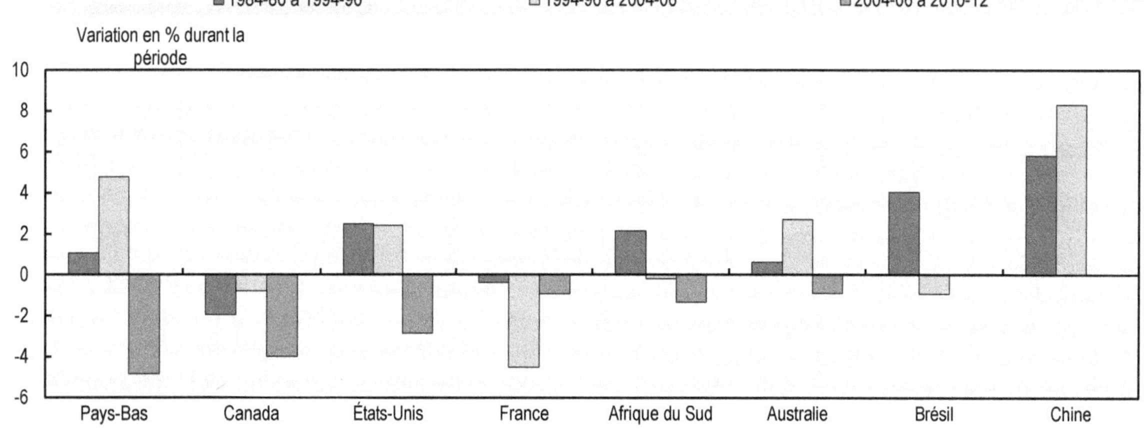

Les statistiques pour l'Afrique du Sud sur la période 2010-12 correspondent à 2009 ; les statistiques pour le Canada sur la période 2010-12 correspondent à 2010-11.
PPA : parités de pouvoirs d'achat.
Source : Statistiques de l'OCDE sur la recherche et le développement, 2014 ; ASTI (Indicateurs relatifs aux sciences et technologies agricoles) IFPRI, 2014.

StatLink http://dx.doi.org/10.1787/888933290455

Graphique 7.8. Dépenses publiques au titre de la R-D en proportion de la valeur ajoutée, 1985-2010

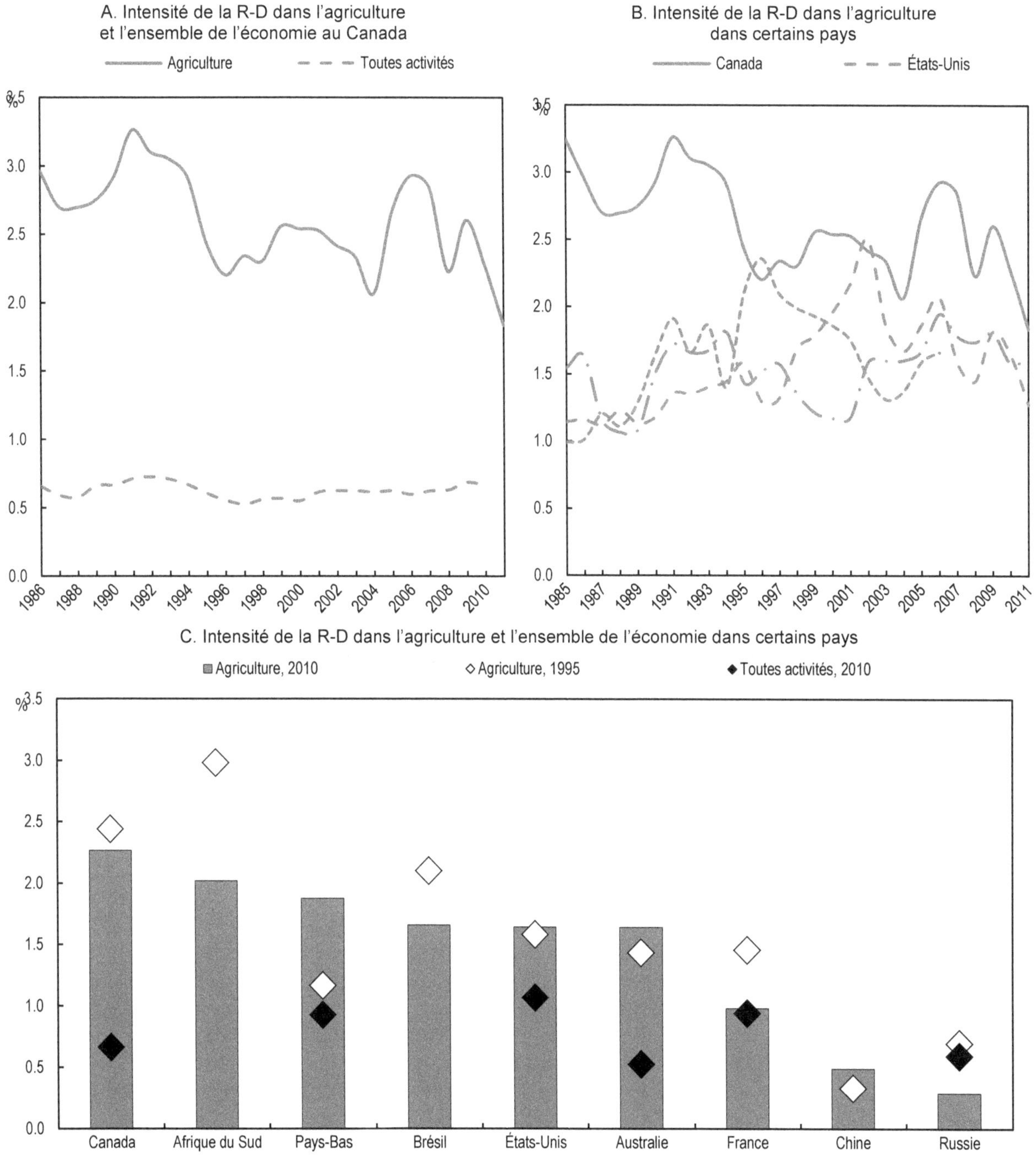

A. Intensité de la R-D dans l'agriculture et l'ensemble de l'économie au Canada

Agriculture — Toutes activités

B. Intensité de la R-D dans l'agriculture dans certains pays

Canada — États-Unis

C. Intensité de la R-D dans l'agriculture et l'ensemble de l'économie dans certains pays

Agriculture, 2010 ◇ Agriculture, 1995 ◆ Toutes activités, 2010

Canada, Afrique du Sud, Pays-Bas, Brésil, États-Unis, Australie, France, Chine, Russie

En 2006 la classification est passée du système CITI rev3 à rev4.

La valeur ajoutée brute nationale du Canada pour 2011 est tirée d'une estimation agrégée et ajustée de valeurs régionales.

Pour les pays de l'OCDE, les dépenses publiques au titre de la R-D correspondent aux crédits budgétaires publics de R-D provenant de Statistiques de la R-D (OCDE) ; la valeur ajoutée agricole provient des statistiques de l'OCDE sur le produit intérieur brut. Pour les pays non membres, les indicateurs de l'ASTI (indicateurs relatifs aux sciences et technologies agricoles) sont utilisés pour calculer l'intensité de la R-D agricole.

Source : Statistiques sur la recherche et le développement de l'OCDE, 2014 ; ASTI (indicateurs relatifs aux sciences et technologies agricoles) IFPRI, 2014.

StatLink http://dx.doi.org/10.1787/888933290462

Composition des dépenses publiques au titre de la R-D dans secteur agricole et agroalimentaire

Environ les deux tiers des dépenses d'AAC au titre de la R-D ont financé des institutions, le tiers restant correspondant à des financements ciblés et limités dans le temps. En ce qui concerne les dépenses des provinces dans la R-D agricole, la part du financement institutionnel par rapport à celui fondé sur des projets varie selon la province. Ainsi, les financements institutionnels représentaient 26 % du total au Manitoba, contre 29 % dans la Saskatchewan, et 68 % au Québec.

En ce qui concerne la R-D fondamentale et appliquée, il est difficile de répartir les projets de recherche d'AAC et les autres activités de R-D dans des catégories qui correspondent au système de l'OCDE (manuel de Frascati, OCDE, 2002). Les provinces ont tendance à financer surtout la recherche appliquée.

Sous l'angle des trois piliers d'AAC (tableau 7.3), une estimation réalisée en 2011 a montré qu'environ 30 % du budget R-D relevait du premier pilier – générer des produits scientifiques qui renforcent la résilience du secteur. Une proportion plus faible de la R-D financée, soit environ 10 %, relevait du deuxième pilier – permettre au secteur de tirer parti de nouveaux débouchés. Enfin, les 60 % restants correspondaient au troisième pilier – soutenir la compétitivité du secteur. Une grande partie de la R-D fondamentale et en amont financée par AAC correspond toutefois au premier pilier.

La quasi-totalité de la R-D menée dans des centres et des laboratoires de recherche d'AAC est considérée comme relevant de la science appliquée, le ministère mobilisant ses atouts dans le domaine scientifique pour relever les défis qui se posent à l'agriculture canadienne. Les équipes de recherche sont engagées en permanence dans une série de projets qui couvrent l'éventail complet des domaines, depuis la recherche fondamentale en amont jusqu'à des projets proches du stade de la commercialisation dans lesquels les scientifiques d'AAC travaillent en collaboration avec les milieux universitaires et les professionnels. Les mesures incitatives à cette collaboration, comme les grappes agro-scientifiques, les alliances, les réseaux et les partenariats public-privé, sont décrits dans la section 7.2.6 consacrée aux échanges de connaissances.

Dépenses privées consacrées à la R-D

Au Canada, les pouvoirs publics représentent en général la principale source de financement de la R-D agricole. Toutefois, certaines entités non publiques investissent des montants importants dans la R-D et l'innovation dans certains aspects de l'agriculture comme certains types de culture dont les droits de propriété intellectuelle sont très protégés. Les partenariats public-privé existent, mais ce domaine mérite que l'on s'y intéresse davantage.

Au Canada, il est difficile d'obtenir un tableau complet des dépenses de R-D dans l'agriculture. À l'échelon national, Statistique Canada recueille des données auprès d'entreprises privées, du secteur privé à but non lucratif, d'organisations de recherche provinciales, d'autorités provinciales, du gouvernement fédéral et d'instituts d'enseignement supérieur[9]. Toutefois, les dépenses nationales de R-D ne sont pas ventilées par secteur d'activité. Par conséquent, les dépenses totales au titre de la R-D agricole, depuis le secteur privé jusqu'aux établissements d'enseignement supérieur, ne sont pas disponibles, ce qui rend difficile tout calcul des dépenses dans la R-D agricole en pourcentage du PIB. La dépense intérieure brute de R-D des entreprises (DIRDE) déclarée pour l'agriculture concerne uniquement l'agriculture primaire[10] et n'intègre pas les dépenses des entreprises dans la R-D travaillant dans des secteurs connexes : développeurs de semences, chimie et construction mécanique, prestataires de services contractuels, entreprises du secteur de la biologie et des sciences de la vie (comme la biotechnologie). Il convient toutefois de noter que c'est dans ces secteurs qu'a lieu l'essentiel de la R-D agricole.

Les investissements du secteur privé (DIRDE)[11] dans l'agriculture canadienne ont progressé de façon soutenue depuis les années 1980, lorsqu'a été introduite la protection des droits de propriété intellectuelle sur les nouvelles variétés de cultures. Le graphique 7.9 montre qu'en termes réels, les dépenses du secteur privé dans le secteur agricole primaire ont beaucoup augmenté entre 1998 et

2002, avant de ralentir pour s'établir à 70 millions CAD en 2011, après avoir culminé à 84 millions CAD en 2002. En termes courants, les dépenses totales du secteur privé dans la R-D se sont élevées à 92 millions CAD en 2011. Alors que les provinces font état d'une augmentation à long terme de ces dépenses, certaines sources signalent leur stagnation, voire leur recul, ces dernières années, en raison du ralentissement économique.

Graphique 7.9. Dépenses réelles du secteur privé dans la R-D du secteur agricole primaire et du secteur agroalimentaire, 1980-2011

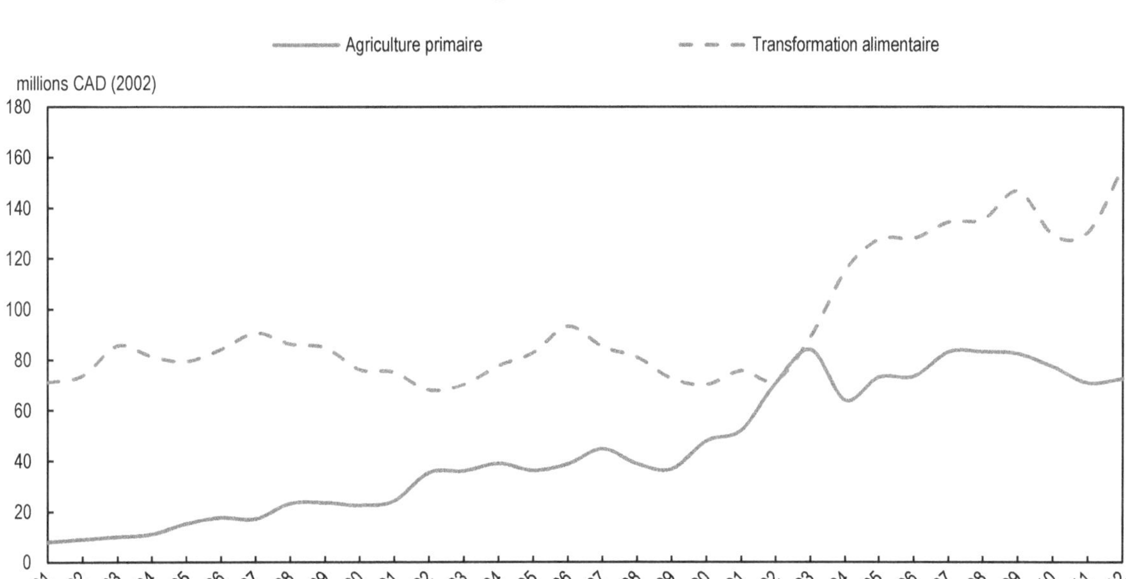

Les chiffres pour 2009-11 sont des valeurs préliminaires. Ils englobent la totalité des dépenses (internes) de R-D réalisées par le secteur privé, que le financement soit ou non autonome.

Source : Statistique Canada et calculs d'AAC.

StatLink http://dx.doi.org/10.1787/888933290476

Le secteur de la transformation alimentaire a bénéficié d'innovations en ce qui concerne la sécurité des aliments et les procédés de conservation (systèmes HACCP et congélation ultra-rapide, par exemple) mais aussi concernant les systèmes de gestion des stocks (gestion des stocks à flux tendus). Les produits sont également améliorés en permanence, moyennant l'utilisation de nouveaux ingrédients et d'emballages innovants ; l'industrie de la transformation bénéficie aussi de l'innovation dans d'autres secteurs de la chaîne d'approvisionnement. En valeur réelle, les dépenses du secteur privé dans la R-D sont près de deux fois plus élevées dans l'industrie de la transformation que dans le secteur agricole primaire. Selon les estimations, elles auraient atteint 156 millions CAD en 2011, leur croissance étant soutenue depuis 2000. En moyenne, les dépenses consacrées à la R-D se sont élevées à 79 millions CAD par an entre 1980 et 2000 (graphique 7.8).

Les droits de propriété intellectuelle sont un mécanisme important de stimulation du financement de l'innovation et de la R-D. Ces droits permettent aux sélectionneurs de variétés végétales de percevoir des redevances sur des semences certifiées, qu'ils peuvent ensuite réinvestir dans des programmes de recherche sur la sélection végétale. La protection de ces droits dans l'agriculture au Canada est traitée dans la section sur les échanges de connaissances.

Au Canada, une contribution obligatoire, également appelée « prélevé », apporte un soutien financier aux activités de marketing et de recherche de diverses filières agricoles. Ce dispositif a permis aux producteurs de financer leurs travaux de R-D sur des produits agricoles et de bénéficier d'investissements privés dans ces activités. Toutefois, le recours à ces contributions varie d'une province et d'un produit à l'autre. Ces variations sont principalement dues aux différences en matière de valeur ajoutée offerte, au rythme de croissance des secteurs concernés et à l'importance de la somme prélevée (Alston, Gray et Bolek, 2012). La majorité des dispositifs de « prélevés » sont appliqués et gérés à l'échelon provincial, par des lois qui encadrent la collecte de ces taxes auprès des producteurs.

Exemples de programmes de prélevés :

- **Contributions obligatoire des producteurs de légumineuses de la Saskatchewan (*Saskatchewan Pulse Growers Check-off*) :** Toute entreprise qui achète, transforme, pratique le négoce, assemble, exporte ou commercialise des légumineuses et qui se les procure auprès d'un producteur de la Saskatchewan est tenue, en vertu de la législation provinciale et fédérale, de verser une contribution obligatoire non remboursable. Cette contribution, qui s'élève à 1 % du prix de vente brut (hors taxe sur les produits et services), est prélevée au premier point de vente ou de distribution du produit (pois, lentilles, pois chiches, haricots, fèves, graines de soja, etc.). La législation s'applique à toutes les légumineuses, quelle que soit la façon dont elles ont été produites (culture conventionnelle, biologique ou autre). L'association des producteurs de légumineuses de la Saskatchewan investit les sommes ainsi collectées dans la recherche et le développement, la promotion commerciale, la communication et le fonctionnement général de l'organisation.
- **Prélèvement national sur les bovins de boucherie :** Une contribution obligatoire, d'un dollar canadien par tête, est collectée sur les bovins vendus dans l'ensemble du pays, en vue de financer la recherche et les activités de marketing de l'ensemble de la filière. Cette somme est collectée par des organisations provinciales au niveau de la transaction commerciale entre producteurs et acheteurs sur les marchés à la criée, intermédiaires de vente, inspecteurs et autres intervenants dans la commercialisation du bétail. Ce prélèvement a un double objectif : accroître les ventes de viande bovine sur le territoire national et à l'étranger, et trouver des méthodes de production de viande bovine et d'élevage plus efficaces et de meilleure qualité. Les recettes dégagées grâce à ce dispositif dépassent les 8 millions CAD par an. Par ailleurs, il s'agit d'une source essentielle de recettes destinées à financer des initiatives qui font avancer la filière bovine et améliorent les débouchés du bétail et de la viande bovine canadiens.

Les fonds de dotation sont une source supplémentaire de financements privés dans la R-D. Ainsi, la Fondation de recherches sur le grain de l'Ouest (FRGO) gère un fonds de ce type, doté de 90 millions CAD, qui investit dans une vaste panoplie d'activités de recherche sur les cultures. Il s'agit d'une organisation sans but lucratif financée et dirigée par des exploitants, qui investit principalement dans des variétés de blé et d'orge pour les exploitants de l'Ouest du Canada. L'essentiel du fonds est placé et les produits de ces placements servent à financer des projets de recherche. À ce jour, la FRGO a soutenu une pléthore de projets d'innovation dans tout l'Ouest canadien et apporté un financement de plus de 26 millions CAD à plus de 230 projets recouvrant un certain nombre de différentes cultures.

Mesures des pouvoirs publics en faveur de l'investissement privé dans la R-D agricole

Au Canada, les pouvoirs publics disposent d'une grande variété de mécanismes de soutien à l'investissement privé dans la R-D agricole, sous forme, notamment, de dispositions fiscales, de mécanismes de crédit et de subventions sur appel d'offres.

Dispositions fiscales[12]

En plus du programme Recherche scientifique et développement expérimental (RS&DE) – Programme d'encouragements fiscaux, décrit à la section 3.3, les entreprises agricoles peuvent faire appel à un mécanisme spécial qui leur permet d'obtenir un crédit d'impôt au titre de la RS&DE sur les contributions versées à des organisations de producteurs qui financent des programmes de recherche et de développement admissibles. La pratique qui consiste pour les agriculteurs à financer la recherche agricole par l'intermédiaire d'un dispositif externe est très répandue au Canada. Ces organisations de producteurs font figure d'agents par l'intermédiaire desquels les exploitants adhérents peuvent financer des projets d'investissement admissibles. Les crédits d'impôt au titre de la RS&DE sont ensuite redistribués aux exploitants, individuellement. Ces organisations sont nécessairement des associations homologuées par l'Agence du revenu du Canada (ARC) ; elles financent des activités admissibles au titre de la RS&DE et qui bénéficient aux contributeurs ainsi qu'à l'ensemble du secteur agricole.

Financement agricole Canada

Financement agricole Canada (FAC)[13] est le principal prêteur au secteur agricole canadien. Il a pour mission d'œuvrer « pour l'avenir de l'agroindustrie » (encadré 4.3). Il propose des services professionnels et financiers spécialisés et personnalisés aux petites et moyennes entreprises dans le domaine de l'agriculture. Cet organisme propose aussi des assurances, des logiciels, des formations et d'autres services aux producteurs, aux agro-entrepreneurs tels que les fournisseurs et les transformateurs, ainsi qu'à la filière agroalimentaire. FAC aide aussi les exploitations à élaborer leur plan d'activité, y compris dans leurs efforts de recherche et de développement, et pour ce qui concerne les listes de brevets ou d'autres droits de propriété intellectuelle qu'elles détiennent.

Subventions sur appel d'offre et chaires de recherche

Un certain nombre d'organismes de subventions à l'échelon fédéral proposent de financer la recherche dans les universités et le secteur privé, notamment les Instituts de recherche en santé du Canada (IRSC), qui étaient à la tête de 720 millions CAD en 2011-12, et le Conseil de recherches en sciences humaines du Canada (CRSH) (167 millions CAD en 2013).

Le Conseil de recherches en sciences naturelles et en génie du Canada (CRSNG)[14] est un organisme fédéral qui propose des financements à des initiatives en faveur de la science, de la technique et de la croissance d'entreprises innovantes[15]. La recherche sur l'agriculture et l'alimentation concerne les quatre domaines ciblés (c'est-à-dire : Sciences et technologies de l'environnement ; Technologies de l'information et des communications ; Fabrication ; Ressources naturelles et énergie) et n'est pas considéré comme une priorité en soi. Le CRSNG est doté d'un programme de recherche et de développement coopératif, qui vise à offrir aux entreprises ayant leur siège au Canada l'accès à des connaissances, des compétences et des ressources éducatives uniques dans des établissements postsecondaires canadiens. Il s'efforce aussi de proposer des projets de collaboration qui bénéficient aux parties concernées et qui procurent des avantages industriels ou économiques au Canada. Les partenaires privés et le CRSNG partagent les coûts directs du projet. Les projets sont appuyés pour une durée pouvant aller de un à cinq ans, mais la plupart des subventions sont accordées pour deux ou trois ans. Ces projets peuvent se situer à n'importe quel stade des activités de recherche et développement, sous réserve qu'ils respectent le mandat de recherche, de formation et de transfert de technologie de l'université concernée.

Bien que les institutions agricoles bénéficient de subventions de recherche accordées par un certain nombre d'organismes, il semblerait que le CRSNG soit le plus pertinent pour ce secteur d'activité. Le graphique 7.10 montre la ventilation des financements liés à l'agriculture accordés par cette organisation. Dans le cadre du programme de professeurs-chercheurs industriels du CRSNG, le secteur des produits laitiers (par exemple) dispose de trois chaires de recherche qui lui permettent de travailler en partenariat avec cette organisation. En plus de ces chaires, l'agriculture a bénéficié de partenariats avec le CRSNG qui sont liés aux réseaux de recherche. En plus du réseau de recherche sur le lait[16], d'autres intéressent l'agriculture (engrais verts, biomatériaux, pollinisation)[17].

Génome Canada

Génome Canada est une organisation à but non lucratif qui investit dans la recherche en génomique au profit de la population canadienne, qui en tirera des avantages économiques et sociaux. Par l'intermédiaire de six centres régionaux au Canada, il a pour fonction de relier idées et personnes des secteurs public et privé pour trouver de nouveaux usages et applications à la génomique. Il investit dans des projets scientifiques et techniques de grande envergure afin de stimuler l'innovation et il transforme les découvertes en applications en vue d'en maximiser les retombées et le rendement de l'investissement. La recherche en génomique concerne des domaines aussi divers que la santé, la pêche, la sylviculture, l'agriculture et l'environnement. L'agriculture est l'un des domaines qui bénéficie de financements. Le centre Génome Prairie, par exemple, finance actuellement des travaux sur le séquençage du génome du blé, sur l'utilisation de *Brassica carinata* dans la production de biogazole, sur l'utilisation totale du lin et sur la valorisation des déchets.

Au départ, Génome Canada a été financé par le gouvernement fédéral à hauteur de 160 millions CAD en 2000-01. En 2012, plus de 2 milliards CAD ont été investis dans la génomique, Génome Canada ayant fourni environ 43 % du financement. Les 57 % restants ont été pris en charge par des partenaires à l'échelon provincial (19 %), international (20 %) privé (8 %), institutionnel (4 %) et d'autres sources (6 %). Jusqu'à présent, ces financements ont permis la parution de 4 500 publications, la création ou le développement de 24 entreprises, le recrutement de 10 000 salariés hautement qualifiés à plein temps, le dépôt de 350 demandes de brevets et la délivrance de 24 licences[18].

Graphique 7.10. Ventilation des projets à l'initiative des professionnels de l'agriculture, financés par le Conseil de recherches en sciences naturelles et en génie du Canada (CRSNG), par programme du CRSNG, 2009-10

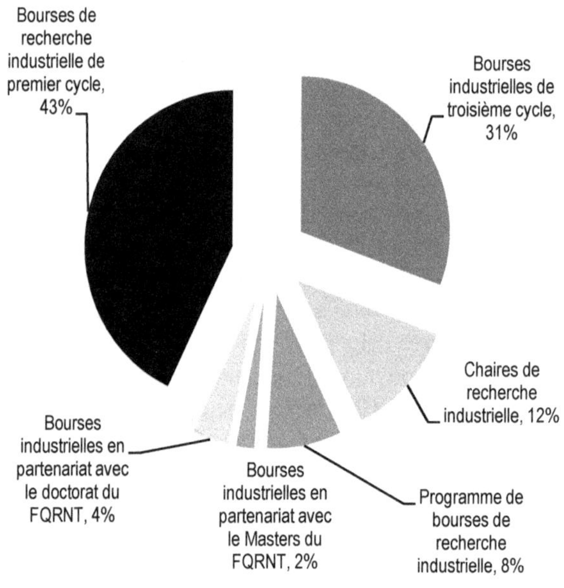

FQRNT: Fonds Québécois de la Recherche sur la Nature et les Technologies.

Source : Agriculture et Agroalimentaire Canada.

StatLink http://dx.doi.org/10.1787/888933290488

Fondation canadienne pour l'innovation (FCI)

La Fondation canadienne pour l'innovation a été créée en 1997 par le gouvernement fédéral afin d'accroître les capacités du pays à mener à bien des projets de recherche et de développement technologique d'envergure mondiale. La dotation financière de départ s'est élevée à 800 millions CAD et les financements s'établissent à 500 millions CAD aujourd'hui. Un processus d'évaluation rigoureux, indépendant et fondé sur des appels d'offre lui permet de financer des infrastructures de recherche en accordant des subventions sur appel d'offre à des institutions telles que des universités, des hôpitaux et centres de recherche. Sont pris en charge l'acquisition de matériel de pointe, les laboratoires, les bases de données, les spécimens, les collections scientifiques, le matériel et les logiciels informatiques, l'infrastructure de télécommunications et les bâtiments nécessaires à des travaux de recherche de pointe. La FCI aide les institutions à attirer, fidéliser et former les meilleurs chercheurs du monde entier et vise à encourager la collaboration entre l'université, les acteurs privés et publics, et les associations à but non lucratif sur une série de projets dans de nombreuses disciplines, y compris l'alimentation et l'agriculture. Les fonds de la FCI sont destinés à soutenir l'innovation dans les entreprises et la R-D dans le secteur privé[19].

Programmes agricoles

Deux programmes d'Agri-innovation portent sur la promotion de l'innovation et de l'investissement par ce secteur : il s'agit des grappes agro-scientifiques et des projets agro-scientifiques décrits dans l'encadré 6.1. En outre, un certain nombre de programmes fédéraux et provinciaux de prêts au secteur agricole et de garantie de crédit soutiennent l'investissement dans des exploitations et des coopératives (encadré 6.3).

Plan d'action économique / Budget fédéral 2013

Dans le Plan d'action économique 2013[20], le gouvernement fédéral a alloué des fonds à la R-D et à l'innovation dont pourrait bénéficier le secteur agricole. Ainsi, il a proposé un financement pluriannuel de 165 millions CAD pour la recherche en génomique, comprenant un soutien aux concours de recherche de grande envergure et la participation de chercheurs canadiens à des initiatives de partenariat nationales et internationales. Génome Canada, une société à but non lucratif qui se consacre à accélérer le développement des capacités de recherche en génomique du Canada, pourrait bénéficier de ce financement.

Marchés publics et mécanismes en aval pour financer la recherche

Le Programme canadien pour la commercialisation des innovations (PPCI)[21] est un nouveau programme de passation des marchés public. Il s'agissait au départ d'un programme pilote de Travaux publics et Services gouvernementaux Canada doté de 40 millions CAD. Dans le cadre de ce programme, les pouvoirs publics sont les premiers acheteurs d'une innovation. Le programme PPCI a été pérennisé dans le budget 2012, mais les projets liés à l'agriculture ont été très rares jusqu'à présent.

Selon les statistiques de 2002-04, un grand nombre de sociétés du secteur agroalimentaire s'appuient sur des sources conventionnelles de financement telles que les banques pour leurs projets liés à l'innovation (tableau 7.4). Pour les programmes publics, le crédit d'impôt au titre de la R-D est le dispositif le plus fréquemment adopté au début des années 2000.

Tableau 7.4. Sources de financement de l'innovation dans les entreprises agroalimentaires, 2002-04

Principales sources de financement par apport de capitaux pour l'innovation dans les usines de transformation des aliments, des boissons et du tabac, 2002-04	% des usines	Utilisation des aides et des programmes de l'État Usines innovantes dans la transformation des aliments, des boissons et du tabac, 2002-04	% des usines – Niveau fédéral	% des usines – Provinces	% des usines – Aides non utilisées
Sources conventionnelles (p. ex. banques)	37.1	Crédit d'impôt pour la R-D (RS&DE)	43.6	28.4	52.2
Capital-risque canadien	7.6	Services gouvernementaux d'information	19.4	17.4	77.6
Placements privés	5.5	Subventions publiques pour la R-D (PARI)	10.7	6.9	86.2
Investisseurs providentiels, famille	5.1	Autres programmes de soutien de l'État	4.2	0.6	95.3
Ententes de collaboration, alliances	3.5	Soutien de l'État à la formation	3.7	12.4	85.2
Capital-risque étranger	0.8	Services publics de soutien et d'assistance technologique	2.8	3.7	95.0
Émission initiale publique (EIP)	0.4	Aide de l'État en matière de capital-risque	0.4	2.6	96.9

Source : Statistique Canada, Enquête sur l'innovation 2005.

Infrastructure du savoir

Institutions

AAC dispose de 19 centres de recherche dans le pays (graphique 7.11). Une liste et une description de ces centres de recherche est reproduite à l'annexe 7.D.

Les gouvernements provinciaux soutiennent les centres de recherche et les universités régionaux. Dans le Manitoba par exemple, le soutien à la recherche passe par la création ou le développement des établissements suivants : Centre Richardson pour les aliments fonctionnels et les nutraceutiques (CRAFN), Composite Innovation Centre, Réseau de recherche en agro-santé du Manitoba (MAHRN) et Centre canadien de recherches agroalimentaires en santé et médecine (CCRASM), et Food Development Centre (FDC). Il prend aussi la forme d'un soutien permanent aux établissements suivants : Centres provinciaux de diversification, *Prairie Agricultural Machinery Institute* (PAMI), université du Manitoba et *Food Development Centre*. Dans l'Ontario, les partenaires de l'innovation soutenus par le gouvernement provincial sont le Centre de commercialisation agrotechnologique (CCA), le *Vineland Research and Innovation Centre, le Livestock Research Innovation Corporation* (LRIC), et l'université de Guelph.

Graphique 7.11. Écozones et localisation de la Direction générale des sciences et de la technologie d'AAC

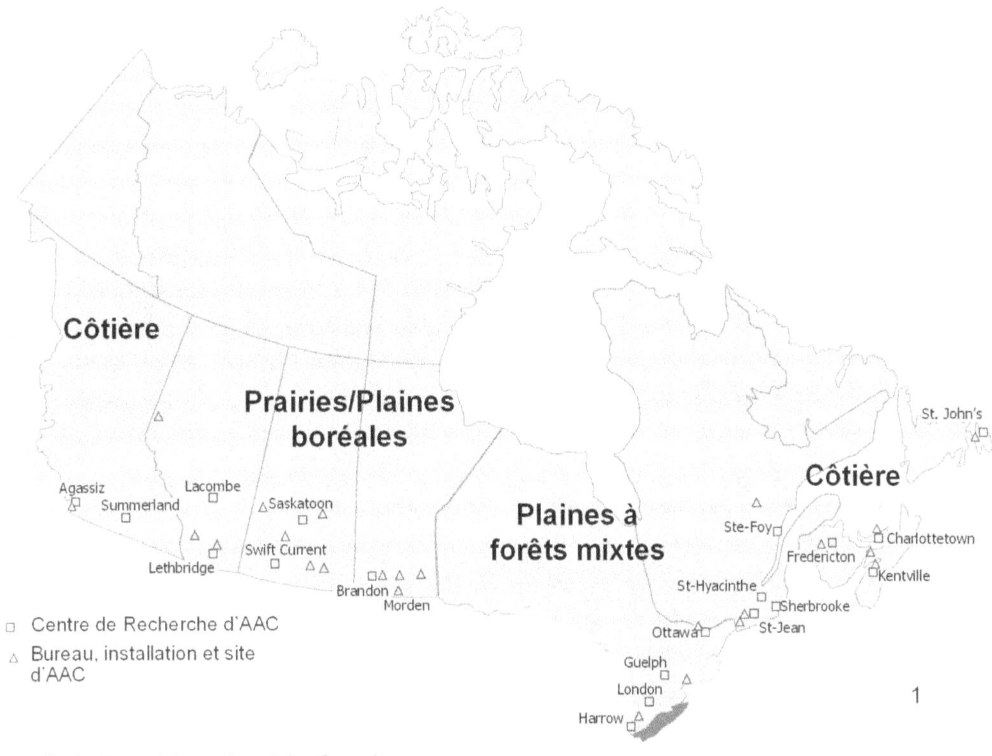

Source : Agriculture et Agroalimentaire Canada.

Infrastructure de partage du savoir

Deux grands programmes d'AAC contribuent à préserver la biodiversité des cultures canadiennes en protégeant les ressources génétiques agricoles. Les **Ressources Phytogénétiques du Canada** (RPC) et la **Collection nationale canadienne** offrent des services d'identification et du matériel génétique aux scientifiques canadiens et étrangers (encadré 7.2). Ce matériel est essentiel à la recherche en biodiversité et à la taxonomie, deux domaines qui intéressent l'agriculture par exemple parce qu'ils permettent la détection précoce d'espèces envahissantes ou l'établissement d'un diagnostic précis des parasites et des éléments pathogènes.

Les informations des RPC et des Collections nationales sont disponibles gratuitement pour le grand public via le **Système canadien d'information sur la biodiversité (SCIB)**. Ce dispositif a été créé en 2003 comme portail national et plate-forme de coordination des données fédérales sur la biodiversité fournies par les organisations fédérales participantes. Le SCIB a pour objet de veiller à ce que les données fédérales utilisent des normes communes, mais aussi de faciliter l'accès à ces données. Il fonctionne au sein d'un réseau national et mondial afin de faciliter l'accès à des données importantes sur la biodiversité qui ne sont pas conservées par les autorités fédérales, mais qui sont essentielles aux intérêts du pays.

Ce dispositif a été créé en raison de l'adhésion du Canada au Système mondial d'information sur la biodiversité (GBIF), une initiative de méga-science de l'OCDE qui vise à créer des normes mondiales d'accessibilité des données sur la biodiversité. AAC a joué un rôle de premier rang dans la mise en place du GBIF.

Encadré 7.2. Ressources génétiques canadiennes et collections nationales

Ressources phytogénétiques du Canada (RPC)

AAC identifie, recueille et préserve les cultures produites au Canada et encourage leur utilisation par l'entremise du Programme canadien de ressources génétiques du RPC. Les activités du programme se déroulent principalement au Centre de recherche de Saskatoon, dans la Saskatchewan, et dans plusieurs centres de collections du pays. Le RPC est notamment chargé de la préservation des végétaux et des semences, et de la conservation du patrimoine génétique animal.

Le Centre de Saskatoon gère plus de 1 000 espèces végétales et conserve plus de 113 000 échantillons de semences dans sa banque de semences. Les programmes canadiens de ressources génétiques du Centre organisent l'acquisition et la préservation des espèces végétales indigènes du pays qui ont une importance économique, ou des végétaux menacés d'extinction au sein de la biodiversité. En outre, le Centre est officiellement responsable, pour le compte du Canada, des principales collections mondiales de germoplasme d'orge et d'avoine. Il doit également préserver les collections de réserve mondiales de spécimens de millet à chandelle, d'oléagineux et de crucifères au cas où la principale collection serait détruite. Une collection de plus de 3 500 plants de fruits de vergers et de petits fruits est conservée à la Banque canadienne de clones du Centre de recherches sur les cultures abritées et industrielles à Harrow, dans l'Ontario. Même si le Canada ne cultive pas toutes les variétés à des fins commerciales, chacune d'entre elles est distincte, et l'information génétique qu'elles contiennent pourrait devenir une ressource précieuse, car les scientifiques se tournent vers le passé lorsqu'ils créent de nouvelles variétés. Enfin, les scientifiques du Centre de recherches sur la pomme de terre de Fredericton, au Nouveau Brunswick, conservent une collection de plus de 130 variétés de semences patrimoniales et modernes de pommes de terre du Canada.

Le centre de RPC de Saskatoon met aussi en œuvre le nouveau Programme canadien des ressources génétiques animales (PCRGA), une initiative conjointe d'AAC et de l'université de la Saskatchewan. Ce programme créé en 2005 assure la conservation à long terme de la diversité génétique des races animales et aviaires canadiennes grâce à la cryoconservation du germoplasme.

Collections nationales canadiennes

Les collections nationales canadiennes sont conservées au Centre de recherches de l'Est sur les céréales et oléagineux, à Ottawa (Ontario). Sur le plan scientifique, AAC dispose d'une solide équipe de chercheurs en taxonomie, la science de la classification des espèces. AAC fait appel à l'expertise de ses scientifiques pour l'identification officielle d'espèces indigènes et étrangères de végétaux, d'insectes, de nématodes et de champignons. Les collections nationales jouent un rôle essentiel dans la mise au point de nouvelles cultures et biotechnologies, et de nouveaux bioproduits pouvant assurer la qualité et le rendement à long terme de l'agriculture canadienne.

Au sein de la Collection nationale canadienne, les collections de référence actives sont les suivantes :

- la Collection nationale canadienne d'insectes, d'arachnides et de nématodes : cette collection, qui comprend environ 16 millions de spécimens, est considérée comme l'une des meilleures de ce genre en ce qui concerne la taille, la représentation des espèces et le niveau de conservation ;
- l'Herbier des plantes vasculaires (DAO) du Canada : Justement appelée herbier, on y trouve 1.5 million de spécimens irremplaçables protégés dans un milieu à ambiance contrôlée. Lorsqu'ils sont bien protégés contre l'humidité et les ravageurs, les spécimens séchés peuvent être conservés pendant des centaines d'années dans l'herbier. La collection permet d'identifier des végétaux provenant de partout au Canada et elle appuie les recherches sur la classification des végétaux réalisées dans le monde entier ;
- la Collection in vitro de gloméromycètes (GINCO) : il s'agit d'une collection unique de champignons mycorhiziens à arbuscules (CMA), des micro-organismes symbiotiques qui vivent en association avec des végétaux. La collection GINCO, qui est la première collection internationale de cultures de gloméromycètes, comprend 150 spécimens. Elle a été établie dans le cadre d'une collaboration scientifique internationale entre le Centre de recherches de l'Est sur les céréales et oléagineux d'AAC, la Collection de cultures fongiques canadiennes et la Mycothèque de l'Université catholique de Louvain.
- l'Herbier national de mycologie : Il s'agit d'une collection qui contient 350 000 spécimens.
- la Collection de cultures fongiques canadiennes (CCFC) : cette collection contient 16 000 souches de cultures fongiques vivantes.

Les RPC communiquent toutes les informations sur le matériel génétique, telles que les données sur les passeports, et celles sur les caractéristiques du matériel phytogénétique par le biais de leur site Internet[22]. Par ailleurs, des journaux scientifiques servent à communiquer les résultats des recherches ou des statistiques de caractérisations ou d'évaluation du matériel phytogénétique du RPC. Le partage de matériel phytogénétique des RPC et des informations afférentes se fait conformément aux normes internationales sur les banques de matériel phytogénétique et aux dispositions du Traité international sur les ressources phytogénétiques pour l'alimentation et l'agriculture.

De même, le Programme canadien des ressources génétiques animales (PCRGA) fournit des données physiques et relatives au phénotype de l'ADN et du germoplasme conservés dans sa banque de gènes. Le PCRGA crée actuellement un site Internet consacré à la diffusion d'informations sur le matériel génétique animal conservé dans sa banque de gènes.

Les résultats des recherches d'AAC paraissent régulièrement dans des journaux scientifiques qui sont diffusés auprès des parties prenantes, des partenaires internationaux dans le domaine de la recherche et des médias et des Canadiens par toute une série de canaux de communication, y savoir : événements médiatiques, participation de scientifiques à des événements qui mettent en avant leurs travaux, présentations dans de grandes entreprises et dans les régions, vidéos et documentation papier comme des brochures et des lettres d'information. La collaboration se fait aussi avec d'autres ministères à vocation scientifique et il existe des initiatives interministérielles comme le Regroupement des sciences et de la technologie (science.gc.ca). En outre, AAC a fortement contribué au portail d'accès libre aux données du gouvernement du Canada,[23] qui fait partie de l'Initiative fédérale de transparence gouvernementale visant à améliorer la transparence et la responsabilité, accroître la participation des citoyens et guider l'innovation et les opportunités économiques. En ce qui concerne l'agriculture, plus de 1 700 base de données ont été diffusées sur ce portail, y compris de nombreuses bases de données géospatiales et de la génomique.

Le site Internet grand public du ministère fournit des informations scientifiques adaptées à un grand éventail de publics – grand public, utilisateurs de la recherche et communauté scientifique. Le site propose aussi une description de plus de 4 000 projets de recherche, centres de recherche et profils de scientifiques d'AAC[24]. Innovation express[25] est un magazine diffusé en ligne sur les nouveautés en matière de science et innovation au sein d'AAC. En outre, le Ministère transmet régulièrement des nouvelles sur les recherches scientifiques par le biais des réseaux sociaux.

Favoriser la circulation des connaissances : le rôle des réseaux et des marchés

Les droits de propriété intellectuelle, les réseaux de connaissances et les marchés de la connaissance jouent un rôle toujours plus important dans les efforts en faveur de l'innovation, car cette dernière nécessite toujours plus de collaboration et d'échanges.

Règles relative aux droits de propriété intellectuelle

Depuis toujours, l'essentiel de la recherche dans le secteur agricole se fait dans des établissements publics, soit dans des fermes expérimentales gérées au niveau fédéral, soit dans des fermes ou des laboratoires de recherche universitaires financés par des fonds publics. Les résultats de ces recherches, qu'il s'agisse de la découverte de nouvelles variétés de plantes existantes (par exemple le blé Marquis) ou de plantes totalement nouvelles (par exemple le canola) ou encore de l'amélioration de techniques d'élevage, sont censés être un « bien d'intérêt public » et sont donc cédées gratuitement aux producteurs sans aucune protection des droits de propriété intellectuelle. L'application de droits de propriété intellectuelle à de nombreux produits de la recherche agronomique a dynamisé la recherche privée.

Au Canada, les droits de propriété intellectuelle dans le secteur de l'agriculture peuvent être protégés soit par brevet, soit par la *loi sur la protection des obtentions végétales* (VALGEN, 2012).

Les **brevets** sont délivrés par l'Office de la propriété intellectuelle du Canada (OPIC) et relèvent de la *loi sur les brevets*. Une fois accordé, un brevet s'applique sur une période de 20 ans suivant la date de dépôt initial. Le brevet confère à l'inventeur des droits exclusifs sur son invention et interdit la fabrication, l'utilisation ou la vente du produit breveté sans son autorisation. Les brevets délivrés par l'OPIC ne sont valables qu'au Canada. Les demandes de brevet sont étudiées en fonction de trois critères : nouveauté, utilité et apport inventif.

Il est possible de faire breveter des produits et des procédés. Au Canada, les brevets sur les produits agricoles peuvent porter sur des techniques de modification des plantes, des méthodes d'hybridation et des traitements génétiques et chimiques de l'enveloppe des semences. Des méthodes innovantes qui permettent de déterminer la présence de transgènes peuvent aussi être brevetées. Les brevets sont largement utilisés dans la pharmacie, l'instrumentation médicale et la chimie.

La culture de plantes agricoles dont certains caractères ou gènes sont brevetés est régie par des contrats passés entre les acheteurs de la technique agricole (agriculteurs) et l'entreprise qui vend le produit. Ces contrats interdisent généralement à l'acquéreur de replanter le produit issu de la semence achetée les années suivantes, ou d'utiliser cette semence à des fins de recherche sans en avoir au préalable été autorisé par écrit par le sélectionneur.

Bien que les brevets soient moins répandus pour les animaux que pour les plantes, leur utilisation s'accroît. Ainsi, certains brevets protègent les polymorphismes nucléotidiques simples (SNP) de l'ADN ou les séquences génétiques (semblables aux caractères végétaux évoqués plus haut) et permettent aux éleveurs de vérifier la présence de certaines anomalies génétiques sur les taureaux, par exemple. L'utilisateur paye une redevance au détenteur du brevet afin de pouvoir effectuer le test sur le SNP.

Les dispositions sur la **protection des obtentions végétales (POV)** confèrent des droits exclusifs de production et de vente du matériel de multiplication de la variété protégée, y compris son utilisation répétée dans la production commerciale de semences hybrides. La *loi sur la protection des* obtentions *végétales*[26], entrée en vigueur en 1990, est conforme à la Convention internationale pour la protection des obtentions végétales (UPOV78)[27]. La *loi sur la croissance agricole*, qui permettrait au Canada d'être en conformité avec la convention de l'UPOV de 1991, est actuellement débattue au Parlement. L'UPOV91 offre une meilleure protection et permet aux sélectionneurs de recouvrer plus facilement leurs frais initiaux de sélection et de développement de variétés. Ce texte facilite aussi l'obtention de fonds destinés à être réinvestis. À l'heure actuelle, 77 % des pays ont adhéré à la Convention de l'UPOV de 1991, y compris la plupart des partenaires commerciaux du Canada (Union européenne, États-Unis, Japon, Corée et Australie).

Le Bureau de la protection des obtentions végétales de l'Agence canadienne d'inspection des aliments (ACIA) administre la POV. Toutes les espèces végétales peuvent être protégées, au Canada. Toutefois, ce dispositif est plutôt utilisé pour des plantes non brevetées.

La protection au titre de la POV est également accordée par les gouvernements nationaux, mais à l'inverse des brevets, elle est réservée aux nouvelles variétés végétales et confère des droits exclusifs de production et de vente du matériel de multiplication de la variété protégée, y compris son utilisation répétée dans la production commerciale de semences hybrides.

Trois exceptions distinguent le régime de la POV du système de brevets et maintiennent un juste équilibre entre les intérêts de l'obtenteur, ceux de l'agriculteur et ceux du grand public. Il s'agit de l'exemption de l'obtenteur[28], de l'exemption de recherche[29] et de l'exemption pour utilisation à des fins privées non commerciales[30]. Les deux premières exceptions ont été conçues pour favoriser le partage de variétés végétales protégées au titre de la POV afin de faire progresser les études et les connaissances scientifiques, mais aussi en vue de créer de nouvelles variétés végétales pour le bien de l'ensemble de la société.

La Convention de l'UPOV contient une exception, explicite et facultative dans la Convention de 1991 (mais obligatoire et implicite dans la Convention de 1978), appelée « privilège de l'agriculteur », qui permet à un agriculteur de conserver les semences de variétés protégées afin de les semer de nouveau sur ses terres les années suivantes.

Comme les brevets, les POV ne sont valables que dans le pays où la demande a été faite. Au Canada, elles sont valables pendant 18 ans à partir de la date du certificat d'obtention.

En ce qui concerne le partage des droits de propriété intellectuelle, les instituts publics de recherche restent libres de travailler avec leur propre matériel génétique. Par conséquent, lorsqu'un matériel de ce type est fourni à une entreprise privée en vue de sa multiplication et de sa commercialisation, les conditions d'utilisation du matériel concerné, y compris la brevetabilité de la variété finale, sont définies dans un contrat de licence ou tout autre accord juridique.

Une fois qu'un institut de recherche public a enregistré une variété (voire dispose d'une POV sur une variété), mais qu'il ne possède pas de cellule, caractère ou brevet génétique, les semences peuvent être utilisées par quiconque, pour multiplication. En revanche, il en va autrement lorsque l'obtenteur public met des semences à disposition d'une entité qui a pour objet la sélection végétale. Pour l'essentiel, lorsqu'un institut de recherche public fournit un germoplasme à une société privée, il en énonce les conditions d'utilisation dans un accord de transfert de matériel. Ces conditions peuvent par exemple prévoir l'interdiction pour l'entreprise privée de déposer une demande de brevet sur le germoplasme public ou sur tout matériel développé à partir de celui-ci. La plupart des entreprises se procurent des semences de sélectionneur directement auprès des instituts publics de recherche et des accords permettent à ces entreprises de faire des croisements et de commercialiser les sélections obtenues. Les échanges entre universités se sont eux aussi formalisés. La justice tranche sur le caractère illicite ou non de l'utilisation d'un germoplasme par une entreprise privée ou toute autre entité qui contrevient aux conditions de l'accord de transfert de matériel ou du contrat de licence.

Les **secrets de fabrique** sont des informations tenues secrètes par les entreprises, qui leur permettent de conserver un avantage concurrentiel. Dans le contexte agricole, les secrets de fabrique sont surtout répandus dans le secteur de la transformation. La formule du Coca-Cola est l'exemple le plus connu de secret de fabrique. Toutefois, ces secrets s'appliquent aussi à certaines variétés hybrides telles que le maïs et le canola, étant donné que la valeur du produit, pour l'entreprise ayant effectué la sélection, est liée à la non-divulgation du matériel parental (consanguin) utilisé, de façon à éviter qu'un concurrent ne reproduise le même croisement. Les secrets de fabrique ne sont pas protégés par la loi (il n'existe aucune loi sur les secrets de fabrique) comme c'est le cas pour les marques déposées, les brevets ou les obtentions végétales. Ces secrets sont protégés par des accords de confidentialité ou d'autres dispositions du contrat de travail qui précisent le caractère confidentiel de certaines informations.

Les marques déposées sont les mots, les noms, les symboles, les procédés et les images qui servent à identifier des produits physiques échangés dans le commerce entre provinces. Il peut s'agir de produits naturels ou transformés, ou de produits agricoles. Dans l'agriculture, les marques déposées servent à protéger les noms des marques de produits ou de technologies dans le cadre de la valorisation de ces marques ou de la commercialisation des produits (comme le Roundup de Monsanto).

Les **indications géographiques**, bien qu'elles soient peu utilisées au Canada, peuvent être considérées comme une forme de protection d'une marque (par exemple l'agneau de Charlevoix). On pourrait dire que la loi sur la généalogie des animaux au Canada est une façon de protéger un droit de propriété intellectuelle. Les règlements administratifs établis par les associations de race reconnues par cette loi permettent aux éleveurs d'avoir une certaine maîtrise sur la reproduction de races certifiées.

Jusqu'à présent, trois variétés de plantes agricoles de plein champ génétiquement modifiées ont été brevetées : le maïs, le soja et le canola. Les entreprises privées devraient continuer à privilégier le système des brevets face à la POV pour obtenir une protection plus rigoureuse des droits de propriété intellectuelle attachés à leur investissement.

Toutefois, certaines nouvelles variétés de soja obtenues par des procédés conventionnels sont également brevetées. Par conséquent, il faut s'attendre à ce que les sélectionneurs de variétés agricoles soient toujours plus nombreux à privilégier les brevets par rapport à la POV, lorsque cela est possible et économique. En effet, les brevets interdisent la conservation des semences, mais aussi la réalisation de travaux de recherche ou d'obtention sans l'autorisation expresse du titulaire du brevet. Il convient aussi de préciser que la « clientèle » type des brevets et celle de la POV n'ont pas exactement le même profil. Au Canada, la POV continue d'être largement appliquée dans l'horticulture, les plantes d'ornement et les cultures de plein champ, à l'exclusion du canola, du maïs et du soja (donc pour des céréales telles que le blé et l'orge, mais aussi les légumineuses et les cultures spécialisées). Par ailleurs, les acteurs de la transformation et de la fabrication d'aliments protègent généralement leurs droits de propriété intellectuelle grâce à d'autres outils (brevets sur les procédés de fabrications, dépôt de noms de marques, secrets de fabrique sur la formulation de leurs produits alimentaires et de leurs boissons) de la même façon que ceux dans d'autres secteurs industriels.

Protection de la propriété intellectuelle

La propriété intellectuelle est relativement bien protégée au Canada. La protection par brevet, notamment, a considérablement augmenté au début des années 1990 pour se stabiliser depuis (graphique 7.12). Par ailleurs, l'indice de protection des obtentions végétales calculée par Campi et Nuvolari (2013) est relativement moins élevé qu'en Australie ou qu'aux États-Unis.

Impact de la protection des DPI sur les investissements du secteur privé dans de nouvelles variétés et sur l'accès des agriculteurs à des variétés étrangères

À l'heure actuelle, environ 95 % du financement du secteur privé consacré à la recherche et à l'obtention de variétés végétales agricoles porte essentiellement sur trois plantes (canola, maïs, soja) dont les DPI sont très protégés, soit parce que certains caractères sont brevetés, soit parce que l'hybridation ne permet pas la conservation et le replantage des semences, soit pour ces deux raisons à la fois. Seuls 2 % à 3 % des financements du secteur privé dans la recherche et l'obtention de variétés sont consacrés au blé.

Comme le requiert la loi, un rapport sur les retombées de la *loi sur la protection des obtentions végétales* a été établi en vue de son examen par le Parlement et a été présenté à ce dernier en 2002. Les principales conclusions de cette étude étaient qu'après dix ans de POV au Canada, l'investissement dans l'obtention végétale avait augmenté et l'accès aux variétés étrangères s'était amélioré, dans les deux secteurs. La protection des obtentions végétales semble donc avoir eu un effet bénéfique sur la disponibilité de variétés améliorées pour les producteurs[31].

Le retard pris par le Canada dans l'adoption de l'UPOV de 1991 par rapport à ses principaux partenaires commerciaux au cours des dix dernières années a fait obstacle à l'investissement dans des programmes nationaux de sélection de certaines plantes agricoles. Par ailleurs, de nombreux sélectionneurs étrangers n'ont pas demandé à bénéficier d'une POV ni introduit leurs variétés au Canada, puisque le régime canadien en matière de DPI n'est pas conforme à l'UPOV de 1991. Ce phénomène se manifeste dans la diminution progressive du nombre annuel de demandes de POV depuis 2006, alors que d'autres pays signataires de l'UPOV de 1991 constatent une hausse des demandes. Par conséquent, les agriculteurs canadiens sont désavantagés par rapport à ceux d'autres pays, dont les sélectionneurs sont incités à développer des variétés plus productives et à rendement plus élevé grâce à une protection plus rigoureuse de leurs droits de propriété intellectuelle. En réponse à ce problème, une législation visant à renforcer les droits des obtenteurs de variétés végétales est en cours d'examen. Elle comprend notamment l'adoption de l'UPOV de 1991.

La situation est plus particulièrement préoccupante dans le secteur céréalier. Actuellement, plus de 70 % des variétés de blé que l'on trouve sur le marché canadien proviennent d'entités publiques de sélection (entités fédérales ou provinciales et universités). En 2012, l'*International Seed Federation* (ISF) a réalisé une étude internationale portant sur les systèmes de perception de redevances sur le blé. Le Canada s'est classé au dernier rang sur le taux de rémunération, seules 18 % à 20 % des semences plantées ayant donné lieu à la perception d'une forme ou d'une autre de redevance. Les principaux facteurs cités pour expliquer ces piètres performances étaient l'absence de système de rémunération pour les semences conservées à l'exploitation, la non-conformité avec l'UPOV 1991 et l'importance des ventes illégales (utilisation sauvage des semences).

Par comparaison, les pays qui ont adopté l'UPOV 1991 et mis en œuvre des mécanismes de rémunération pour les semences conservées sur l'exploitation ont vu l'investissement privé s'accroître pour le blé, avec une augmentation du nombre de variétés disponibles sur le marché et d'importantes hausses du rendement sur la durée (Australie, Royaume-Uni, France, etc.). Ainsi, l'Australie consacre 80 millions CAD par an à la recherche et à la sélection de variétés de blé, presque exclusivement à partir d'investissements du secteur privé. Par comparaison, le Canada y consacre 25 millions CAD par an provenant presque uniquement de fonds publics.

Graphique 7.12. Protection des droits de propriété intellectuelle

A. Indice de protection des brevets, 1960-2010
Note de 1 à 5 (note la plus élevée)

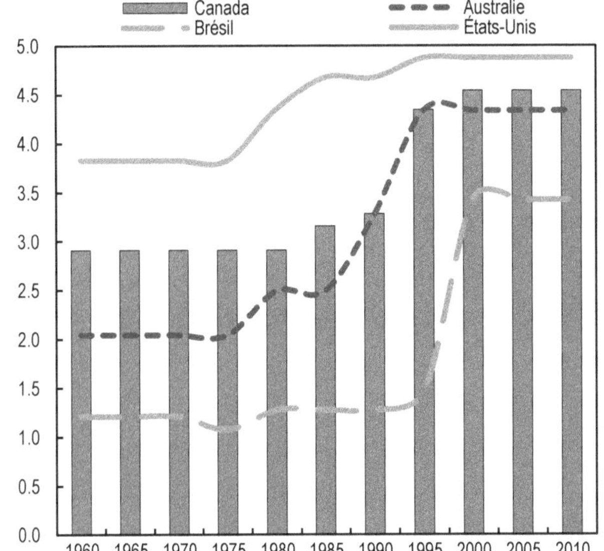

Somme des indices pour la durée, le contrôle, la perte des droits, l'adhésion et la couverture des droits.

Source : Mise à jour non publiée de la série de Park, W. G. (2008), « International Patent Protection: 1960-2005 », Research Policy n° 37, p. 761-766.

B. Indice de protection de la propriété intellectuelle du WEF
Note de 1 à 7 (note la plus élevée)

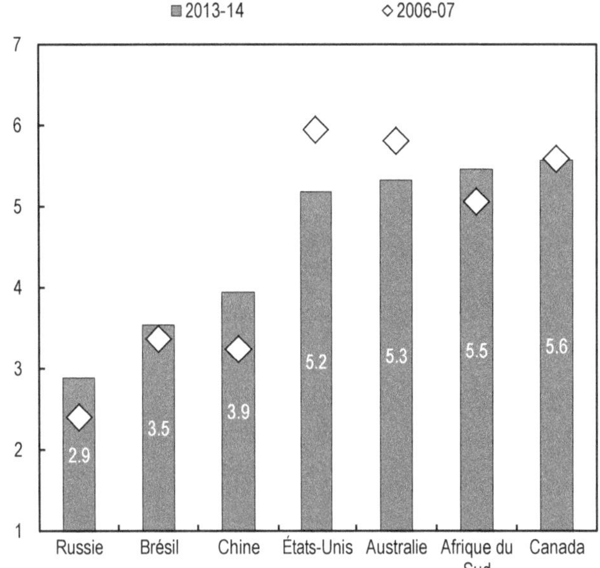

Source : Forum économique mondial (2013), *The Global Competitiveness Report 2013-2014: Full data Edition*, Genève 2013. http://reports.weforum.org/the-global-competitiveness-report-2013-2014/#=.

C. Indicateur de protection des obtentions végétales
Note de 1 à 7 (note la plus élevée)

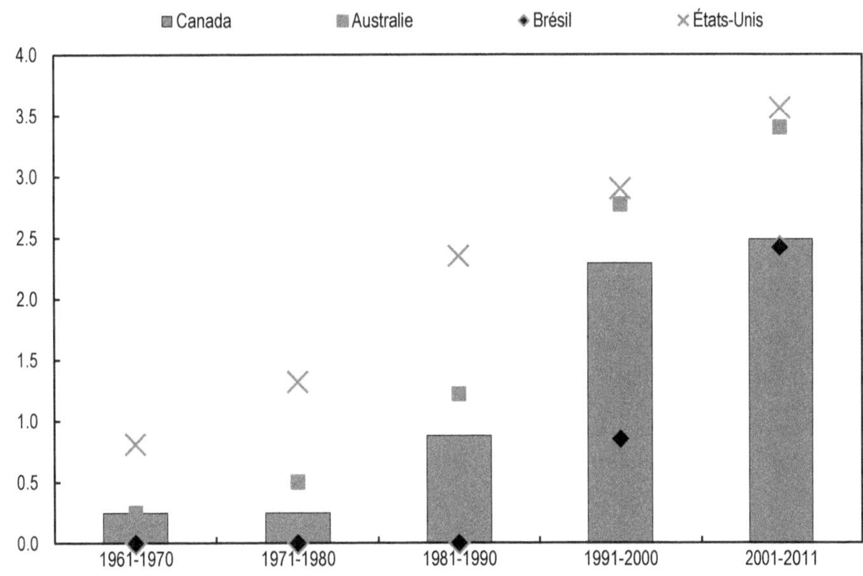

Source : Campi, Mercedes; Nuvolari, Alessandro (2013): Intellectual property protection in plant varieties: A new worldwide index (1961-2011), LEM Working Paper Series, n° 2013/09 http://hdl.handle.net/10419/89567.

StatLink http://dx.doi.org/10.1787/888933290496

Gestion des DPI par la recherche publique

Le **Bureau de la propriété intellectuelle et de la commercialisation (BPIC)** d'AAC est chargé de l'élaboration et de l'administration des procédés et procédures concernant l'identification, la protection et la mise en œuvre des droits de propriété intellectuelle pour l'AAC (encadré 7.3).

Encadré 7.3. Bureau de la propriété intellectuelle et de la commercialisation (BPIC)

En vertu de la vaste responsabilité qui lui est conférée par AAC sur la gestion de la propriété intellectuelle, le BPIC remplit plusieurs fonctions, notamment :

- négocier et préparer différents accords pour faciliter la collaboration dans la recherche tels que des accords de recherche concertée, des accords de confidentialité, des accords de transfert de matériel et des accords d'appui à la recherche,
- négocier et préparer des contrats de licence pour les technologies et les obtentions végétales d'AAC,
- gérer l'acquisition des connaissances, y compris la divulgation de l'invention,
- identifier les collaborateurs,
- élaborer des stratégies de protection des DPI,
- Préparer les évaluations sur les DPI et les risques commerciaux,
- gérer les brevets, les droits d'auteur, les marques de fabrique et les marques officielles,
- obtenir la protection des obtentions végétales d'AAC en vertu de la *loi sur la POV*,
- obtenir l'enregistrement des variétés et la certification des semences pour les cultures d'AAC en vertu de la *loi sur les semences*,
- nouer des relations d'affaires avec l'industrie,
- commercialiser les inventions et obtentions végétales d'AAC, et gérer le paiement des redevances sur les licences d'AAC.

Source : http://www.agr.gc.ca/eng/programmes-and-services/list-of-programmes-and-services/?id=1296842751916.

AAC dispose d'une série de technologies, de produits et de procédés protégés par le droit de propriété intellectuelle, disponibles à des fins de commercialisation[32]. Certaines **possibilités d'octroi de licences** font l'objet d'un appel d'offres et doivent être accordées dans certains délais. Le ministère identifie les technologies disponibles sur une durée déterminée uniquement grâce à des demandes de propositions. Les conditions peuvent prévoir une exclusivité commerciale. Si une licence n'est pas exécutée dans le cadre des demandes de proposition, la technologie peut demeurer disponible à titre de technologie généralement disponible. Les technologies peuvent également être rendues disponibles de manière non exclusive ; de telles possibilités d'octroi de licences sont comprises dans les technologies généralement disponibles.

En 2013, AAC avait conclu environ 600 **accords de licence de commercialisation** avec plus de 200 sociétés. Ainsi, AAC accorde des droits exclusifs aux entreprises de semences afin qu'elles commercialisent des variétés végétales mises au point par les sélectionneurs d'AAC. Les autres éléments relevant du droit de propriété intellectuelle mis au point par les chercheurs d'AAC, comme les brevets ou les droits d'auteur, peuvent également être cédés sous licence aux parties intéressées.

Institutions visant à promouvoir le partage de la PI entre territoires

La loi canadienne sur la protection des obtentions végétales facilite le partage de la PI, car elle prévoit des exceptions aux droits exclusifs du détenteur à des fins de recherche et de sélection de nouvelles variétés. Ce mécanisme permet de s'assurer que les variétés protégées par la POV sont directement accessibles pour les chercheurs et les sélectionneurs qui n'ont pas besoin de demander des autorisations au détenteur des droits.

Dans d'autres domaines, la tendance générale est de créer des bureaux de transfert de technologies et à les rendre plus visibles. Dans la plupart des universités canadiennes, les droits de propriété reviennent à l'inventeur, ce qui permet à des chercheurs de l'université de commercialiser leurs inventions librement et gratuitement. Cette situation est à l'inverse de celle qui prévaut aux États-Unis, par exemple, où dans la plupart des universités, c'est l'université qui est propriétaire de l'invention. L'université de Waterloo est un bon exemple de système dans lequel les droits de propriété reviennent à l'inventeur, grâce à son programme d'enseignement fondé sur la coopération et la recherche de synergies, à l'importance accordée à l'entrepreneuriat dans les disciplines techniques et à sa politique sur la propriété intellectuelle (encadré 7.4). La ville de Waterloo abrite plus de 700 sociétés du secteur technologique, dont Blackberry et Open Text (Conseil des académies canadiennes, 2009). En 2014, l'université du Manitoba a annoncé qu'elle mettrait les technologies développées grâce à la recherche en interne à la disposition de ses partenaires sans contrepartie financière jusqu'à ce que l'entreprise partenaire ait commencé à gagner de l'argent grâce à la technologie concernée.

Des intermédiaires peuvent aussi jouer un rôle important de mise en relation des acteurs de la commercialisation avec des instituts de recherche. Les ONG et les associations à but non lucratif sont des intermédiaires essentiels dans la « traduction » des connaissances, aussi bien en matière de propriété intellectuelle que dans d'autres domaines de connaissances. Une utilisation à bon escient de ces organisations, qui font office d'intermédiaires pour la gestion de la PI (ou des connaissances) universitaires et publiques, peut améliorer l'adoption et la commercialisation. De nombreux pays font appel à des instituts intermédiaires (l'Allemagne compte une soixantaines d'instituts *Fraunhofer*) qui, en partenariat avec les chercheurs, s'appliquent à protéger la propriété intellectuelle issue des connaissances et à trouver des partenariats de commercialisation. Au Canada, le Centre pour la recherche et le développement des médicaments (CRDM), un centre de recherche national à but non lucratif, atténue les risques liés aux inventions dans le domaine de la santé publique et les transforme en possibilités d'investissement pour le secteur privé, facilitant ainsi les échanges entre milieux universitaires et entreprises.

Encadré 7.4. Gestion de la propriété intellectuelle à l'université de Waterloo

En règle générale, la propriété intellectuelle créée dans le cadre de l'enseignement et de la recherche délivrés à l'université de Waterloo appartient au chercheur ou à l'inventeur. Les chercheurs peuvent aussi confier le traitement du brevet à l'université, auquel cas cette dernière conserve la totalité des droits sur le brevet. On ne sait pas avec quelle fréquence exactement ce système est adopté, l'université ne justifiant pas les raisons pour lesquelles elle conserve ces droits. Le fait pour les universités de conserver le droit de propriété sur le brevet d'un chercheur n'a pas d'effet sur les capacités de ces dernières à traiter le brevet. Les droits de propriété intellectuelle nés de collaborations avec des commanditaires non universitaires – notamment avec des groupes de producteurs financés par les dispositifs de contributions obligatoires – font l'objet d'accords distincts avec les commanditaires. Souvent, dans ce cas, l'université conserve son droit de propriété, mais le commanditaire bénéficie d'une licence exclusive. Étant donné que le financement ne vient pas de l'université, l'accord ne donne lieu à aucun conflit avec la politique menée par l'université en matière de droits de propriété de l'inventeur.

Si le fait pour l'université de laisser les droits de propriété à l'inventeur peut représenter un important outil d'incitation pour les chercheurs, il ne s'agit pas de la principale raison qui explique la réussite de l'université de Waterloo. Ses performances dans les disciplines techniques, l'importance accordée au développement de l'esprit d'entreprise et sa localisation au cœur d'un groupe d'entreprises à forte notoriété spécialisées dans les TIC y sont sans doute aussi pour quelque chose.

Source : AAC (Agriculture et Agroalimentaire Canada) (2014), *The Role of Intellectual Property in Agricultural Innovation in Canada: An Evolving Landscape* (rapport d'Agriculture et agroalimentaire Canada).

Rôle du secteur public dans la fourniture de conseils et de recommandations aux entreprises privées cherchant à protéger une innovation

Le Coffre à outils de l'Office de la propriété intellectuelle du Canada[33] aide les personnes physiques et morales à trouver les informations sur la propriété intellectuelle (PI) dont elles ont besoin. Il contient des informations générales, des modules de formation, des liens et des termes mis en évidence dont l'explication dans le glossaire répond à la plupart des questions posées dans ce domaine par des chefs et des créateurs d'entreprises. Les entreprises peuvent ainsi découvrir ce qu'est la propriété intellectuelle et en quoi elle est utile, mais aussi comment elle s'intègre à la stratégie de l'entreprise, comment faire une demande et comment en tirer profit.

Dans le cas des variétés végétales, le Bureau de la protection des obtentions végétales[34] publie sur son site des informations sur les demandes et la marche à suivre pour obtenir une protection. En outre, le site fournit une liste de contacts pour les sélectionneurs, le grand public ou toute personne qui se pose des questions sur les démarches à effectuer.

Faciliter la circulation des connaissances et les liens au sein du système national d'innovation agricole

En renforçant les liens entre les participants au système d'innovation agricole (chercheurs, enseignants, services de vulgarisation, agriculteurs, secteur agroalimentaire, ONG, consommateurs et autres), on peut rapprocher l'offre de recherche de la demande, faciliter les transferts de technologies et accroître les retombées de l'investissement public et privé. Les partenariats peuvent aussi faciliter l'adoption de démarches pluridisciplinaires qui aboutissent à des solutions innovantes à certains problèmes.

Activer le transfert des connaissances et leur adoption sur l'exploitation

Il faudrait prêter une attention particulière à la formation et aux services de vulgarisation et de conseil pour faciliter une adoption réussie de l'innovation. L'innovation ne procure des avantages que si elle est mise en œuvre de façon efficace. Compte tenu du nombre important d'agriculteurs, les services de vulgarisation jouent un rôle particulièrement important dans la mesure où ils facilitent l'accès aux technologies et aux connaissances, en plus de permettre une participation plus efficace aux réseaux d'innovation.

Par le passé, des agents de vulgarisation provinciaux se sont chargés du transfert de connaissances, en étroite collaboration avec les producteurs. Le service de vulgarisation était complété par une formation structurée et non structurée sur trois ou quatre ans, délivrée par des instituts de formation agricole post-secondaire. Les universités étant également des instituts de recherche, les chercheurs fournissaient leurs résultats directement aux producteurs. De même, les chercheurs du secteur public, qu'ils soient employés à l'échelon fédéral ou provincial, communiquaient sur leurs résultats. Toutefois, au cours des 20 dernières années, les agents provinciaux de vulgarisation et les publications de recherche n'ont plus été les principaux mécanismes de vulgarisation, leurs interventions étant complétées par celles de groupes professionnels et de sociétés privées.

Les échanges entre le personnel scientifique et technique fédéral et les acteurs du secteur privé sont un moyen important de promouvoir les transferts de connaissances et l'adoption de l'innovation. Les scientifiques, les techniciens et le personnel de direction des centres de recherche sont directement en contact avec le secteur agricole, en vue de favoriser le transfert de connaissances et l'innovation. Le personnel d'AAC dispose d'un réseau formel et informel de relations dans le secteur, mais il est aussi en contact avec les gouvernements provinciaux et les universités. Ces réseaux dépassent les frontières du Canada pour s'étendre à la collaboration scientifique internationale, à des programmes d'échanges et à d'autres événements.

Les instituts de recherche publique complètent leurs efforts de vulgarisation en travaillant avec les canaux de distribution de l'industrie agroalimentaire. En outre, le mécanisme mobilisé en matière de transfert technologique dépend des connaissances à transférer et des caractéristiques du bénéficiaire ciblé. Les mécanismes de transfert de technologies sont les suivants : recours à des spécialistes régionaux (transfert direct), associations professionnelles ou agents de mise en œuvre, numéros d'appel gratuits pour obtenir des conseils professionnels et techniques, manuels techniques détaillés qui informent et orientent les utilisateurs sur les questions liées à l'adoption, exploitations ou sites de démonstration, qui permettent de partager et de transférer des connaissances et des technologies, informations par Internet sur tous les aspects de la production et de la transformation, « journées champêtres », séminaires, annonces radiophoniques et articles dans les journaux locaux et régionaux, salons professionnels (*London Poultry Show, Royal Winter Fair, Canadian Western Agribition, Crop Production Week, Banff Pork Seminar*, etc.), groupes d'entreprises d'agronomie, « *coffee rows* » (rencontres informelles d'agriculteurs) et *Food Technology Centres* (ainsi, le *Guelph Food Technology Centre* propose des connaissances actualisées sur la sécurité des aliments, le développement de produits et les problèmes de durabilité dans le secteur des aliments et des boissons).

En lien plus étroit avec les fonctions scientifiques d'AAC, des spécialistes de la vulgarisation travaillent dans tout le pays à faciliter le transfert de solutions scientifiques. Ils font le lien avec des réseaux régionaux d'innovation auxquels appartiennent d'autres ministères et organismes fédéraux, mais aussi avec des agents de vulgarisation provinciaux, des associations de producteurs, des entreprises privées et des ONG. Ils favorisent la continuité des partenariats et de la collaboration, aident à traduire les connaissances scientifiques en applications pertinentes et permettent un retour important d'information, qui enrichit la formulation de stratégies nationales.

Formations agricoles et services de vulgarisation

Les formations et les services de vulgarisation[35] sont essentiels dans la mesure où ils facilitent l'accès des exploitants à des technologies et à des connaissances améliorées, et qu'ils leur permettent de s'adapter à des situations qui évoluent. L'importance de ces services se révèle dans le consentement à payer pour ces services, collectivement ou individuellement. Ces services peuvent aussi aider les producteurs à participer aux réseaux d'innovation.

La **formation** des professionnels du secteur agroalimentaire dans les différents domaines de l'innovation est généralement financée par les ministères (éducation, science, agriculture) et dispensée par divers acteurs : établissements d'enseignement, entreprises, syndicats ou organisations professionnelles, et intermédiaires de l'innovation[36] qui se spécialisent souvent dans certains domaines ou activités de vulgarisation. Les intermédiaires spécialisés dans l'innovation qui proposent des formations sont les suivants :

- ***Guelph Food Technology Centre*** (GFTC)[37] : la formation, principalement facturée à l'acte, est payée par l'organisation qui demande la prestation. Chaque année, plus de 3 600 professionnels sont formés, soit 500 sociétés du secteur agroalimentaire originaires de 26 pays différents. Plus de 150 cours sont dispensés chaque année dans huit langues, faisant de GFTC l'un des leaders mondiaux de la formation.
- **Institut international du Canada pour le grain** (IICG)[38] : pendant 40 ans, l'IICG a favorisé l'utilisation de variétés de cultures canadiennes de plein champ auprès de la communauté agricole dans le monde. L'IICG propose des programmes de formation personnalisés et des conseils techniques, et il offre un soutien technique spécialisé permanent à ses clients dans le monde. L'IICG fonctionne comme un guichet unique de compétences et ses installations sont centralisées sur le même site. Depuis 1972, plus de 35 000 personnes représentant l'industrie céréalière, des légumineuses et des cultures spécialisées, originaires de 115 pays différents, ont participé à des programmes et à des séminaires de l'IICG. Enfin, cet institut est financé par des agriculteurs, AAC et d'autres partenaires du secteur agricole.

Le Sondage sur le renouveau réalisé par AAC (AAC, 2008, p. 14) montre que les exploitants cherchent activement des formations. En 2007, sept producteurs canadiens sur dix (69 %) déclaraient avoir suivi une formation liée à l'agriculture au cours des cinq dernières années, les plus suivies portant sur la gestion de l'environnement (48 %), la production agricole (39 %) et la sécurité et la qualité des aliments (26 %) (graphique 7.13). La participation à toutes les formations liées à l'agriculture a augmenté, celles qui ont le plus progressé concernant la gestion de l'environnement (48 % contre 31 % en 2004).

Graphique 7.13. Part des agriculteurs ayant suivi une formation liée à l'agriculture, 2007

Pourcentage des exploitants

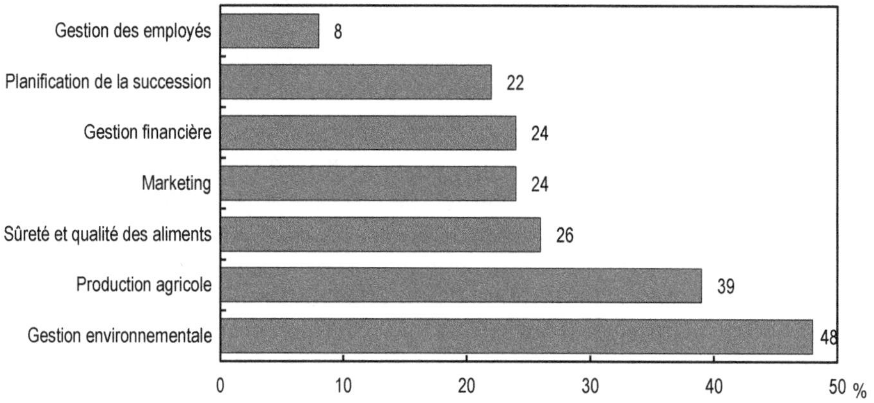

	%
Gestion des employés	8
Planification de la succession	22
Gestion financière	24
Marketing	24
Sûreté et qualité des aliments	26
Production agricole	39
Gestion environnementale	48

0 10 20 30 40 50 %

Source : Sondage sur le renouveau d'Agriculture et Agroalimentaire Canada, 2007.

StatLink http://dx.doi.org/10.1787/888933290509

Au Canada, les **services de vulgarisation**, qui sont généralement à la disposition de tous les agriculteurs, se différencient non pas par groupe de revenus ou par région, mais par thèmes abordés : développement de l'activité, gestion des risques, sécurité des aliments, développement des compétences, etc. Les services publics de vulgarisation sont organisés par les gouvernements provinciaux, mais ils ont été considérablement réduits au cours des dernières décennies (Gill, 1996, p. 5). Ce recul est dû à plusieurs facteurs : évolution du secteur rural, difficultés à justifier des avantages économiques procurés par la vulgarisation, évolution de l'activité, nouveautés dans le domaine de la technologie et de la communication, et évolution du système universitaire (Milburn et al., 2011, p. 3). La participation croissante du secteur privé au transfert des connaissances est liée aux coupes budgétaires effectuées dans les services publics de vulgarisation.

Les entreprises privées forment des professionnels chargés de proposer des services à leurs clients qui reposent sur la vente d'intrants et de matériel (par exemple des agronomes aident les exploitants à choisir le bon moment pour l'application de traitements herbicides). Nombre de ces entreprises organisent des « journées champêtres » ou des journées de démonstration sur site, mènent des essais de recherche, organisent des séminaires, parrainent des salons professionnels, etc. Les coopératives, que l'on trouve dans divers segments du secteur agricole, sont également présentes, étant donné que leurs membres se voient proposer des services apparentés à des services de vulgarisation afin de favoriser des pratiques agricoles avantageuses pour les deux parties.

De nombreuses organisations professionnelles, comme le Conseil canadien du Canola[39] ou la *Canadian Cattlemen's Association*[40] fournissent des informations via leur site Internet ou dans des publications (agronomie, gestion des maladies, résultats d'essais sur les variétés, techniques de travail du sol, pratiques pour la protection de l'environnement, nouvelles démarches et nouveaux équipements nécessaires pour la production ou la transformation, choix de commercialisation). Certains médias sociaux, comme *FarmOn*[41] et des émissions en baladodiffusion de la *Canadian Cattlemen's Association*, permettent aux producteurs d'obtenir des conseils et de partager des informations sur de nouveaux produits et de nouvelles pratiques en temps réel. Les démonstrations sur l'exploitation ou dans certains sites, les « journées champêtres », les séminaires, les radioclips, les articles destinés à être publiés dans des journaux locaux et régionaux, et les salons professionnels, sont également essentiels pour faciliter les échanges de connaissances dans ce secteur. Le milieu universitaire est aussi un pourvoyeur de services de vulgarisation, par le biais d'ateliers spécialisés. Ainsi, la *Canadian Beef School*[42] est dirigée par le programme de zootechnique de l'*Olds College* (Alberta).

L'offre de services de vulgarisation peut varier en fonction des régions. Au Québec, près de la moitié des conseillers agricoles sont employés par des entreprises privées ou des coopératives spécialisées dans les intrants ou les services financiers. Les autres intervenants appartiennent à des groupes ou à des clubs de conseils agricoles, sont des consultants ou des entreprises de conseils ou représentent des organisations parapubliques (Gaboury-Bonhomme, 2011). Alors qu'au Québec, le gouvernement provincial a cessé de financer et d'offrir des services de vulgarisation, le ministère de l'Agriculture de la Saskatchewan a beaucoup investi dans ce domaine. Dans la Direction des services régionaux, dix bureaux du Centre du savoir sur l'agriculture offrent des services de vulgarisation aux producteurs, dans toute la province.

Autres mesures en faveur de l'adoption de l'innovation et du transfert de connaissances

Les programmes-cadres passés et actuels englobent les mesures particulières suivantes, qui visent à améliorer l'adoption de l'innovation par les exploitations et les entreprises du secteur agroalimentaire :

- Amélioration des compétences commerciales et de gestion (encadré 7.5) ;
- Soutien à l'innovation et à l'adaptation (section 5.1, encadré 6.1) ;
- Facilitation de l'accès au crédit (encadré 6.3) ;
- Promotion de l'adoption de pratiques agro-environnementales (encadré 6.4).

Le Programme de réduction des risques liés aux pesticides, qui relève du Centre de la lutte antiparasitaire d'AAC, offre une plate-forme de soutien à la recherche, au développement et au partage de solutions dans le domaine de la lutte antiparasitaire. Ces activités se déroulent dans le cadre des stratégies de lutte antiparasitaire élaborées en collaboration avec les parties prenantes. Non seulement cette manière de procéder aide le programme à fournir des solutions en matière de lutte antiparasitaire, mais il garantit l'adoption rapide de ces solutions par les exploitants. Parmi les matériaux élaborés pour faciliter le transfert de connaissances, il convient de citer des brochures sur l'identification et la biologie des parasites, des fiches sur les choix de lutte (biologique ou mécanique), et sur les démarches intégrées de lutte contre les mauvaises herbes, les insectes et les maladies des plantes.

Encadré 7.5. Amélioration des compétences commerciales et de gestion

Les cadres stratégiques successifs de la politique agricole ont porté sur le financement du développement des compétences et des connaissances des agriculteurs. Dans le premier cadre stratégique (2003-2008), les programmes étaient directement mis en œuvre par le gouvernement fédéral tandis qu'avec Cultivons l'avenir (2008-2013), leur exécution a été déléguée aux provinces et aux territoires, de façon à améliorer leur flexibilité pour qu'ils s'adaptent plus rapidement et plus simplement aux besoins réels.

Dans le cadre de Cultivons l'avenir (2008-2013), le Programme de développement des entreprises a permis de financer des activités liées aux pratiques de gestion et au développement de compétences dans l'agriculture (y compris, dans certains cas, la planification de la transmission) qui ont attiré de nombreux jeunes agriculteurs et nouveaux entrants. Ce programme a été mis en œuvre grâce à :

- des financements fédéraux d'initiatives provinciales de partage des frais (60-40) (la conception et le développement des programmes ayant été pris en charge par les provinces et les territoires) ; et

suite

- un soutien exclusivement fédéral aux organisations nationales suivantes : Gestion agricole du Canada ; Conseil des 4-H du Canada (4H), axé sur le développement des compétences des jeunes ; Table pancanadienne de la relève agricole (TPRA) qui fait le lien entre jeunes agriculteurs émérites du Canada, notamment via des ateliers sur les meilleures pratiques de gestion ; Association canadienne de sécurité agricole (ACSA), qui assure la direction de la politique en faveur de la santé et de la sécurité des agriculteurs ; enfin, Concours des jeunes agriculteurs d'élite du Canada (CJAEC), qui honore les jeunes agriculteurs d'élite, permet l'échange d'idées et sensibilise aux bonnes pratiques de gestion agricole.

Dans le cadre de Cultivons l'avenir 2 (2013-2018), le programme Agri-compétitivité porte principalement sur les activités qui augmentent les capacités nationales d'adaptation et d'autonomisation du secteur, tandis que les activités qui relèvent du programme à frais partagés portent avant tout sur la prise en compte des situations régionales en vue d'accroître les capacités d'adaptation du secteur.

Dans le programme Agri-compétitivité, le volet B, Favoriser le développement des entreprises, soutient les projets destinés à améliorer les compétences, les outils et les connaissances à la disposition des entrepreneurs du secteur par le biais des activités suivantes : activités permettant aux entreprises agroalimentaire de négocier les transitions, de s'adapter et d'améliorer leur rentabilité et leur résilience, mesures favorisant l'esprit d'entreprise par le développement professionnel des jeunes agriculteurs et des producteurs établis, initiatives sur la sécurité des exploitations et leadership individuel et collectif. Un financement sous forme de contributions peut également être fourni aux organisations nationales à but non lucratif, dont les projets, d'envergure nationale, soutiennent et complètent les objectifs du Programme à frais partagés reliés à l'adaptabilité et à la capacité de l'industrie de Cultivons l'avenir 2.

Le Programme à frais partagés reliés à l'adaptabilité et à la capacité de l'industrie est précisément ciblé sur les besoins et les situations régionales. Les programmes et les initiatives admissibles fournissent aux agriculteurs et aux entreprises agroalimentaires les connaissances, les outils et les compétences nécessaires pour comprendre la situation financière de leur activité, pour évaluer les occasions et pour réagir aux changements.

Les programmes au niveau des provinces et des territoires (y compris ceux à frais partagés relevant de Cultivons l'avenir) sont énumérés à l'annexe 7.D. Parmi les principaux programmes provinciaux, il convient de citer :

- Dans le Manitoba, le ministère provincial fournit des subventions au Programme pour les associations agricoles. Les entreprises reconnues au titre d'associations agricoles dans cette province peuvent demander une aide financière et au développement du leadership, afin de mener des activités dans ces domaines, mais aussi dans le développement éducatif et des collectivités, qui englobe les foires et les salons professionnels.
- En Nouvelle-Écosse, le ministère provincial de l'Agriculture offre des services de vulgarisation par l'intermédiaire de Perennia, une société d'État (détenue par la province).
- Au Québec, le ministère provincial de l'Agriculture offre des services de vulgarisation sur la gestion de l'exploitation et les initiatives agro-environnementales aux producteurs par le biais d'un réseau de conseillers.
- L'Ontario Farm Innovation Program (OFIP) vise à accroître le développement, l'adaptation, l'évaluation et l'adoption d'innovations afin d'aider les producteurs agricoles à réagir à l'évolution de la demande.
- Dans la Saskatchewan, le Programme de démonstration de pratiques et de technologies en agriculture (ADOPT) accélère le transfert de connaissances vers les agriculteurs et les éleveurs de cette province. Les financements correspondants aident des groupes de producteurs à évaluer et à tester localement de nouvelles pratiques et techniques agricoles.

Mécanismes de financement de la commercialisation de l'innovation

La part du financement de l'innovation consacrée à la commercialisation de produits innovants augmente progressivement dans les programmes fédéraux en général, mais aussi dans ceux consacrés à l'agriculture. Parallèlement, le soutien à la pré-commercialisation s'est également renforcé, même s'il existe déjà sous différentes formes (Niva Inc., 2009).

Les recommandations du rapport Jenkins (Gouvernement du Canada, 2011), qui s'appuient sur des diagnostics établis précédemment par le Conseil des académies canadiennes (CAC, 2009), ont entraîné une forte augmentation du soutien à la commercialisation, qui a atteint un niveau sans précédent, et ont donné lieu à la création de nouveaux instruments dans les budgets de 2012 et de 2013. Pour schématiser, il s'agit de ne plus concentrer le soutien général indirectement sur la R-D pour l'orienter davantage vers des initiatives directes, ciblées et en aval. L'exemple le plus caractéristique est celui du crédit général d'impôt pour la R-D (RS&DE) qui a été rationnalisé tandis que le soutien direct au stade de la pré-commercialisation était renforcé par le biais du Programme d'aide à la recherche industrielle (PARI)[43] du CNRC et que de nouvelles initiatives au niveau des marchés publics et du capital-risque ont été proposées. La majorité de ces initiatives nationales sont ouvertes au secteur agricole, le cas échéant, mais leur adoption varie d'un programme à l'autre.

Incitations à la collaboration dans le cadre des systèmes d'innovation agricole

Les principaux facteurs économiques, sociaux, environnementaux et réglementaires qui stimulent la collaboration au Canada sont les suivants :

- les financements disponibles ont tendance à diminuer et le monde connaît une période de récession ;
- rares sont les organisations qui disposent des financements ou des effectifs suffisants pour travailler de façon isolée ;
- il existe un désir d'échanges intellectuels et de collaboration ;
- il est nécessaire de diviser le travail dans des domaines scientifiques plus spécialisés ou à plus forte intensité en capital ;
- la démarche scientifique abordée dans le processus d'approbation réglementaire peut faire appel à plusieurs disciplines ;
- les autorités encouragent une collaboration internationale et transversale.

Dans la recherche publique, les scientifiques travaillent en collaboration avec toute une série d'acteurs de la recherche agronomique, au Canada comme dans le monde, ce qui leur permet de participer à des travaux d'avant-garde dans de nombreuses disciplines, mais aussi d'en suivre l'actualité et d'en tirer des enseignements. En outre, les établissements post-secondaires et les universités agricoles travaillent avec les pouvoirs publics, d'autres pays et des entreprises privées. Les entreprises du secteur agroalimentaire cherchent à développer des produits innovants en collaboration avec des fournisseurs de produits alimentaires élaborés ou de base. Les collaborations peuvent prendre la forme de projets scientifiques avec certaines entreprises du secteur ou d'initiatives plus vastes et stratégiques avec l'ensemble du secteur, l'université et d'autres institutions. Les collaborations au Canada permettent de transférer les connaissances et de résoudre des problèmes complexes, par la mobilisation de diverses disciplines.

AAC dispose d'un cadre collaboratif stratégique qui examine les propositions sous l'angle de leur utilité scientifique et de certains critères de gestion, afin de savoir si elles présentent un intérêt pour les autorités publiques et si les efforts de collaboration correspondants mobilisent et renforcent les capacités.

Le système général d'innovation est constitué d'institutions et de mécanismes particuliers, tels que le CNRC et ses programmes, qui facilitent la collaboration entre les acteurs de l'innovation et soutiennent la commercialisation de cette dernière, y compris dans le secteur agricole et agroalimentaire.

Les **Réseaux de centres d'excellence (RCE)**[44] offrent l'occasion à des chercheurs et à des étudiants canadiens de travailler avec des partenaires du secteur dans divers domaines de recherche et d'accélérer ainsi l'échange de connaissances et le transfert d'innovations techniques (OCDE, 2011b). Les Réseaux proposent des programmes qui :

- mobilisent la capacité de recherche pluridisciplinaire de toutes les régions du Canada pour accélérer la création de nouvelles connaissances dans un domaine de recherche en particulier ;
- créent des réseaux de recherche à grande échelle, dirigés par des établissements post-secondaires ;
- mobilisent des partenaires de multiples établissements post-secondaires, de l'industrie, du gouvernement et d'organisations à but non lucratif ;
- forment la prochaine génération de personnel hautement qualifié ;

- travaillent avec des utilisateurs finaux pour faciliter l'application des connaissances dans la pratique ;
- renforcent la collaboration entre les chercheurs au Canada et à l'étranger.

Le Secrétariat des RCE gère quatre programmes nationaux :

- **Le Programme des réseaux de centres d'excellence** (y compris l'Initiative de mobilisation des connaissances des RCE et le Centre d'excellence en recherche Canada-Inde) : ce programme trouve des solutions aux défis sur le plan social, économique ou de la santé en adoptant une stratégie de collaboration et en mobilisant une vaste gamme de compétences dans la recherche. Il appuie des réseaux de recherche à grande échelle, dirigés par les établissements post-secondaires. Des partenaires issus du secteur privé, du secteur public et d'organisations à but non lucratif apportent une expertise supplémentaire et fournissent une contribution en espèces et en nature de près de 90 millions CAD par année.
- **Les Centres d'excellence en commercialisation et en recherche (CECR)** : ce programme crée des liens entre les pôles d'expertise en recherche et les entreprises afin de mettre en commun le savoir et les ressources nécessaires pour commercialiser plus rapidement les innovations. Les CECR font progresser la recherche et facilitent la commercialisation dans quatre domaines prioritaires : l'environnement, les ressources naturelles et l'énergie, la santé et les sciences de la vie ainsi que les technologies de l'information et de la communication.
- **Les Réseaux des centres d'excellence dirigés par l'entreprise (RCE-E)** : ce programme finance des réseaux de recherche collaboratifs à grande échelle et apporte un vaste éventail d'expertise en recherche pour résoudre des problèmes précis qu'un secteur a cernés. Dirigés par un consortium sans but lucratif de partenaires industriels et de réseaux, les RCE-E favorisent l'innovation dans le secteur privé en combinant l'expérience concrète de celui-ci à l'expertise universitaire. Les RCE-E accroissent les investissements du secteur privé dans la recherche canadienne et accélèrent la transformation des idées du laboratoire en solutions requises par le secteur privé.
- **Les stages en recherche-développement industrielle (SRDI)** : ce programme répond aux besoins du Canada en personnel hautement qualifié. Il donne aux étudiants des cycles supérieurs l'occasion d'acquérir une expérience de l'entreprise en résolvant certains problèmes auxquels est confronté le secteur privé. Les partenaires industriels bénéficient de stagiaires hautement qualifiés possédant des connaissances spécialisées dans la recherche. Le Programme de SRDI renforce les capacités des entreprises dans le domaine des sciences et de la technologie, tout en offrant des débouchés à du personnel hautement qualifié. Le programme soutient des projets collaboratifs dans diverses disciplines universitaires auxquels participent des étudiants des cycles supérieurs et des stagiaires en formation postdoctorale, les professeurs qui dirigent leurs travaux de recherche et des partenaires du secteur.

En outre, le système agricole canadien a conclu un certain nombre d'accords qui favorisent la collaboration en vue d'accroître les échanges et la diffusion de connaissances entre les principaux acteurs du secteur.

Les **grappes agro-scientifiques**[45] sont des initiatives (c'est-à-dire des accords institutionnels) dans lesquelles des institutions provenant du secteur agricole, de l'université et du secteur public travaillent ensemble à réunir une masse critique de ressources et de compétences scientifiques et techniques pour accélérer l'innovation dans l'agriculture et dans les secteurs à valeur ajoutée.

Les pouvoirs publics soutiennent l'activité des grappes moyennant un financement non remboursable (au titre de Cultivons l'avenir 2) et l'expertise technique collaborative des scientifiques travaillant dans la recherche publique et du personnel chargé du transfert de technologies. Les autres sources de financement sont le secteur lui-même (contributions obligatoires, financements provenant d'organisations à but non lucratif), bien que les sources de financement varient en fonction de la grappe.

La démarche adoptée par les grappes agro-scientifiques est ciblée et fait appel aussi bien aux sciences appliquées qu'à la recherche au stade de la précommercialisation pour combler les lacunes et accélérer l'innovation. La démarche fondée sur la collaboration s'applique à toutes les étapes, depuis l'identification des lacunes et l'engagement des compétences techniques jusqu'au transfert de connaissances et de technologies, à savoir :

- Identification des lacunes : Guidée par des plans stratégiques appliqués à la chaîne de valeur, l'organisation chef de file fait participer activement les parties prenantes et la communauté scientifique à l'identification des principales lacunes dans le domaine des connaissances et de l'information qui empêche ces structures d'atteindre leurs objectifs stratégiques ;
- Élaboration de solutions : L'organisation chef de file invite la communauté scientifique à présenter des propositions qui permettront de combler les lacunes qui ont été identifiées. Elle est responsable du projet, aux stades de la sélection, de la supervision et de la communication des résultats.
- Adoption accélérée : La stratégie de commercialisation et de transfert des technologies adoptées par la grappe est engagée afin de veiller à une adoption efficace de nouvelles pratiques ou technologies, ainsi qu'à la communication efficace de nouvelles informations nées de ces efforts de recherche.

A la date de décembre 2014, douze grappes, regroupées selon la catégorie de produit traité, ont été financées, à savoir :

- Grappe scientifique de l'industrie de l'élevage bovin[46] ;
- Grappe des produits laitiers : innovation en matière de nutrition, de santé et de développement durable[47] ;
- Grappe canadienne de recherche et de développement sur le porc[48] ;
- Grappe canadienne des sciences avicoles pour le maintien de la capacité concurrentielle de l'industrie et le règlement de problèmes sociaux[49] ;
- Grappe agroscientifique canola/lin[50] ;
- Grappe scientifique des légumineuses à grains[51] ;
- Grappe canadienne de la recherche sur la sélection du blé[52] ;
- Grappe agroscientifique canadienne spécialisée en horticulture[53] ;
- Grappe canadienne pour la recherche et l'innovation en produits horticoles ornementaux[54] ;
- Grappe scientifique biologique pour l'accroissement de la capacité concurrentielle et de la rentabilité du secteur agricole au Canada[55] ;
- Alliance de Recherche sur les Cultures Commerciales du Canada[56] ;
- *Bioindustrial Innovation Canada*[57].

En plus des grappes scientifiques, plusieurs mécanismes permettent de financer des partenariats public-privé, y compris des programmes des gouvernements fédéral et provinciaux, des accords formels entre acteurs publics et privés (protocoles d'entente), et des dons et dotations du secteur privé.

Créé en décembre 2012, **l'Institut mondial pour la sécurité alimentaire** est un exemple de PPP dans le secteur agricole financé par des dotations du secteur privé. Hébergée à l'université de la Saskatchewan, cette initiative a reçu un financement de 35 millions CAD de la Potash Corporation of

Saskatchewan, l'une des plus importantes donations d'une entreprise pour la recherche universitaire au Canada. La Province de la Saskatchewan s'est également engagée sur un don de 15 millions CAD sur ces sept prochaines années en faveur de ce projet.

Un autre exemple de PPP réussie est **l'Alliance canadienne du blé**, un engagement financier sur 11 ans pris par AAC, l'université de la Saskatchewan, la Province de la Saskatchewan et le Conseil national de recherche Canada en vue de soutenir et de faire progresser la recherche qui vise à améliorer la rentabilité des producteurs de blé canadiens. L'Alliance mobilisera ses compétences complémentaires dans des domaines de recherche prioritaires, notamment le développement de nouvelles variétés. Ce PPP a été créé en avril 2013 ; les autorités fédérales et provinciales et l'université de la Saskatchewan y ont investi 97 millions CAD sur cinq ans[58].

La collaboration entre la recherche agronomique publique et privée est favorisée par le recours à des modèles complexes tels que les partenariats public-privé-producteur (PPPP) et les grappes, qui naissent souvent du fait que les experts du secteur prennent conscience des lacunes des modèles économiques existants et qui se regroupent pour créer des réseaux entre le secteur d'activité lui-même, les organisations professionnelles et les pouvoirs publics afin d'améliorer la coordination dans la définition des priorités de R-D. Plusieurs exemples de PPPP existent, notamment la *Saskatchewan Pulse Growers* (organisation professionnelle des producteurs de légumineuses de la Saskatchewan)[59], la Fondation de recherches sur le grain de l'Ouest, le *Vineland Research and Innovation Centre*[60] et le Centre de développement du porc du Québec.

Le **Centre de la lutte antiparasitaire** (CLA) d'AAC est un bon exemple de collaboration entre producteurs, pouvoirs publics et secteur privé. Les spécialistes du Programme des pesticides à usage limité (PPUL) du CLA identifient et établissent l'ordre de priorité dans le traitement des principaux problèmes de cultures et de lutte antiparasitaire, puis proposent d'éventuelles solutions en collaboration avec des organisations de produits, des fabricants, les provinces, l'autorité de réglementation (Agence de règlementation de la lutte antiparasitaire de Santé Canada) et le projet interrégional n° 4 (*Interregional Project* #4 - IR-4) du ministère américain de l'Agriculture. Le PPUL réalise ensuite des essais en champ, en fonction des priorités choisies par les producteurs, afin de déterminer l'efficacité du produit, la tolérance de la plante et la concentration de résidus avant de rédiger une demande de réglementation présentée pour examen et décision à l'Agence de règlementation de la lutte antiparasitaire (ARLA).

Les douze **tables rondes sur les chaînes de valeur** (TRCV) sont des mécanismes de coopération dans les chaînes d'approvisionnement nationales. Créées en 2003, ces tables rondes réunissent les principales sociétés de la chaîne de valeur – fournisseurs d'intrants, producteurs, transformateurs, industrie de la restauration, distribution, négociants et associations (les régions géographiques et la diversité des métiers sont également pris en compte) – et les responsables de l'élaboration des politiques aux niveaux fédéral et provincial. Les tables rondes sont devenues des vecteurs essentiels à :

- l'identification des atouts et des points faibles du secteur,
- l'exploitation de débouchés nationaux et internationaux,
- le partage d'informations et l'établissement de relations de confiance dans les différents secteurs liés aux produits agricoles,
- l'identification d'exigences techniques et en matière de recherche, d'orientation et de réglementation,
- la création de visions communes et de stratégies concertées à long terme,
- l'intervention en cas de crise.

Les filières suivantes participent aux tables rondes : viande bovine, transformation des aliments, céréales, horticulture, produits biologiques, viande porcine, légumineuses, produits de la mer, semences, viande ovine et cultures spécialisées. En outre, un Comité sur la chaîne de valeur des bioproduits industriels a été créé en 2013.

Renforcer la coopération internationale en matière d'innovation agricole

La coopération internationale en matière de recherche et de développement agricoles offre des avantages universels. Si ce principe est généralement vrai de nombreuses innovations dans l'agriculture, qui sont des biens publics, il l'est d'autant plus face aux difficultés à l'échelle de la planète (comme le changement climatique) et lorsque l'investissement initial est exceptionnellement élevé. Les avantages de la coopération internationale pour les systèmes nationaux découlent de la spécialisation qu'elle permet et de ses retombées. Elle permet en outre à des pays ayant des capacités de recherche limitées de concentrer leurs maigres ressources à des spécificités locales.

Efforts concernant l'échange de personnel

Le Canada s'efforce de mettre au point une panoplie de politiques et de programmes ouverts, transparents et efficaces qui favorisent les déplacements des professionnels du savoir, aussi bien au sein de la communauté de chercheurs scientifiques que parmi les entreprises. Ce pays applique de nombreuses conventions et normes internationales pour faciliter les déplacements des voyageurs d'affaires ou commerciaux (catégorie dont relèverait la plupart des personnes travaillant dans les systèmes d'innovation agricole en franchissant des frontières). L'un des outils facilitant les voyages professionnels est le suivant :

- le carnet ATA[61] est très utilisé par les entreprises qui souhaitent importer de façon temporaire une multitude de produits provenant de tous les pays du monde. Ce document couvre les échantillons commerciaux, le matériel professionnel et les produits destinés à être présentés ou utilisés dans des salons professionnels, des foires et des expositions ;
- actuellement, 71 pays font partie du dispositif et de nouveaux pays y adhèrent chaque année. De nombreuses autorités étrangères ne reconnaissent que le carnet ATA pour l'importation dédouanée et hors taxe de marchandises ;
- les titulaires d'un carnet ATA peuvent effectuer les opérations de dédouanement à l'avance, pour un prix déterminé, se rendre dans plusieurs pays, utiliser leur carnet pour plusieurs déplacements durant sa durée de validité d'un an, puis rentrer dans leur pays d'origine sans connaître aucun problème ni retard ;
- l'Organisation mondiale des douanes administre les conventions internationales des douanes, dont relève le carnet ATA, tandis que la Fédération mondiale des chambres (WCF), de la Chambre de commerce internationale (ICC) gère le dispositif ATA.

Le Canada autorise également les sociétés multinationales à faire venir du personnel spécialisé d'autres régions du monde pour qu'il travaille dans les bureaux canadiens de l'entreprise, le cas échéant, du moins de façon provisoire. Un autre dispositif relativement ouvert et transparent permet à des universitaires et à des spécialistes scientifiques étrangers de venir travailler au Canada pour des durées variables. L'Accord de libre-échange nord-américain (ALENA) réglemente de façon précise les déplacements de travailleurs intellectuels (ayant en général suivi un cursus universitaire) depuis les États-Unis et le Mexique vers le Canada et vice versa.

Les universités canadiennes proposent diverses possibilités de formation et d'emploi à l'international, qui permettent à des étudiants, quel que soit leur niveau de formation, de travailler à l'étranger, et elles accueillent également des spécialistes au Canada. La totalité des établissements post-secondaires et des universités canadiennes d'agronomie et de science vétérinaire font usage de cette possibilité.

AAC joue un rôle important dans le développement de la recherche et de la technologie agronomiques et a conclu de nombreux protocoles d'entente et d'autres types d'accords avec de nombreux pays et instituts de recherche internationalement reconnus, qui facilitent les déplacements de spécialistes en provenance ou à destination du Canada.

Le Centre de recherches pour le développement international (CRDI) est une société d'État qui soutient la recherche locale en vue d'aider les pays en développement à améliorer la qualité de leurs aliments et leur santé, à favoriser la création d'emplois, etc. au moyen des sciences et des techniques. Le CRDI encourage aussi le partage de ces connaissances avec les responsables politiques, d'autres chercheurs et la communauté scientifique du monde entier. La formation et l'échange de personnel qualifié sont essentiels pour permettre à l'organisation d'atteindre son objectif, qui consiste à découvrir et à mettre en application de nouvelles connaissances afin de répondre aux difficultés rencontrées par les pays à faible revenu.

Le Programme des travailleurs étrangers temporaires (PTET) permet aux employeurs du Canada d'engager des ressortissants étrangers de façon temporaire, afin de répondre à des besoins à court terme de main-d'œuvre et de compétences, lorsque ces besoins ne peuvent être pourvu par des citoyens canadiens ou des résidents permanents (encadré 5.4).

Les programmes et mécanismes suivants permettent d'accéder à du personnel hautement qualifié et de procéder à des échanges de personnel :

- le Programme de bourses de recherche scientifique du Conseil de recherches en sciences naturelles et en génie du Canada (CRSNG)[62] offre la possibilité à de jeunes scientifiques et ingénieurs de travailler sur une durée de 1 à 3 ans dans des laboratoires et des instituts de recherche publics, au Canada ;
- le programme de participation d'étudiants, scientifiques et spécialistes étrangers à la recherche *(Foreign Research Participant Program for International Students, Scientists and Experts)* permet à des étrangers de travailler sur des projets de recherche canadiens, à AAC, pour le bénéfice des deux parties ;
- le programme d'échange à l'étranger pour les chercheurs et experts canadiens (*Foreign Research Exchange Programs for Canadian Scientists and Experts*) permet aux scientifiques d'AAC d'être détachés dans d'autres pays et d'avoir ainsi l'occasion de travailler avec des scientifiques et dans des laboratoires de renom, et d'accéder à des technologies et à des ressources de pointe, mais aussi de former des réseaux et de promouvoir les objectifs du Canada ;
- les réseaux d'anciens élèves, scientifiques et spécialistes internationaux permettent de maintenir le contact avec les experts qui peuvent se faire les « ambassadeurs » du maintien de la coopération ;
- les mises au concours de recherche conjoints, par exemple avec l'Union européenne, les États-Unis et la Nouvelle-Zélande, sont des accords qui relèvent de l'Initiative de programmation conjointe (IPC) sur l'agriculture, la sécurité alimentaire et le changement climatique (FACCE) ;
- le Programme des experts invités de l'Organisation des Nations Unies pour l'alimentation et l'agriculture (FAO)[63] propose un cadre qui permet aux universitaires et aux chercheurs canadiens d'apporter leur contribution à la réflexion sur les problématiques de la faim et de la sécurité alimentaire dans le monde.

Mécanismes visant à encourager la coopération internationale

Le Canada est membre fondateur du Groupe consultatif pour la recherche agricole internationale (CGIAR)[64] et l'un de ses principaux donateurs depuis plus de 40 ans.

AAC fait partie de la PIPRA (*International Platform for Coordinating the IPR Issues* – Plateforme internationale de coordination des droits de propriété intellectuelle)[65]. Cette organisation, créée en 2004, a pour objet de lever les obstacles à l'innovation moyennant le partage d'informations relatives aux DPI, l'amélioration des stratégies de commercialisation, etc. La PIPRA est née de la collaboration internationale entre universités, fondations, entités publiques et instituts de recherche à but non lucratif ; elle facilite la mise à disposition de techniques agricoles aussi bien pour les pays développés qu'en développement. La PIPRA a mis au point un vecteur de transformation végétale (plus connu sous le nom pPIPRA) offrant une liberté d'action maximale. L'utilisateur du vecteur sait avec qui négocier pour obtenir le droit d'accéder à tous les résultats de recherche antérieurs. Dotée d'un réseau d'avocats bénévoles[66], la PIPRA offre à ses membres des services en matière de droits de propriété intellectuelle et de stratégies de commercialisation.

Les autorités de réglementation canadiennes et américaines collaborent sur les questions liées à la lutte antiparasitaire et l'utilisation de pesticides dans le cadre du Programme des pesticides à usage limité (PPUL) du Centre de la lutte antiparasitaire (CLA) d'AAC et du projet IR-4 du ministère américain de l'Agriculture[67]. Outre les activités mentionnées ci-dessus, le CLA et IR-4 mènent à bien des projets communs sur des problèmes similaires de cultures et de parasites, avec pour objectif de trouver simultanément de nouvelles solutions efficaces d'utilisation applicables dans les deux pays. Actuellement, les autorités de réglementation, des deux côtés de la frontière, examinent de concert un grand nombre de ces projets. Cet effort de coopération permet de gagner du temps et d'économiser les ressources, et aboutit souvent à une harmonisation des concentrations maximales de résidus, ce qui contribue aussi à lever les obstacles aux échanges.

AAC fait également partie d'un certain nombre de réseaux scientifiques internationaux, énumérés dans l'encadré 7.6.

Encadré 7.6. Participation d'AAC à des réseaux scientifiques internationaux

- Organe directeur du Traité international sur les ressources phytogénétiques pour l'alimentation et l'agriculture de la FAO : le Canada est partie à ce traité international contraignant (www.planttreaty.org/fr).
- Commission des ressources génétiques pour l'alimentation et l'agriculture de l'Organisation des Nations Unies pour l'alimentation et l'agriculture (FAO – www.fao.org/home/fr/).
- Initiative mondiale de sélection végétale de la FAO (http://km.fao.org/gipb/).
- Partenariat mondial sur les sols de la FAO (www.fao.org/globalsoilpartnership/fr/).
- *Forum for the Americas on Agricultural Research and Technology Development* (FORAGRO – www.iica.int/foragro/) de l'Institut interaméricain de coopération pour l'agriculture (IICA).
- *Cooperative Program in Agricultural Research and Technology for the Northern Region* (PROCINORTE – www.procinorte.net/Pages/Default.aspx) de l'IICA, réseau de recherche avec les États-Unis et le Mexique.
- Convention sur la diversité biologique ; Organe subsidiaire chargé de fournir des avis scientifiques, techniques et technologiques (OSASTT – www.cbd.int/sbstta).
- Plateforme intergouvernementale scientifique et politique sur la biodiversité et les services écosystémiques (IPBES – www.ipbes.net/).
- Commission de météorologie agricole de l'Organisation météorologique mondiale (OMM – www.wmo.int/pages/prog/wcp/agm/cagm/cagm_en.php).
- Forum mondial sur la recherche agricole (GFAR – www.egfar.org/).
- Initiative internationale de recherche pour l'amélioration du blé du G20 (IRIWI – www.wheatinitiative.org/ et Réseau international de rendement du blé (WYN).
- *Open Data Initiative* du G8 (https://sites.google.com/site/g8opendataconference/home).
- Programme de recherche en collaboration (PRC – www.oecd.org/agriculture.crp) de l'Organisation de coopération et de développement économiques (OCDE).

Encadré 7.6. Participation d'AAC à des réseaux scientifiques internationaux (*suite*)

- *Agriculture Technical Cooperation Working Group* (ATCWG – www.apec.org/Groups/SOM-Steering-Committee-on-Economic-and-Technical-Cooperation/Working-Groups/Agricultural-Technical-Cooperation.aspx) du Conseil de coopération économique Asie-Pacifique (APEC).
- Autres centres internationaux de recherche agricole : AVRDC (*Asian Vegetable Research and Development Centre*), CATIE (*Centro agronómico tropical de investigación*), ICIPE (Centre international sur la physiologie et l'écologie des insectes), GlobalHort, INBAR (Réseau international sur le bambou et le rotin).
- *CABI International Bioscience* (www.cabi.org).
- Fédération internationale du lait (FIL : www.fil-idf.org/Public/ColumnsPage.php?ID=23077).
- Groupe sur l'observation de la Terre (GEO – www.earthobservations.org/index.shtml), initiative de surveillance agricole (Agricultural Monitoring (GLAM)).
- *Initiative Joint Experiment of Crop Assessment and Monitoring* (JECAM : http://jecam.org/) du GEO.
- *Projet Global Drought Monitoring Initiative* (GDM) du GEO.
- Groupe d'experts intergouvernemental sur l'évolution du climat (GIEC : www.ipcc.ch/).
- Alliance mondiale de recherche sur les gaz à effet de serre en agriculture (GRA : www.globalresearchalliance.org/).
- Initiative de programmation conjointe sur l'agriculture, la sécurité alimentaire et le changement climatique (JPI-FACCE – www.faccejpi.com/).
- *International Knowledge-Based Bio-Economy Forum* (KBBE).

Transfert international de technologies

Le secteur privé représente le principal vecteur d'importation de nouvelles technologies et de mise à disposition de ces technologies aux producteurs canadiens et aux filières en amont et en aval. Un certain nombre de programmes publics existent au Canada, dont le Programme d'aide à la recherche industrielle, qui contribuent à adapter les techniques aux exigences réelles du secteur. Certains partenaires d'AAC ont privilégié des mécanismes formels, comme les protocoles d'entente, qui répertorient les domaines prioritaires d'intervention, décrivent les formes de coopération possibles et tiennent compte des questions de DPI. Les protocoles d'entente permettent à AAC de partager ses connaissances et ses meilleures pratiques avec ses partenaires internationaux (comme la Chine, l'Inde ou l'Indonésie) en vue de faire progresser les questions d'intérêt réciproque, comme la croissance des animaux et la production animale, la croissance des plantes et la production végétale, l'agriculture durable (gestion de l'eau et de la terre, utilisation de pesticides et de produits chimiques, qualité et sécurité des produits), et les techniques de transformation.

Les principaux mécanismes mis en œuvre par AAC pour faciliter les transferts de technologie sont les suivants :

- Le ***programme de participants étrangers à la recherche*** offre la possibilité à des étrangers qui répondent aux critères de sélection de participer à des projets scientifiques et techniques qui s'inscrivent dans les priorités d'AAC. Ces participants sont accueillis dans les centres de recherche d'AAC.
- Les ***protocoles d'entente*** : Ce partenariat entre AAC et des organisations ou organismes publics étrangers porte sur des objectifs communs et des domaines prioritaires d'intervention définis dans un contexte de coopération et inscrits dans un cadre législatif donné. Bien qu'il formalise le lien entre partenaires, un protocole d'entente n'est pas un instrument international et il n'est donc pas juridiquement contraignant.
- Les ***accords d'échange universitaire*** : Il s'agit d'un partenariat entre AAC et une université ou un centre de recherche étranger travaillant dans le domaine agricole ou agroalimentaire. Ce type

de partenariat vise à développer la coopération universitaire et scientifique, la mise en commun des connaissances et les activités de recherche d'intérêt commun. Les accords d'échange universitaire peuvent prendre la forme d'échanges entre étudiants et chercheurs invités, d'activités de recherche conjointes ou d'échanges de documentation scientifique, etc.

- Les ***accords de collaboration*** et ***ententes de coopération*** : Ce mécanisme permet à AAC d'élaborer une stratégie de coopération avec un organisme public ou privé. Dans ces accords, des objectifs et des domaines prioritaires précis, appelés à faire l'objet d'une étroite collaboration, sont définis. Un dispositif de collaboration n'est contraignant ni du point de vue juridique, ni du point de vue financier.
- ***Lettre d'intention :*** Il s'agit d'un document par lequel AAC et des organisations internationales (publiques ou privées) expriment le souhait partagé de travailler en vue de l'établissement ou de la poursuite d'un partenariat avantageux pour les deux parties. La lettre d'intention peut aboutir à la signature d'un protocole d'entente générique, d'un accord d'échange universitaire, d'un accord de collaboration ou d'une entente de coopération. Une lettre d'intention ne crée aucune obligation pour les parties.

Les connaissances sur des innovations qui peuvent être intégrées à des résultats concrets, comme des idées ou des systèmes de gestion, circulent librement, moyennant parfois un soutien des pouvoirs publics. Des séminaires, des ateliers et d'autres forums d'échange d'informations soutiennent le transfert de connaissances, de bonnes pratiques et de techniques. Parmi quelques exemples, on peut citer un atelier de cinq jours sur la gestion et l'évaluation des risques, organisé au Canada pour de hauts fonctionnaires du ministère chinois de l'Agriculture, ou une conférence de trois jours qui a eu lieu en Chine sur l'évaluation génétique des vaches laitières. En outre, des projets et des travaux de recherche conjoints sont aussi un moyen de transférer des connaissances et des techniques grâce à leur mise en application pratique. Ainsi, les projets sur les porcs vivants et les bovins laitiers proposés dans le cadre du protocole d'entente entre AAC et le ministère indien de l'Agriculture visent à transférer le savoir-faire canadien dans ces domaines dans le cadre du programme d'augmentation de la production de protéines en Inde.

Normalement, les connaissances sont disponibles à la fois sur le territoire national et à l'étranger, ce qui permet au secteur privé d'adopter la combinaison qui lui paraît répondre le mieux à sa situation. L'industrie canadienne s'appuie largement sur les outils informatiques modernes pour découvrir de nouvelles connaissances ou technologies (comme Internet) et obtient ainsi l'information dont elle a besoin pour prendre des décisions d'investissement ; les déplacements à l'étranger font également partie des stratégies mises en œuvre. De nombreuses organisations sectorielles participent aussi à la recherche de nouvelles technologies et de nouvelles connaissances pour en faire bénéficier leurs membres.

Mesurer les performances des systèmes d'innovation agricoles

Il est utile de suivre les progrès réalisés globalement dans la création et l'adoption d'innovations pertinentes. Des indicateurs de substitution, comme le nombre de brevets ou de citations dans les bibliographies, sont disponibles dans des bases de données internationales, y compris pour le secteur agricole primaire et les secteurs d'amont et d'aval, et par type d'innovation. Les enquêtes peuvent aussi donner une idée de la diversité des innovateurs et des innovations créées par les secteurs publics et privés, et adoptés par les exploitations et les entreprises.

Résultats de la R-D

Le nombre de brevets dans un pays est une mesure supplétive des résultats de la R-D. Il ne s'agit pas d'un indicateur exhaustif des performances du système d'innovation, étant donné que toutes les innovations ne sont pas brevetées, que tous les brevets ne sont pas utilisés, qu'il existe d'autres modes de protection des DPI pour les variétés végétale, et que les secrets de fabrique sont fréquemment employés pour protéger les innovations dans la transformation des aliments, plutôt que les brevets. En outre, ces chiffres devraient être complétés par des indicateurs sur la qualité de brevets, qui sont en cours d'élaboration à l'OCDE (2013c). Selon les demandes de brevets déposées en vertu du Traité de coopération en matière de brevets (PCT), qui protège les inventions dans tous les pays signataires, le Canada se classe au 10e rang mondial pour le nombre de ses brevets dans le secteur de l'agriculture, concernant certains intrants agricoles précis, l'agronomie et les innovations dans le secteur agroalimentaire (graphique 7.E.1). Le nombre de brevets dans l'agriculture par rapport au nombre total de brevets publiés au Canada est plus élevé que la contribution de l'agriculture au PIB, par rapport aux autres secteurs d'activité (tableau 7.5). La plupart des brevets relèvent du domaine agroalimentaire plutôt que de l'agronomie.

Les statistiques sur les publications et les citations agricoles confirment et renforcent l'idée que le Canada apporte une contribution relativement solide à l'innovation agricole non seulement dans le monde, mais aussi à l'économie canadienne (graphiques 7.E.3 et 7.E.4). L'agronomie domine les références bibliographiques sur l'agriculture, tandis que la plupart des brevets dans ce domaine concernent la transformation des aliments. La part du Canada dans le nombre de publications et de citations en agronomie dans le monde a reculé ces 15 dernières années (graphique 7.14). Cela doit être rapproché de la forte augmentation des contributions des pays BRIICS[68], le nombre de publications dans l'agriculture ayant augmenté de près de 3 % par an au Canada entre 1996 et 2012 (contre environ 28 % dans les BRIICS et environ 5 % dans la zone de l'OCDE).

Tableau 7.5. Résultats de la R-D, 2006-11

	Australie	Brésil	Canada	États-Unis	Moyenne OCDE	Total OCDE
Spécialisation dans l'agriculture : agriculture et alimentation en pourcentage du total du pays (%)						
Brevets	7.4	11.0	6.0	6.8	5.6	
Publications	10.6	19.4	8.7	6.7	9.4	
Citations	10.8	15.5	8.3	6.3	11.9	
Contribution du pays à la production mondiale, dans le domaine de l'agriculture et l'alimentation (%)						
Brevets	0.5	0.2	0.6	10.8	0.7	27.9
Publications	3.3	4.7	3.7	18.3	2.0	68.9
Citations	2.9	1.2	4.1	27.2	..	48.4

Source : Base de données de l'OCDE sur les brevets, janvier 2014 ; SCImago. (2007). *SJR — SCImago Journal & Country Rank*. Extraction du 19 mars 2014 de http://www.scimagojr.com.

StatLink http://dx.doi.org/10.1787/888933290604

Graphique 7.14. L'évolution de la production scientifique et son impact dans les sciences de l'agriculture, 1996-2012

Pourcentage de la production mondiale

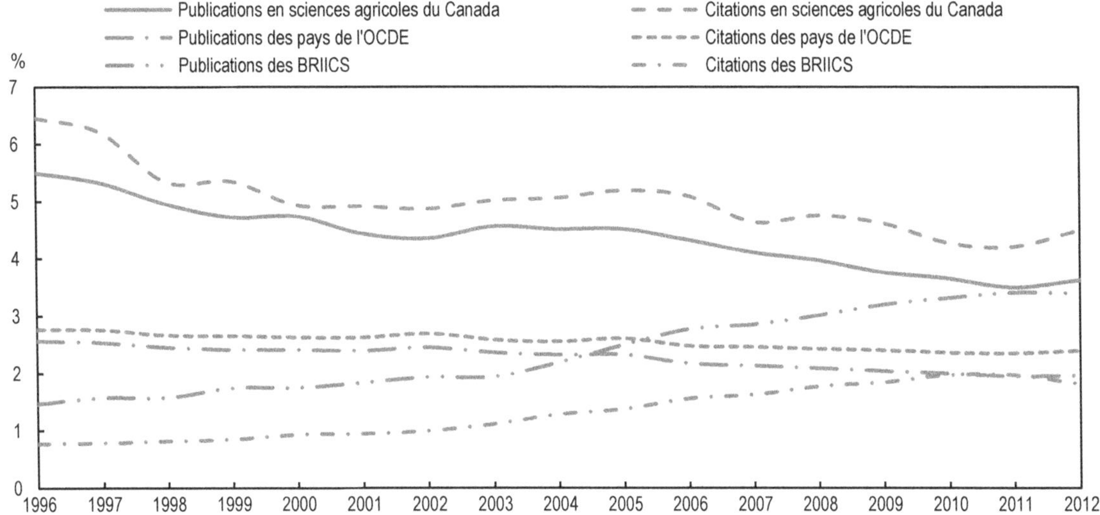

Les sciences de l'agriculture recouvrent les catégories utilisées dans la classification Scopus de revues, à savoir agronomie et science des plantes cultivées, zootechnique et zoologie, sciences aquatiques, systématique de l'écologie, de l'évolution et du comportement, sylviculture, horticulture, entomologie, botanique et pédologie, et disciplines diverses de l'agriculture et de la biologie.

Source : SCImago. (2007). *SJR — SCImago Journal & Country Rank*, Extraction du 19 mars 2014 de www.scimagojr.com.

StatLink http://dx.doi.org/10.1787/888933290513

Collaboration dans la R-D

Environ 30 % des brevets canadiens dans l'agriculture ont un co-inventeur étranger, et ces brevets représentent une part plus importante du total mondial que les brevets entièrement canadiens dans le domaine de l'agriculture (tableau 7.6 et graphique 7.E.2). En d'autres termes, la coopération internationale dans l'innovation agricole est plus importante au Canada que dans la moyenne des pays développés et émergents. À l'instar de ce qu'il se passe dans d'autres pays, le taux de collaboration est plus élevé pour les publications que pour les brevets. À environ 50 %, il est aussi bien plus élevé au Canada qu'aux États-Unis, mais il est plus modeste que dans de nombreux pays européens (graphique 7.E.4). Si les politiques publiques ont une influence sur la collaboration, ce phénomène est aussi très lié à la taille du pays, les inventeurs dans des pays plus petits étant plus susceptibles d'entreprendre des collaborations internationales dès lors qu'ils disposent d'une certaine capacité de recherche (graphique 7.E.5).

Tableau 7.6. Coopération dans la R-D, 2006-11

Résultats en collaboration, en pourcentage du nombre total de résultats dans l'agriculture et l'alimentation (%)

	Australie	Brésil	Canada	États-Unis	Moyenne OCDE
Brevets	23.1	29.7	29.7	14.3	11.8
Publications	47.3	22.3	48.9	36.4	50.8

Source : Base de données de l'OCDE sur les brevets, janvier 2014; SCImago. (2007). SJR — SCImago Journal & Country Rank. Extraction du 19 mars 2014 de www.scimagojr.com.

Taux d'adoption de nouvelles techniques et méthodes dans le secteur agricole

Les données sur l'adoption de nouvelles techniques et méthodes agricoles au niveau des exploitations sont limitées, au Canada. Des informations générales provenant du Recensement de l'agriculture et d'autres enquêtes connexes montrent que les pratiques de culture, certains modes de cultures (non labour) et types de machines sont largement adoptés depuis de nombreuses décennies, et que les pratiques commerciales ont évolué avec le temps (AAC, 2011). Statistique Canada a également réalisé une enquête sur l'innovation et les stratégies d'entreprise, en 2009 et en 2012. Cette enquête contient des informations sur l'adoption de nouvelles techniques et méthodes au niveau de la transformation.

En plus des informations de Statistique Canada, d'autres enquêtes permettent de combler certaines lacunes statistiques. Ainsi, Financement agricole Canada gère un groupe consultatif à participation volontaire, Vision, et des centres de recherche régionaux ou provinciaux donnent des éclairages concernant les tendances dans le secteur, mais aussi sur les facteurs qui agissent sur les capacités d'innovation au niveau de l'exploitation (Financement agricole Canada, 2009).

Une enquête récente, organisée par l'université de la Saskatchewan auprès des agriculteurs de cette province, mais aussi de l'Alberta et du Manitoba, s'est penchée sur les taux d'adoption de différentes innovations par les exploitations. L'enquête a porté sur de nombreuses catégories d'innovations, à savoir :

- au niveau des produits : Nouveaux types de plantes ou de cultivars, nouvelles races ou types d'animaux ;
- au niveau des procédés : Pratiques d'irrigation et de gestion de l'eau, pratiques de lutte contre les mauvaises herbes, les parasites et les maladies, pratiques de gestion des sols et d'utilisation d'engrais, utilisation de nouveaux équipements de culture, santé, manipulation et/ou alimentation du bétail, etc. ;
- au niveau de l'organisation : Mesures incitatives à l'embauche de nouveaux salariés, nouveaux membres ayant des qualifications supplémentaires dans l'équipe de gestion de l'exploitation ;
- innovations en matière de commercialisation.

Les résultats préliminaires de cette enquête montrent que les exploitants des Prairies canadiennes sont plus susceptibles d'adopter de nouveaux types de plantes, de modifier leurs pratiques de lutte contre les mauvaises herbes, les parasites et les maladies, et leurs pratiques en matière de gestion du sol, mais aussi d'adopter de nouvelles méthodes de commercialisation de leur production (60 %) que d'entreprendre d'autres activités innovantes (20 % d'entre eux adoptent de nouveaux types et de nouvelles races d'animaux, mais aussi de nouvelles pratiques de gestion de l'eau, tandis qu'ils sont 30 % à adopter de nouvelles pratiques concernant la santé et l'alimentation des animaux).

Cette enquête révèle également que les exploitants qui adoptent le plus d'innovations sont aussi ceux dont l'exploitation est plus grande, compte le plus de salariés, qui disposent d'un capital social plus important, qui font partie de réseaux informels plus nombreux, qui parlent avec plus de monde, qui accordent plus d'importance à la formation continue, qui participent à davantage d'ateliers, etc.

Les informations recueillies dans les enquêtes témoignent du fait que les programmes sur la gestion de l'entreprise ont aidé les producteurs et les entreprises du secteur agroalimentaire à faire progresser leurs objectifs financiers, à améliorer leur rentabilité et à investir là où cela était nécessaire afin de produire et de commercialiser des produits agricoles sûrs tout en veillant à la gestion durable des ressources naturelles. Réalisé en 2004, 2007 et 2012, le Sondage national sur le renouveau (enquête diligentée par l'AAC) a cherché à mieux comprendre l'évolution de la diversité des pratiques de gestion de l'entreprise et des activités des producteurs canadiens. Dans le sondage de 2012, il est apparu que les producteurs qui avaient participé à un Programme de développement des entreprises dans le cadre de Cultivons l'avenir au cours des cinq années précédentes étaient plus nombreux à avoir rédigé un plan prévoyant leur succession (45 %) que ceux qui n'y avaient pas participé (23 %). Cela laisse donc à penser que le Programme a indirectement facilité le transfert de connaissances en incitant les agriculteurs à rédiger un projet de succession.

Notes

1. La Stratégie 2007 est accessible à la page www.ic.gc.ca/eic/site/icgc.nsf/fra/h_00856.html ; le rapport d'étape 2009 est accessible à www.ic.gc.ca/eic/site/icgc.nsf/fra/h_04709.html.
2. Conseil national de recherches : www.nrc-cnrc.gc.ca/fra/index.html.
3. Le Québec compte trois facultés d'agronomie, situées dans les universités de Laval, McGill et Montréal.
4. En règle générale, les universités privilégient davantage la recherche pure ou fondamentale, alors que les collèges se situent plus en aval, dans les domaines de R-D appliquée.
5. Une liste complète des parties prenantes de l'agriculture canadienne (par exemple les associations) est publiée sur un site ouvert au public intitulé AgriGuide (www.agriguide.ca) ainsi que sur un site interactif de l'AAC, AgriConnexions, qui recense les universités ayant des disciplines dans l'agriculture.
6. Une description rapide des procédures de coordination entre les niveaux fédéral, provincial et territorial se trouve au début de la section 4.1.
7. Pour le CGRR de 2011/12, voir : http://static.tbs-sct.gc.ca/maf-crg/assessments-evaluations/2011/agr/agr-fra.asp .
8. Une vue d'ensemble des stratégies scientifiques sectorielles est disponible sur : www.agr.gc.ca/fra/a-propos-de-nous/planification-et-rapports/apercu-des-strategies-scientifiques-de-la-direction-generale-des-sciences-et-de-la-technologie/?id=1405554689843.
9. Les références précises des enquêtes de Statistique Canada sont disponibles sur demande. Ces statistiques sont disponibles dans la base de données de l'OCDE sur les statistiques recherche et développement.
10. Système de classification des industries de l'Amérique du Nord (SCIAN) : 111 pour l'agriculture et 112 pour l'élevage.
11. Disponible à l'adresse www.statcan.gc.ca/pub/88-202-x/2012000/t006-fra.htm.
12. Deloitte, *Global Survey of R&D Tax Incentives*, actualisé en septembre 2012 : www.deloitte.com/assets/Dcom-Canada/Local %20Assets/Documents/Tax/EN/2012/ca_en_tax_Global_SurveyR&D_Tax_incentives_September_2012.PDF.
13. Site Internet de Financement agricole : www.fcc.ca/.
14. Site Internet du CRSNG : www.nserc-crsng.gc.ca.
15. Depuis 2006, le gouvernement du Canada a apporté plus de 9 milliards CAD.
16. Réseau canadien de recherche sur la mammite bovine et la qualité du lait : www.reseaumammite.org/
17. Pour obtenir la liste des réseaux, voir www.nsercpartnerships.ca/How-Comment/Networks-Reseaux/index-fra.asp.
18. Site Internet de Génome Canada : www.genomecanada.ca/fr/.

19. Fondation canadienne pour l'innovation : www.innovation.ca.

20. Site Internet du Plan d'action économique du Gouvernement du Canada : www.budget.gc.ca/2013/doc/plan/chap3-4-fra.html.

21. Aperçu du CICP : https://buyandsell.gc.ca/initiatives-and-programmes/canadian-innovation-commercialization-programme-cicp/overview-of-cicp.

22. Réseau d'informations sur les ressources génétiques du Canada (GRIN-CA) : www.agr.gc.ca/pgrc-rpc).

23. Le portail d'accès libre aux données du gouvernement du Canada est accessible sur : http://ouvert.canada.ca/fr/donnees-ouvertes.

24. www.agr.gc.ca/fra/science-et-innovation/?id=1360882179814.

25 www.agr.gc.ca/innovationexpressmagazine.

26. Loi sur la protection des obtentions végétales : http://laws-lois.justice.gc.ca/fra/lois/P-14.6/.

27. Des informations plus détaillées sur la POV se trouvent sur le site Internet du Bureau de la protection des obtentions végétales de l'Agence canadienne d'inspection des aliments, à l'adresse www.inspection.gc.ca/vegetaux/protection-des-obtentions-vegetales/fra/1299169386050/1299169455265.

28. L'exemption de l'obtenteur permet l'utilisation, à des fins de sélection et de création de nouvelles variétés, d'une variété sans accord préalable du titulaire du droit de la POV.

29. L'exemption de recherche permet d'utiliser, à des fins de recherche et d'expérimentation, une variété protégée sans l'autorisation du titulaire du droit de la POV.

30. L'exemption à des fins privées non commerciales permet d'utiliser à des fins non commerciales - jardinage familial, jardinage amateur ou agriculture de subsistance - une variété protégée sans l'autorisation du titulaire du droit de la POV.

31. Guide sur les droits d'obtentions végétales au Canada de l'Agence canadienne d'inspection des aliments : www.inspection.gc.ca/vegetaux/protection-des-obtentions-vegetales/apercu/guide/fra/1409074255127/1409074255924.

32 Des informations sur les droits de propriété intellectuelle d'AAC, les conditions des licences de commercialisation et les accords type utilisés par AAC pour le développement, l'évaluation ou le transfert de nouvelles technologies sont disponibles sur le site Internet d'AAC, à l'adresse www.agr.gc.ca/fra/science-et-innovation/transfert-et-licences-de-technologie/occasion-de-concession-de-licence/?id=1197056926950. Les informations sur les licences de commercialisation sont disponibles à l'adresse www.agr.gc.ca/fra/science-et-innovation/transfert-et-licences-de-technologie/ententes-relatives-aux-licences-de-commercialisation/?id=1196972174299.

33. Le « coffret à outils » de l'OPIC est disponible à l'adresse www.opic.ic.gc.ca/eic/site/cipointernet-internetopic.nsf/fra/h_wr00011.html.

34. Des informations sur la POV sont disponibles sur le site de l'ACIA, à l'adresse www.inspection.gc.ca/vegetaux/protection-des-obtentions-vegetales/fra/1299169386050/1299169455265.

35. Les services de vulgarisation concernent la communication, les échanges d'information et la promotion de l'apprentissage en vue de renforcer les capacités et de modifier les pratiques.

36. Voir la seconde section du Chapitre 7 pour plus de détails sur les intermédiaires dans l'innovation.

37. *Guelph Food Technology Centre* : www.gftc.ca/courses-and-training/public-training.aspx.
38. Institut international du Canada pour le grain : http://cigi.ca/.
39. Conseil canadien du Canola : www.fr.canolacouncil.org/.
40. Canadian Cattlemen's Association : www.cattle.ca/.
41. Site Internet de *FarmOn* : http://FarmOn.com/.
42. *Canadian Beef School* : www.oldscollege.ca/programmes/ContinuingEducation/animal-science/canadian-beef-school.htm.
43. Le PARI apporte un soutien aux PME qui souhaitent développer et commercialiser des technologies.
44. Réseaux de centres d'excellence : www.nce-rce.gc.ca/.
45. Projets approuvés par les grappes agro-scientifiques : www.agr.gc.ca/fra/?id=1316118882467.
46. Grappe scientifique de l'industrie de l'élevage bovin : www.beefresearch.ca/about/funding/canadas-beef-science-cluster.cfm.
47. Grappe des produits laitiers : www.producteurslaitiers.ca/.
48. Grappe canadienne de recherche et de développement sur le porc : www.innovationporc.ca.
49. Grappe canadienne des sciences avicoles (2011, p. 6-7) : www.cp-rc.ca/2010_Update/French/2010_rapports_annuels.html.
50. Grappe agroscientifique canola/lin : www.canolacouncil.org/research/strategy-partnerships/research-partnerships/canadian-agri-science-clusters-initiative/.
51. Grappe scientifique des légumineuses à grains : www.pulsecanada.com.
52. Grappe canadienne de la recherche sur la sélection du blé : http://westerngrains.com/about/annual-report.
53. Grappe agroscientifique canadienne spécialisée en horticulture : www.hortcouncil.ca/projects-and-programmes/agri-science-cluster.aspx.
54. Grappe canadienne pour la recherche et l'innovation en produits horticoles ornementaux : www.vinelandresearch.com/Default.asp?id=75&l=1.
55. Grappe scientifique biologique : http://oacc.info/OSC/osc_welcome.asp.
56. Alliance de Recherche sur les Cultures Commerciales du Canada : www.fieldcropresearch.ca/en-franccedilais.html.
57. Bioindustrial Innovation Canada : www.bicsarnia.ca/ ; www.nce-rce.gc.ca/NetworksCentres-CentresReseaux/CECR-CECR/BIC-CIB_fra.asp.
58. Alliance canadienne du blé : www.canadianwheatallicance.ca.
59. Producteurs de légumineuses de la Saskatchewan (*Saskatchewan Pulse Growers*) : www.saskpulse.com/research-development/overview/.
60. *Vineland Research and Innovation Centre* : www.vinelandresearch.com/Default.asp?id=1&l=1. Les principaux partenaires de Vineland sont le secteur de l'horticulture et les pouvoirs publics, mais cet organisme s'adresse aussi aux universités, au grand public, à la communauté scientifique, à son conseil d'administration et à ses comités consultatifs.
61. « ATA » est le sigle des mots français et anglais « Admission Temporaire/Temporary Admission ».

62. www.nserc-crsng.gc.ca/Students-Etudiants/PD-NP/Laboratories-Laboratoires/index_fra.asp.

63. www.fao.org/GENINFO/partner/fr/visit/index.html.

64. Site Internet du CGIAR : (www.cgiar.org/).

65. Actuellement, plus de 50 institutions de plus de 15 pays dans le monde sont membre de la PIPRA, y compris AAC (site Internet de la PIPRA : www.pipra.org).

66. Cette organisation nationale à but non lucratif a son siège à New York et à San Francisco. Elle travaille en étroite collaboration avec des associations juridiques à but non lucratif dans tous les États-Unis et au Canada afin d'améliorer l'accès à la justice des personnes pauvres confrontées à des problèmes juridiques mais ne disposant pas des moyens financiers nécessaires pour obtenir une aide judiciaire.

67. IR-4 est l'abréviation de « *Interregional Project #4* », un programme américain qui ressemble au PPUL.

68. Brésil, Fédération de Russie, Inde, Indonésie, Chine et Afrique du Sud.

Références

AAC (2014a), Rapport du Comité des innovateurs en agriculture au ministre de l'Agriculture et de l'Agroalimentaire, disponible à l'adresse www.agr.gc.ca/fra/science-et-innovation/comite-des-innovateurs-en-agriculture/sommaire-du-rapport-final-du-comite-des-innovateurs-en-agriculture/?id=1373984119650.

AAC (2014b), *Vue d'ensemble du système agricole et agroalimentaire canadien 2014*, Agriculture et Agroalimentaire Canada, disponible depuis l'adresse www.agr.gc.ca/fra/a-propos-de-nous/publications/publications-economiques/liste-alphabetique/vue-densemble-du-systeme-agricole-et-agroalimentaire-canadien-2014/?id=1396889920372.

AAC (2014c), *The Role of Intellectual Property in Agricultural Innovation in Canada: An Evolving Landscape* (rapport de Agriculture et agroalimentaire Canada).

AAC (2012b), *Roles & Responsibilities in the Agriculture Sector Innovation System: Commodity Examples*, projet de document interne.

AAC (2012c), *Vue d'ensemble du système agricole et agroalimentaire canadien 2012*, Agriculture et Agroalimentaire Canada, disponible depuis l'adresse http://ageconsearch.umn.edu/bitstream/126213/3/Overview_2012_fr.pdf.

AAC (2011), Saint Andrews Statement.

AAC (2008), « Enquête nationale sur le renouveau 2007 » avril, p. 14, disponible sur demande.

AAC (2008), « Enquête nationale sur le renouveau 2007 » avril, p. 14, disponible sur demande.

Alston, J.M, R. Gray et K. Bolek (2012), « Farmer-funded R&D: Institutional Innovations for Enhancing Agricultural Research Investments », Université de la Saskatchewan, mars.

Campi, M. et A. Nuvolari (2013): Intellectual property protection in plant varieties: A new worldwide index (1961-2011), LEM Working Paper Series n° 2013/09, disponible à l'adresse http://hdl.handle.net/10419/89567.

Conseil des académies (2009), « Innovation et stratégies d'entreprise : pourquoi le Canada n'est pas à la hauteur ? », disponible à l'adresse www.scienceadvice.ca/en/assessments/completed/innovation.aspx.

Commission européenne (CE) (2009), European Innovation Scoreboard – Comparative Analysis of Innovation Performance, Bruxelles, janvier.

Financement agricole Canada (2009), Vision Poll for Farm Technology Report.

Gaboury-Bonhomme, M.È. (2011), « Évolution de la gouvernance et des politiques de services-conseils agricoles au Québec (Canada) », *Cahiers Agricultures*, Vol. 20, pp. 359-63. DOI : 10.1684.

Génome Canada (2011), "Measuring the Contribution of Biotechnology to the Canadian Economy". www.csls.ca/reports/csls2011-18.pdf.

Gill, Dhara S. (1996), « Reframing Agricultural Extension Education Services in Industrially Developed Countries: A Canadian Perspective », Staff Paper 96-10, Université de l'Alberta, p. 5, disponible à l'adresse http://ageconsearch.umn.edu/bitstream/24111/1/sp960010.pdf.

Gouvernement du Canada (2011), *Innovation Canada : Le pouvoir d'agir: Examen du soutien fédéral de la recherche-développement* – Rapport final du groupe d'experts. Disponible à l'adresse http://examen-rd.ca/eic/site/033.nsf/fra/h_00287.html.

Milburn, Lee-Anne S., Susan J. Mulley et Carol Kline (2010), « The End of the Beginning and the Beginning of the End: the Decline of Public Agricultural Extension in Ontario », Journal of Extension, Vol. 48 (6), janvier, p. 5. www.joe.org/joe/2010december/pdf/JOE_v48_6a7.pdf.

Niva Inc. (2009), Review of the Rationale for Commercialization of Agri-Based Innovation Support.

OCDE (2013a), *Politiques agricoles : suivi et évaluation 2013 - Pays de l'OCDE et économies émergentes*, Éditions de l'OCDE, Paris. http://dx.doi.org/10.1787/agr_pol-2013-fr.

OCDE (2013b*), Les systèmes d'innovation agricole : Cadre pour l'analyse du rôle des pouvoirs publics*, Éditions de l'OCDE, Paris. http://dx.doi.org/10.1787/9789264200661-fr.

OCDE (2013c), « Avant-propos », dans *Science, technologie et industrie : Tableau de bord de l'OCDE 2013*, Éditions de l'OCDE, Paris. http://dx.doi.org/10.1787/sti_scoreboard-2013-fr.

OCDE (2012), *Études économiques de l'OCDE : Canada, 2012*, Éditions de l'OCDE, Paris. http://dx.doi.org/10.1787/eco_surveys-can-2012-fr.

OCDE (2011a), *Multi-Level Governance of Innovation Policy* (I.3) for analysis of national vs. sub-national innovation policies; Canada as participant.

OCDE (2011b), *Business Innovation Policies: Selected Country Comparisons*, Éditions de l'OCDE, Paris. http://dx.doi.org/10.1787/9789264115668-en.

OCDE (2009), *Innovation in Firms – A Microeconomic Perspective*, Éditions de l'OCDE, Paris. http://dx.doi.org/10.1787/9789264056213-en.

OECD (2002), *Frascati Manual 2002: Proposed Standard Practice for Surveys on Research and Experimental Development*, The Measurement of Scientific and Technological Activities, OECD Publishing, Paris. http://dx.doi.org/10.1787/9789264199040-en.

Park, W. G. (2008), « International Patent Protection: 1960-2005 », Research Policy, n° 37, p 761-766.

Université de Cornell, INSEAD, et OMPI (2014), *The Global Innovation Index 2014: The Human Factor In innovation*, Fontainebleau, Ithaca et Genève, disponible à l'adresse www.globalinnovationindex.org.

VALGEN Policy Brief No. 34, July 2012 "Institutional Roles in Patent Policy Reform". Disponible à l'adresse www.valgen.ca/wp-content/uploads/Policy-Brief-34-July-2012.pdf.

van Beuzekom, B. et A. Arundel (2009), *Biotechnology statistics 2009*, OECD, Paris. www.oecd.org/dataoecd/4/23/42833898.pdf.

Références non citées

AAC (2011), *Roles & Responsibilities in the Agriculture Sector Innovation System: where does AAFC Best Position Itself?* août.

Assessment of the Scientific Output of CFAVM Members, Science Metrix: établi pour l'Association des Facultés canadiennes d'agriculture et de médecine vétérinaire (AFCAMV).

Boland, William P., Phillips, Peter W.B., et Ryan, Camille D. (2010): « Public-Private Partnerships for the Management of National, Regional and International Innovation Systems: A Network Analysis of Knowledge Translation Systems » (publication CAIRN, disponible à l'adresse http://www.ag-innovation.usask.ca/cairn_briefs/publications.html) .

Conseil d'experts en sciences et en technologie (2003), Les communications scientifiques et la participation du public (CSPP).

Conseil national du secteur des produits de la mer (CNSPM) (2008), Évaluation diagnostique et définition de l'industrie alimentaire au Canada. Rapport commandé à Corporate Research Associates pour le Conseil national du secteur des produits de la mer, mars. Disponible sur le site Internet du CHRH.

Carew, R. (2001): « Institutional Arrangements and Public Agricultural Research in Canada », *Review of Agricultural Economics* n° 23, vol. 1, pp. 82-101.

Galushko, V. (2008), « IPRs and the Future of Plant Breeding in Canada » présentation à l'atelier CAIRN, (14-15 décembre, Banff).

Gray, Richard et Simon Weseen (2007), *The Economic Rationale for Public Agricultural Research in Canada*, 19 octobre.

Mahoney R.T. et A. Krattiger. « The role of IP management in health and agricultural innovation » chapitre 1.1 Handbook of Best Practices (IP Handbook, PIPRA).

Micheels, E.T. (2013), Who are the Innovators in Canadian Prairie Agriculture?: Results from a Recent Survey, Department of Bioresource Policy, Business & Economics, Université de la Saskatchewan.

Watters, David (2013), Presentation of the overall innovation system in Canada. Disponible à l'adresse http://prezi.com/b4jkgu5e2fyd/overview-of-budget-2013/?auth_key=227e1cbcb5484e10d1222681c4c626f8755c1405.

Annexe 7.A1

Initiatives de niveau fédéral en faveur des bioproduits

Tableau 7.A1.1. Initiatives de niveau fédéral en faveur des bioproduits

Aides financières ciblées à la R-D

- Initiative du Conseil de recherches en sciences naturelles et en génie du Canada (CRSNG) en R-D dans le secteur forestier 2009-2014 (34 millions CAD sur cinq ans) – Cette initiative a pour but de stimuler la recherche ayant des perspectives commerciales dans le domaine de la biomasse forestière, de son exploitation et de sa conversion.
- Agri-innovation 2013-18 (698 millions CAD sur cinq ans) – Ce programme a pour objet d'accélérer la création, la disponibilité, la démonstration et l'adoption de produits, de processus, de services et de technologies innovants au secteur des bioproduits. Cette initiative permettra de réduire le risque financier lié aux projets lancés par des entreprises, de faciliter la commercialisation d'idées innovantes ainsi que de stimuler la croissance, la compétitivité et la productivité du secteur agricole canadien. Ce programme est organisé en axes correspondant aux différents segments du secteur.
- Fonds Technologies du Développement Durable (590 millions CAD) – Financé par Technologies du développement durable Canada pour soutenir les phases critiques de la mise au point et de la démonstration de solutions de technologies propres, à savoir notamment de produits et de processus qui contribuent à préserver l'atmosphère, l'eau et la terre de la pollution et à affronter le dérèglement climatique.
- L'initiative en cours Eco-Énergie sur l'innovation (82 millions CAD) – Appuyer l'innovation en technologies de l'énergie ainsi que les projets de développement permettant de tester la faisabilité de différentes technologies, de combler les déficits de connaissances et d'amener les technologies développées à la phase de test.
- Initiatives du Conseil national de recherches Canada – Introduction de deux nouveaux projets de recherche et développement sur les bioproduits. Le Programme-phare Biomatériaux industriels porte sur l'utilisation de matériaux végétaux destinés à être utilisés dans l'automobile et l'aéronautique. Le Programme-phare Conversion du carbone par les algues a pour but de créer un système à base d'algues pour recycler les émissions de CO2.

Soutien au capital investissement pour le développement, l'adoption et la montée en échelle des technologies

- Avrio Ventures (jusqu'à 10 millions CAD sur l'ensemble de la vie d'une entreprise) – fonds mis à disposition par l'intermédiaire de Financement agricole Canada et fournis par une société de capital-risque qui soutient les phases de commercialisation et de croissance d'entreprises canadiennes de bioproduits industriels. Les investissements sont généralement destinés à commercialiser des produits, à lancer leur déploiement, à étendre leur distribution ou leur présence sur les marchés, ou à financer leur croissance. Le programme est destiné aux alicaments, aux bioproduits alimentaires et aux nouvelles technologies alimentaires.
- Le Fonds pour l'énergie propre (CEF) 2009-2014 (146 millions CAD) – Investit dans des projets de démonstration d'envergure modeste de technologies d'énergies renouvelables et alternatives, notamment de bioénergies.
- écoEnergie pour l'électricité renouvelable 2007-2021 (1.48 milliards CAD) – A pour objet d'accroître l'offre au Canada d'énergie propre issue de sources renouvelables, notamment la biomasse, en versant 0.01 CAD par kWh pendant un maximum de 10 ans aux projets éligibles d'électricité renouvelable à faible impact. Ce programme va encourager la production de 14.3 térawatt heures d'électricité nouvelle à partir de sources d'énergie renouvelables, soit suffisamment d'électricité pour alimenter un millions de foyers.
- Investissements dans la transformation de l'industrie forestière (ITIF) 2013-2017 (100 millions CAD) – Fournis au secteur forestier canadien pour accélérer la compétitivité sur le marché et la durabilité environnementale grâce à des investissements en technologies innovantes. Financements accordés à des projets (maximum 50 % du coût total des projets) qui mettent en œuvre de nouvelles technologies permettant de produire des produits forestiers non traditionnels à forte valeur ajoutée et des énergies renouvelables.

Réglementation

- Engagement à identifier et évaluer les obstacles réglementaires au développement du secteur, à accélérer les processus réglementaires et à fluidifier la communication entre pouvoirs publics et industrie afin de créer un cadre réglementaire clair et prévisible.
- L'Agence canadienne d'inspection des aliments a annoncé un projet pilote pour les Produits industriels issus de plantes (PIIP) qui apportera des éléments d'informations utiles à l'éventuel développement d'un programme permettant aux bioproduits émergents d'employer des végétaux présentant des traits nouveaux pour produire des PIIP à l'échelle commercial tout en protégeant l'approvisionnement du Canada en denrées pour l'alimentation humaine et animale.

Tableau 7.A1.1. Initiatives de niveau fédéral en faveur des bioproduits (*suite*)

Politique d'encouragement du développement de l'industrie des bioproduits, de la production à l'utilisation

Producteurs

- Grâce à la connaissance de bonnes pratiques de gestion, assurer une production compétitive, durable et efficiente.
- Le Réseau canadien d'innovation dans la biomasse (RCIB) – réunit des chercheurs fédéraux, des responsables des politiques publiques, des représentants de l'industrie, des universitaires, des organisations non gouvernementales et des représentants de la communauté internationale pour assurer le développement et la diffusion des connaissances, des technologies et rendre possible l'établissement de politiques publiques propres à favoriser le développement d'une bioéconomie canadienne durable. Un sous-comité œuvre pour le développement et l'avancement des technologies de nouvelle génération pour la bioénergie, les biocarburants et les bioproduits industriel, et coordonne la recherche, le développement et la démonstration des bioproduits pour tout le gouvernement fédéral.
- Le Comité de la chaîne de valeur des bioproduits industriels – forum animé par des représentants de l'industrie, destiné à réunir des représentants clé de l'industrie avec les autorités fédérales et provinciales pour s'entretenir de problèmes communs concernant les différentes filières canadiennes de bioproduits industriels. Ce Comité a pour objet de fixer des priorités pour le secteur, de favoriser la collaboration entre industrie et pouvoirs publics et d'améliorer la compétitivité et la rentabilité du secteur canadien des bioproduits industriels.
- Le Réseau sur les biocarburants cellulosiques – réseau canadien comptant plus de 40 scientifiques issus de la fonction publique et d'universités cherchant à lever les contraintes pesant sur l'industrie canadienne du bioéthanol. L'objectif du réseau est de doter le Canada d'un plan économique et environnemental pour la production à bas coût d'éthanol à partir de résidus des cultures alimentaires et de cultures dédiées et de l'utilisation de terres marginales.

Recherche et développement

- Programme d'encouragements fiscaux pour la recherche scientifique et au développement expérimental (RS&DE) – Système fédéral d'incitation fiscale prévoyant des dégrèvements fiscaux ou des crédits d'impôts pour les travaux de recherche et développement réalisés au Canada.

  - Soutien à la commercialisation et à l'industrie
  - Créer un environnement de risque partagé pour encourager l'investissement sans entraîner de distorsion des signaux du marché.
  - Stratégie canadienne de carburants renouvelables (SCCR) – Annoncée en 2008, cette initiative consiste à lutter contre le dérèglement climatique en stimulant la demande de carburants renouvelables et en veillant à assurer une offre suffisante grâce à l'investissement. Des réglementations, des programmes et des politiques publiques sont établis pour créer des incitations à la production de carburants renouvelables, pour durir la participation des agriculteurs à cette filière et encourager la prochaine génération de technologies de bioproduits.
  - Réglementation des carburants renouvelables – Impose des proportions minimum de coupage (5 % pour l'essence et 2 % pour le diésel).
  - Initiative Eco-énergie pour les biocarburants 2008-2017 (1.5 milliards CAD) – Créée pour stimuler la production annuelle de biocarburants au Canada et atteindre 2.5 milliards de litres. Ce programme s'engage à accroître l'offre de carburants plus propres et renouvelables tels que l'éthanol et le biodiesel en offrant aux producteurs de carburants renouvelables des incitations opérationnelles. Les producteurs d'alternatives renouvelables à l'essence recevront 0.26 CAD par litre la première année. Ces incitations s'amenuisent au fil des années et ont pour but d'aider cette filière à devenir autosuffisante.
  - Initiative pour un investissement écoagricole dans les biocarburants 2008-2013 – Ce programme consiste dans des contributions remboursables pouvant aller jusqu'à 25 millions CAD par projet, pour la construction au Canada ou l'agrandissement d'installations de production de biocarburants (éthanol et biodiesel) destinés au transport. Il peut s'agir d'investissement en capital par des agriculteurs et de l'utilisation d'intrants agricoles pour produire les biocarburants. Ce programme n'existe plus.
  - Fonds de biocarburants ProGen (500 millions CAD) – Financé par Technologie développement durable Canada pour combler le hiatus entre la chaîne d'innovation et atténuer les risques liés aux technologies propres. Ce fonds aidera à apporter les nouvelles technologies sur le marché et encouragera la rétention et la croissance des unités de production d'éthanol cellulosique et de biodiesel au Canada en donnant aux entreprises la possibilité de monter en échelle les technologies.
  - Outil cartographique d'inventaire de la biomasse – Carte interactive permettant de s'informer sur les types de bioproduits disponibles dans les différentes zones, ainsi que sur la quantité et la qualité des produits. Cet outil est essentiel pour la planification et la production et facilite la prise de décisions éclairées sur l'offre de bioproduits.

Annexe 7.A2
Procédures d'évaluation

Au niveau national, chaque ministère du gouvernement fédéral est chargé de l'évaluation de son propre programme d'innovation. Au sein d'AAC, il existe un Bureau de la vérification et de l'évaluation (BVE)[1] qui est « chargé d'évaluation des ressources humaines, des programmes d'innovation et de la performance du système ». Il est obligatoire de conduire des évaluations selon des cycles quinquennaux pour évaluer la rentabilité (en termes de pertinence et de performance) des programmes publics fédéraux.

AAC et le BVE sont guidés par un cadre fédéral de la politique d'évaluation. La politique de l'évaluation du Conseil du trésor (2009) précise les aspects fondamentaux sur lesquels doivent porter les évaluations. Il s'agit notamment des éléments suivants : 1) le programme continue d'être nécessaire ; 2) il correspond aux priorités des pouvoirs publics ; 3) il correspond aux rôles et responsabilités au niveau fédéral.

S'agissant de la performance (efficacité, efficience et économie), les éléments suivants sont examinés : 1) Les résultats escomptés ont été atteints ; 2) L'efficience et l'économie ont été démontré. Les règles veulent qu'une évaluation directe de toutes les dépenses du programme soit effectuée en toute neutralité pendant chaque cycle de cinq ans.

AAC entend intégrer la discipline de l'évaluation dans la gestion du cycle de travail des pouvoirs publics, des programmes et des initiatives, afin :

- De développer des cadres de gestion et de responsabilité pour toutes les politiques, tous les programmes et toutes les initiatives, qu'ils soient nouveaux ou prorogés.
- Établir des pratiques de suivi en continu et de mesure des performances.
- Évaluer ces aspects aux premières phases de la mise en œuvre de la politique, du programme ou de l'initiative, notamment ceux qui sont exécutés dans le cadre d'un accord partenarial (évaluation formative ou à mi-parcours).
- Évaluer les aspects relatifs à la pertinence, aux résultats et au rapport efficacité-coût.

La politique agricole, comme toutes les politiques au Canada, est évaluée par rapport aux résultats stratégiques attendus. (encadré annexe 7.B.1). L'un des trois résultats stratégiques pour l'agriculture, « Un secteur innovateur de l'agriculture, de l'agroalimentaire et des produits agro-industriel » se compose de programmes qui soutiennent « la mise au point et la commercialisation de produits agricoles à valeur ajoutée, ainsi que de systèmes, de procédés et de technologies axés sur le savoir ». Les indicateurs de performance correspondant à ce résultats sont notamment la productivité totale des facteurs et la valeur ajoutée. Le résultat stratégique comprend également des programmes et des activités conçus pour doter le secteur des capacités de gestion et des stratégies qui lui permettront de saisir les opportunités et de gérer le changement.

En 2010, AAC a terminé une méta-évaluation de douze des programmes d'innovation du ministère. Globalement, cette évaluation a conclu que ces programmes étaient conformes aux priorités fédérales et à celles d'ACC, et que le soutien des pouvoirs publics est important pour surmonter les obstacles à l'innovation dans le secteur agricole. Reconnaissant qu'il faudra un certain temps pour constater les résultats d'initiatives d'innovation, cette évaluation a aussi conclu que les programmes allaient dans le bon sens par rapport aux résultats attendu. Toutefois, les indicateurs de performance s'expliquent probablement par le fait que certaines politiques publiques n'étaient pas examinées dans l'évaluation et qu'il n'existe pas d'évaluation spécifique de l'impact des mesures de soutien aux revenus et de gestion de l'offre sur les résultats d'innovation. Depuis une date récente, AAC attache plus d'importance à la construction d'indicateurs pour mesurer la performance d'innovation.

Encadré 7.A2.1. Méthode d'évaluation de la politique agricole au Canada

Au Canada, tous les programmes sont évalués conformément à la Politique de l'évaluation du Conseil du Trésor. Cette politique exige que toutes les dépenses de programmes directes soient évaluées tous les cinq ans, selon les critères fondamentaux suivants :

- Le programme est-il encore utile ?
- Est-il en phase avec les priorités gouvernementales ?
- Respecte-t-il l'allocation des rôles et responsabilités au niveau fédéral ?
- Les résultats attendus sont-ils atteints ?
- Le programme a-t-il démontré son efficience et son caractère économique ?

A AAC les évaluations sont effectuées par le Bureau d'audit et d'évaluation (BVE), groupe indépendant des équipes de programme. Différentes méthodes sont employées pour ces évaluations : entretien, examen du dossier et des données du programme, revue de littérature et études de cas des projets.

AAC réalise une évaluation annuelle du risque pour déterminer ses priorités internes et, ce faisant, examine le risque attaché à chaque programme pris en charge par le ministère. Sachant que les recommandations qui ne sont pas suivies d'effet représentent des risques pour le ministère, le BVE surveille la mise en œuvre des plans d'action pris en exécution des recommandations issues de l'évaluation (ainsi que les exigences découlant des vérifications internes et externes).

Pour tous les systèmes de paiement de transfert des ministères ont été développé et mises en œuvre des Stratégies de mesure de la performance expliquant la logique d'intervention du programme et définissant les activités qu'il comprend, ses productions et les résultats attendus. Ces stratégies, élaborées en consultation avec les évaluateurs, permettent d'assurer que des données crédibles et fiables sur la performance des programmes soient collectées pour appuyer les évaluations. A l'appui de cette stratégie, des indicateurs de performance sont définis pour chaque bénéficiaire de fonds au titre du programme. Les bénéficiaires communiquent périodiquement ces indicateurs et à la fin du projet, rendent compte globalement des conclusions du projet d'innovation.

En ce qui concerne la programmation agroenvironnementale, s'il est difficile d'imputer des effets sur l'environnement à telle ou telle initiative d'un programme, tous les ministères participant à Cultivons l'avenir 2 élaborent ensemble des mesures de performance administratives et fondées sur les résultats de leurs programmes environnementaux. Les mesures administratives consistent dans un suivi des formations, des plans environnementaux de fermes et des pratiques de bonne gestion. Les mesures fondées sur les résultats sont plus complexes, étant donné la multitude des facteurs qui peuvent influer sur un phénomène environnemental et l'incertitude biophysique, mais sont néanmoins prises en compte par les ministères de l'agriculture au Canada.

Note

1. Pour les évaluations du BVE, voir www.agr.gc.ca/fra/a-propos-de-nous/bureaux-et-emplacements/bureau-de-la-verification-et-de-levaluation/rapports-de-verification-et-d-evaluation/rapports-d-evaluation-d-agriculture-et-agroalimentaire-canada/?id=1231274036741.

Annexe 7.A3

Centres de recherche d'AAC

Centre de recherches agroalimentaires du Pacifique : Agassiz et Summerland, Colombie britannique

Le Centre de recherches en agroalimentaires du Pacifique (CRAP) en Colombie britannique se compose de deux sites de recherches indépendants, un à Agassiz et l'autre à Summerland. La mission du Centre est d'acquérir de nouvelles connaissances et de mettre au point des technologies pour promouvoir la production durable et économiquement viable d'aliments nutritifs et de bioproduits nouveaux issus de cultures horticoles à forte valeur ajoutée Summerland héberge la collection nationale canadienne de phytovirus qui est constituée de cultures virales lyophilisées et de virus actifs contenus dans des plantes vivaces.

La majeure partie des travaux de recherche qu'il mène vise à comprendre les liens entre les aliments, la nutrition et la santé, à assurer et à protéger la production alimentaire, et à concilier les activités agricoles avec la préservation d'un environnement durable. Le Centre concentre ses activités en horticulture, principalement sur les vignes et les arbres fruitiers.

Centre de Recherches de Lacombe : Lacombe, Alberta

Les activités scientifiques et innovatrices menées au Centre de recherche de Lacombe sont axées sur l'étude de la salubrité des aliments, de la qualité des viandes rouges, de la classification des carcasses, de la sélection de céréales, de la production de fourrages et de l'élevage de bovins. Le centre est aussi chargé de mettre au point des systèmes intégrés et durables de cultures, des systèmes intégrés et durables de production de cultures, d'animaux et d'élevage d'abeilles, ainsi que des variétés de cultures adaptées d'animaux et d'élevage d'abeilles, ainsi que des variétés de cultures adaptées à cette région du Canada.

Centre de recherches de Lethbridge : Lethbridge, Alberta

Le Centre de recherches de Lethbridge (CRL) est l'un des plus grands centres de recherches exploités par Agriculture et Agroalimentaire Canada (AAC). Situé dans le sud de l'Alberta, il se spécialise dans quatre domaines :

- la science des bovins à boucherie;
- les plateformes biotechnologiques des cultures et du bétail;
- les systèmes de production durables des cultures et du bétail;
- l'incidence environnementale de l'agriculture.

Centre de recherches de Saskatoon : Saskatoon, Saskatchewan

Le Centre de recherches de Saskatoon travaille sur la production agricole des prairies, afin d'appuyer l'industrie agroalimentaire de l'Ouest canadien. C'est un important pôle pour les biotechnologies agricoles qui héberge des banques de matériel génétique végétal et animal des programmes Ressources phytogénétiques du Canada et Ressources génétiques animales qui ont la responsabilité de protéger et de conserver les collections phytogénétiques nationales.

Le Centre concentre ses efforts de recherches sur les cinq initiatives suivantes, en assurant un rôle de soutien en agronomie et agriculture nordique :

- la gestion intégrée des cultures pour les systèmes de culture durables dans les Prairies canadiennes,
- la gestion durable de la hernie du canola,
- les stratégies intégrées pour l'amélioration des cultures des oléagineux, des légumes et des plantes fourragères,
- la préservation, la caractérisation et l'utilisation des ressources génétiques,
- les bioproduits et les bioressources.

Centre de recherches sur l'agriculture des Prairies semi-arides : Swift Current, Saskatchewan

Situé à Swift Current, dans la région du sud-ouest de la Saskatchewan, le Centre de recherches sur l'agriculture des Prairies semi-arides (CRAPSA) mène d'importantes régions sur les régions de terres arides des Prairies du Canada. La région des Prairies semi-arides, où se trouve le Centre de recherche, constitue 20 % des terres arables du Canada (la zone de sol brun). Par ailleurs, les activités du Centre de recherche portent sur les zones de sol brun foncé et de mince sol noir par l'entremise du site satellite qu'est la ferme expérimentale d'Indian Head.

À l'heure actuelle, les variétés de blé développées par le CRAPSA sont cultivées sur environ 50 % des cultures de blé au Canada. Les variétés de blé dur du CRAPSA représentent 90 % des cultures canadiennes. Outre leurs importantes activités de recherche sur le blé, les chercheurs du CRAPSA s'efforcent d'approfondir notre compréhension des systèmes de culture intégrée, en particulier pour les légumineuses à grains et le fourrage, et d'établir des pratiques exemplaires destinées à améliorer les performances environnementales et la durabilité.

Centre de recherches de Brandon : Brandon, Manitoba

Les activités de recherche et de développement menées au Centre de recherches de Brandon et sur les sites satellites font appel à une expertise liée à l'agronomie, aux sols, à l'eau, aux éléments nutritifs organiques et non organiques, aux espèces envahissantes, à la gestion des parcours, à l'agroforesterie, à la gestion des ressources paysagères et à la sélection de variétés de céréales afin de mettre au point et d'évaluer des systèmes de production de culture, tout en tenant compte des risques et des débouchés dans ce secteur.

Le Centre de recherches de Brandon possède un nombre important de chambres de croissance et de serres de recherche. Ces capacités considérables lui permettent de mener des recherches sur le terrain et en laboratoire afin de mettre au point des pratiques de gestion bénéfiques (PGB) qui assureront la durabilité de l'écosystème boréale des Prairies sur le plan environnemental. Le CRB exploite un important laboratoire d'évaluation de la qualité des céréales où sont effectués des essais de qualité d'utilisation finale pour le compte des sélectionneurs de variétés céréalières et des centres de recherches sur les céréales de l'Ouest canadien.

Centre de recherches sur les céréales : Morden, Manitoba

Le Centre se consacre à la mise au point de variétés de céréales, d'oléagineux et de légumineuses de qualité supérieure et résistantes aux maladies qui réduisent au minimum les risques pour les producteurs et qui favorisent les occasions d'affaires dans les systèmes durables de production végétale

Les recherches menées au CRC se rapportent à six domaines :

- les maladies des céréales,
- le germoplasme et la génomique des céréales,

- le germoplasme de la culture du lin et des légumineuses dans la région Est des Prairies,
- l'alimentation humaine, les propriétés des aliments pour la santé et les aliments fonctionnels,
- la bioprospection à partir des bioressources : céréales, légumineuses et oléagineux,
- la recherche sur l'entreposage des grains et des produits à base de grains.

Centre de recherches du Sud sur la phytoprotection et les aliments : London, Ontario

Le Centre de recherches du Sud sur la phytoprotection et les aliments (CRSPA) mène des recherches en génomique, biotechnologies et dans le domaine de la lutte intégrée (insectes et maladies des plantes). Les scientifiques mettent au point des techniques nouvelles respectueuses de l'environnement afin d'accroître la valeur des cultures, de les protéger contre la maladie et déterminent les effets des pratiques agronomiques sur la qualité du sol et de l'eau. Le Centre compte aussi un site de recherches satellite situé sur le campus de Vineland et dans la péninsule du Niagara (Ontario). Le site de Vineland participe à la mission du centre consistant à mettre au point des technologies alternatives et acceptables pour l'environnement pour protéger les cultures. C'est également un important centre de recherche sur les arbres fruitiers.

Centre de recherches de l'Est sur les céréales et les oléagineux : Ottawa, Ontario

Le Centre de recherches de l'Est sur les céréales et les oléagineux (CRECO), situé sur le lieu historique de la Ferme expérimentale centrale est chef de file dans l'Est du Canada en matière de développement de cultures, en particulier le maïs, le soja, le blé de printemps, le blé d'hiver, l'avoine et l'orge. Le CRECO a également pour mandat national d'évaluer et d'utiliser la biodiversité et les ressources environnementales au profit de l'agriculture canadienne.

Le CRECO a également joué un rôle de pionnier dans les domaines de l'isolement des gènes, du transfert de gènes et de l'étude de l'expression génétique des plantes cultivées au cours des 25 dernières années. Il a le mandat unique de diriger les recherches biosystématiques sur les plantes vasculaires (botanique), les champignons, les bactéries et les invertébrés (insectes, arachnides et nématodes) pertinents pour l'agriculture.

En outre, quatre collections biologiques d'importance nationale se trouvent au CRECO : la Collection de plantes vasculaires; l'Herbier national de mycologie ; la Collection canadienne nationale d'insectes, d'araignées et de nématodes ; la Collection canadienne de cultures fongiques.

Centre de recherches sur les aliments de Guelph : Guelph, Ontario

Le Centre de recherches sur les aliments de Guelph est spécialisé dans la qualité et la salubrité des aliments ainsi que dans la nutrition. Les recherches menées touchent tous les aspects de la production alimentaire, du producteur au consommateur. Outre la priorité accordée à la qualité et à la salubrité des aliments, une grande partie des activités du Centre est axée sur l'examen des avantages nutritionnels et thérapeutiques des aliments conventionnels. De plus, les scientifiques mettent au point des méthodes novatrices visant à réduire les risques biologiques et chimiques d'origine alimentaire que peuvent présenter les produits agricoles, les produits à consommer en frais et les aliments transformés.

Le Centre de recherches sur les aliments de Guelph est partenaire d'un grand nombre de projets collaboratifs avec les acteurs de la filière, des groupes de producteurs et l'Université de Guelph[1] dans les domaines du développement de produits, de l'emballage, de la conservation, de la sécurité alimentaire ainsi que de l'amélioration de la qualité alimentaire et de la productivité.

Centre de recherches sur les cultures abritées et industrielles : Harrow, Ontario

Le Centre de recherches sur les cultures abritées et industrielles est l'une des plus grandes installations de recherche d'Amérique du Nord sur les cultures abritées. Sa mission est de développer et de transférer de nouvelles technologies de production et de protection en serre, notamment de cultures légumières et ornementales, ainsi que de cultures industrielles de plein champ, notamment le soja, les haricots pour consommation humaine, le maïs, le blé d'automne et les tomates.

La recherche sur la qualité et l'utilisation durable des sols de l'Ontario et sur la réduction des émissions de gaz à effet de serre et la perte d'éléments nutritifs des sols agricoles constitue également un domaine d'activité important du centre. Le Centre s'appuie également sur des experts spécialistes de sélection végétale, de physiologie et de gestion des cultures, d'entomologie, de phytopathologie, de malherbologie et de pédologie.

Centre de recherche et de développement sur le bovin laitier et le porc : Sherbrooke (Secteur de Lennoxville), Québec

Ce centre est le seul centre de recherche d'AAC spécialisé dans la recherche novatrice principalement axée sur les industries laitière et porcine du Canada. Les travaux qu'il héberge portent sur trois domaines :

- Durabilité environnementale.
- Les systèmes de production du bovin laitier et du porc.
- La santé et le bien-être du bovin laitier et du porc.

Centre de recherche et de développement sur les aliments : Saint-Hyacinthe, Québec

Le Centre de recherche et de développement sur les aliments est voué à la recherche et à la mise au point de méthodes de préservation des aliments et de maintien de leur qualité, ainsi qu'à la transformation sûre et efficace des aliments. On y mène également des recherches sur les ingrédients d'aliments qui favorisent la santé et offrent d'autres avantages, au-delà de leur valeur nutritive fondamentale.

La salubrité des aliments constitue aussi un domaine important de recherche; dans ce contexte, le Centre collabore avec la faculté de médecine vétérinaire de l'Université de Montréal et avec l'Agence canadienne d'inspection des aliments.

Par le biais du programme industriel du Centre, des usines pilotes sont louées à des entreprises agroalimentaires pour satisfaire à leurs besoins en matière de transformation des aliments et d'essais à petite échelle. Le Centre offre en outre aux professionnels de nombreux services de recherche et d'analyse de renseignements.

Centre de recherche et de développement sur les sols et les grandes cultures : Québec, Québec

Le Centre de recherche et de développement sur les sols et les grandes cultures mène des recherches sur les systèmes de production de cultures de plantes vivaces, de bioproduits, et sur la performance environnementale des cultures vivaces et à cycle court, ainsi que les systèmes de culture dans l'Est du Canada. Les recherches visent à améliorer la durabilité des systèmes de culture dans des climats froids et humides par l'élaboration de rotations favorisant l'utilisation d'espèces fourragères.

Les chercheurs travaillent en étroite collaboration avec d'autres collègues gouvernementaux et scientifiques universitaires, de même qu'avec les associations de l'industrie et de producteurs. Le centre possède un site satellite, la Ferme expérimentale de Normandin, qui participe à des recherches sur l'agriculture dans les terres nordiques.

Centre de recherche et de développement en horticulture de Saint-Jean-sur-Richelieu : Saint-Jean-sur-Richelieu, Québec

Le Centre de recherche et de développement en horticulture est spécialisé dans les cultures maraichères intensives et conduit des recherches sur la production, la protection et la conservation des cultures horticoles.

La Centre préconise l'utilisation de faibles quantités d'intrants, pour minimiser l'impact environnemental et viser à améliorer la qualité des cultures avant et après la récolte. Le centre possède du personnel spécialisé en modélisation bioclimatique des organismes nuisibles et des cultures.

Centre de recherches sur la pomme de terre : Fredericton, Nouveau Brunswick

Le Centre de recherches sur la pomme de terre élabore de nouvelles variétés, produit de nouvelles connaissances et développe de nouvelles technologies pour appuyer la mise en œuvre de systèmes de production de pommes de terre viables sur les plans économique et environnemental. Il est aussi dépositaire de la banque de gènes de pommes de terre du Canada.

Les recherches du Centre s'articulent autour de trois thèmes :

- l'amélioration du germoplasme de la pomme de terre,
- la protection des cultures,
- l'amélioration de la performance environnementale des systèmes de production de la pomme de terre.

Centre de recherches de l'Atlantique sur les aliments et l'horticulture : Kentville, Nouvelle Écosse

Le Centre de recherches de l'Atlantique sur les aliments et l'horticulture travaille sur le système alimentaire et horticole, en cherchant tout particulier à répondre aux besoins de la région Atlantique du Canada.

Les recherches ciblent l'horticulture, les aliments fonctionnels et le traitement après-récolte des produits horticoles. Le Centre soutient également la recherche en science agro-environnementale et repère les pratiques de gestion bénéfiques pour les terres agricoles à culture intensive. A la Ferme expérimentale de Nappan, située à proximité, sont menées des recherches sur la filière bœuf et les programmes de nutrition pour la région Atlantique.

Centre de recherches sur les cultures et les bestiaux : Charlottetown, Ile-du-Prince-Édouard

Le Centre de recherches sur les cultures et les bestiaux travaille sur les systèmes intégrés de cultures agricoles, la diversification agricole, le développement de produits et de procédés d'origine biologique à partir de bioressources pour les cultures actuelles et émergentes, ainsi que les stratégies et les pratiques de gestion propres à améliorer la performance environnementale des systèmes de production de la région.

Il a pour mission d'effectuer des recherches visant à améliorer la durabilité environnementale de systèmes de production végétale dans les sols fortement lixiviés et les bassins hydrographiques sensibles de la région de l'Atlantique, la diversification par la bioprospection à partir des bioressources à l'échelle régionale et nationale, de même que l'innovation dans l'agriculture primaire. Ce centre appuie en outre les recherches nationales relatives à la protection intégrées des cultures et à plusieurs programmes nationaux d'amélioration générique des cultures.

Ce centre possède deux sites satellites : la Ferme expérimentale de Harrington et l'Institut des sciences nutritionnelles et de la santé, lequel est basé sur le campus de l'Université de l'Ile-du-Prince-Édouard. Ces deux sites appuient la recherche portant sur le bien-être et la santé humains et la protection de l'approvisionnement alimentaire.

Centre de recherche de l'Atlantique sur les cultures de climat frais : St. John's, Terre-Neuve et Labrador

Ce Centre étudie les cultures et les systèmes culturaux qui peuvent s'accommoder de l'écosystème boréal (parfois appelé bouclier boréal). Les pratiques agricoles utilisées dans cette zone aux caractéristiques singulières diffèrent de celles employées dans les zones agricoles classiques du Canada en raison de ses étés frais (la température moyenne n'est que de 13°C seulement). La zone boréale comprend diverses autres zones agroclimatiques, qu'il s'agisse du climat maritime de Terre-Neuve et Labrador ou encore des régions humides du sud des Prairies. Toutefois, en raison de la latitude élevée, des sols pierreux et des étés frais de Terre-Neuve et Labrador, le Centre est particulièrement bien placé pour diriger des travaux de recherche axés sur les cultures nordiques et boréales.

Le Centre cible l'agriculture primaire axée sur les petits fruits qui convient à la production de l'écosystème boréal, ainsi que les cultures fourragères et céréalières nécessaires à la chaîne de valeur de la filière lait de la région. Des recherches sont aussi réalisées sur la protection de l'environnement, en cherchant à rendre les systèmes de production agricole plus performants dans un environnement boréal fragile.

Note

1. www.uoguelph.ca/.

Annexe 7.A4

Liste des programmes provinciaux et territoriaux en faveur de l'amélioration des compétences commerciales et de gestion dans l'agriculture

Cette liste inclut les programmes à frais partagés mis en œuvre dans le cadre d'action Cultivons l'avenir.

Colombie britannique

- *Site Internet SmartFarm BC* : ce site aide les agriculteurs à se former et à mettre en œuvre les pratiques les plus adaptées pour faire grandir leur activité. Le site dispose également de ressources pour les nouveaux entrants et les agriculteurs en transition.

Manitoba

- *Initiative Pont entre les générations :* cette initiative propose des incitations financières, et des programmes de formation, et offre des conditions personnalisées de paiement aux jeunes agriculteurs.
- *Ressources pour planifier les successions :* le site web des initiatives agricoles et rurales du Manitoba permet d'accéder à un certain nombre de ressources liées à la planification des reprises d'exploitations.

Ontario

- *Renforcement des capacités et aide financière aux producteurs* : ce programme apporte une aide financière aux producteurs qui souhaitent améliorer leurs connaissances et leurs compétences de façon à gérer leur exploitation de façon efficace. Ils peuvent participer à des formations initiales et continues pour se former aux meilleures pratiques de gestion, mais aussi aux outils de gestion.
- *Ressources sur la relève agricole et le démarrage d'une exploitation* : le ministère de l'Agriculture, de l'alimentation et des affaires rurales de l'Ontario a créé un site Internet offrant des sources d'information sur la planification de la transmission de l'exploitation (relève agricole).

Québec

- *Appui au développement des entreprises agricoles* : ce programme vise à aider les producteurs agricoles à pratiquer une gestion intégrée de leur activité et à assurer la pérennité et la compétitivité de l'agriculture. Le programme a quatre composantes : 1) accueil et référencement ; 2) services-conseils aux entreprises agricoles ; 3) meilleures pratiques à la ferme ; 4) développement des connaissances et de l'expertise.
- *Ressources sur la relève agricole et le démarrage d'une exploitation :* le site Internet du ministère de l'Agriculture, des Pêcheries et de l'Alimentation propose des sources d'information sur ces questions.

Nouveau-Brunswick

- ***Choisir l'agriculture*** : ce programme vise à promouvoir le secteur agricole et à en défendre l'image d'une activité qui offre un mode de vie sain auprès de jeunes exploitants et du grand public. Il servira aussi à appuyer les initiatives de formation auprès des jeunes dans l'agriculture au cours des premières années, cruciales, de leur établissement.

- ***Programme de développement des compétences en gestion*** : ce programme vise à renforcer la capacité des demandeurs admissibles à mieux comprendre et gérer leur entreprise sur le plan financier et technique. Il se compose notamment des éléments suivants :

  – ***Auto-évaluation et plan d'action en gestion d'entreprise*** : il s'agit d'inciter les agriculteurs à évaluer leurs pratiques et compétences en matière de gestion, à déterminer leurs priorités et objectifs, et à élaborer et mettre en œuvre des plans d'action agricoles ;

  – ***Planification*** : ce programme aide les demandeurs à concevoir et à mettre en œuvre des plans ou des analyses bien définis pour leur entreprise. Il peut s'agir, entre autres, de plans d'activité, de commercialisation, de gestion des ressources humaines, de diversification, de production à valeur ajoutée, ou de transmission ;

  – ***Formation individuelle*** : aide à la formation agricole stratégique, au développement de compétences techniques, au marketing, à la gestion des ressources humaines et aux initiatives de développement de l'activité ;

  – ***Analyse comparative***: soutien à l'élaboration d'activités d'analyse du coût de production et d'analyse comparative ;

  – ***Planification et formation de groupe*** : ce dispositif aide les groupes et les associations de producteurs agricoles à élaborer des orientations stratégiques pour leur organisation et à acquérir les compétences et la formation nécessaires pour une direction réussie de leur organisation.

Île-du-Prince-Édouard

- ***Programme de développement des entreprises*** : ce programme propose aux agriculteurs des formations professionnelles, une évaluation de leurs pratiques professionnelles et une aide à la planification de leur activité. Ces initiatives doivent renforcer la capacité des producteurs à réagir au changement et faciliter l'élaboration de pratiques professionnelles solides. Les sous-programmes sont les suivants :

  – planification : ce programme aide les producteurs à gérer la transition, à réagir au changement et à adopter des innovations. Cette assistance prend la forme de services de conseil qui aident à effectuer des projections sur leurs plans d'action, à élaborer des plans d'activité, des plans stratégiques, à prévoir la transmission et à réaliser des études de faisabilité ;

  – auto-évaluation : ce dispositif aide les producteurs à évaluer leurs pratiques et leurs compétences pour ce qui touche à la gestion de l'exploitation, mais aussi à s'appuyer sur les points forts qu'ils ont identifiés, puis à élaborer et à mettre en œuvre des pratiques saines de gestion et des plans d'action ;

  – compétences agricoles : ce programme permet aux producteurs et à leurs conjoints d'accéder à des formations professionnelles susceptibles d'accroître la rentabilité de l'exploitation et permet aux familles de prévoir les risques liés à l'activité et d'adopter de nouvelles techniques agricoles en toute connaissance de cause ;

  – formation : ce dispositif incite les producteurs à explorer, comprendre et utiliser des pratiques professionnelles améliorées dans leurs prises de décision. Les organisations professionnelles et les regroupements d'agriculteurs peuvent bénéficier d'une aide représentant 90 % des dépenses admissibles plafonnée à 30 000 CAD par projet.

- référenciation et gestion du risque : ce programme aide les agriculteurs à mieux comprendre leur situation financière, à connaître leurs coûts de production et à définir des points de référence concernant les performances de leur exploitation. En outre, il améliore leur capacité à réagir au changement et à prendre des mesures globales de gestion du risque dans leurs activités.

Saskatchewan

- *Agriculture Awareness Initiative :* l'Initiative de sensibilisation à l'agriculture a pour objet de financer des actions qui mettent en valeur les métiers agricoles et d'améliorer la perception qu'a le grand public de l'agriculture et de son rôle dans l'économie.
- *Programme de démonstration de pratiques et de technologies en agriculture (ADOPT) :* le programme ADOPT accélère le transfert de connaissances vers les agriculteurs et les éleveurs de la Saskatchewan. Le financement ainsi proposé aide les groupes de producteurs à évaluer et à réaliser localement des démonstrations de nouvelles pratiques et techniques agricoles.
- *Agri-ARM :* le programme Agri-ARM relie huit sites régionaux de recherche appliquée et de démonstration dans un réseau unique à l'échelle de la province. Un groupe de producteurs est affilié à chaque site et en définit les priorités en matière de recherche.
- *Agriculture Knowledge Centre :* le centre sur les connaissances agricoles apporte les dernières réponses en date à des questions sur des thèmes aussi divers que les plantes de culture, le bétail, la gestion des éléments nutritifs ou les conséquences économiques des décisions de gestion.
- ***Farm Business Development Initiative :*** l'initiative de développement de l'activité des exploitations aide les agriculteurs à élaborer des plans d'activité et à améliorer leurs compétences professionnelles dans neuf domaines pratiques : stratégie de l'entreprise, marketing, économie de la production, ressources humaines, finance, environnement, transmission de l'exploitation, structure de l'activité et gestion du risque.
- ***Green Certificate Farm Training Program:*** en collaboration avec les branches d'activité concernées, la Direction des services régionaux du ministère de l'Agriculture de la Saskatchewan gère un programme de formation professionnelle sur l'exploitation de type apprentissage. Les stagiaires peuvent se former dans un ou plusieurs secteurs de l'agriculture, notamment dans l'engraissement, le naissage, les produits laitiers, les ovins ou la production végétale avec ou sans irrigation. Deux niveaux de formation sont disponibles dans chaque domaine et débouchent sur une certification de technicien ou de surveillant de la production.

Annexe 7.A5

Indicateurs des résultats de la R-D

Graphique 7.A5.1. Demandes de brevets agricoles répertoriés dans le Traité de coopération en matière de brevets (PCT), 2006-11

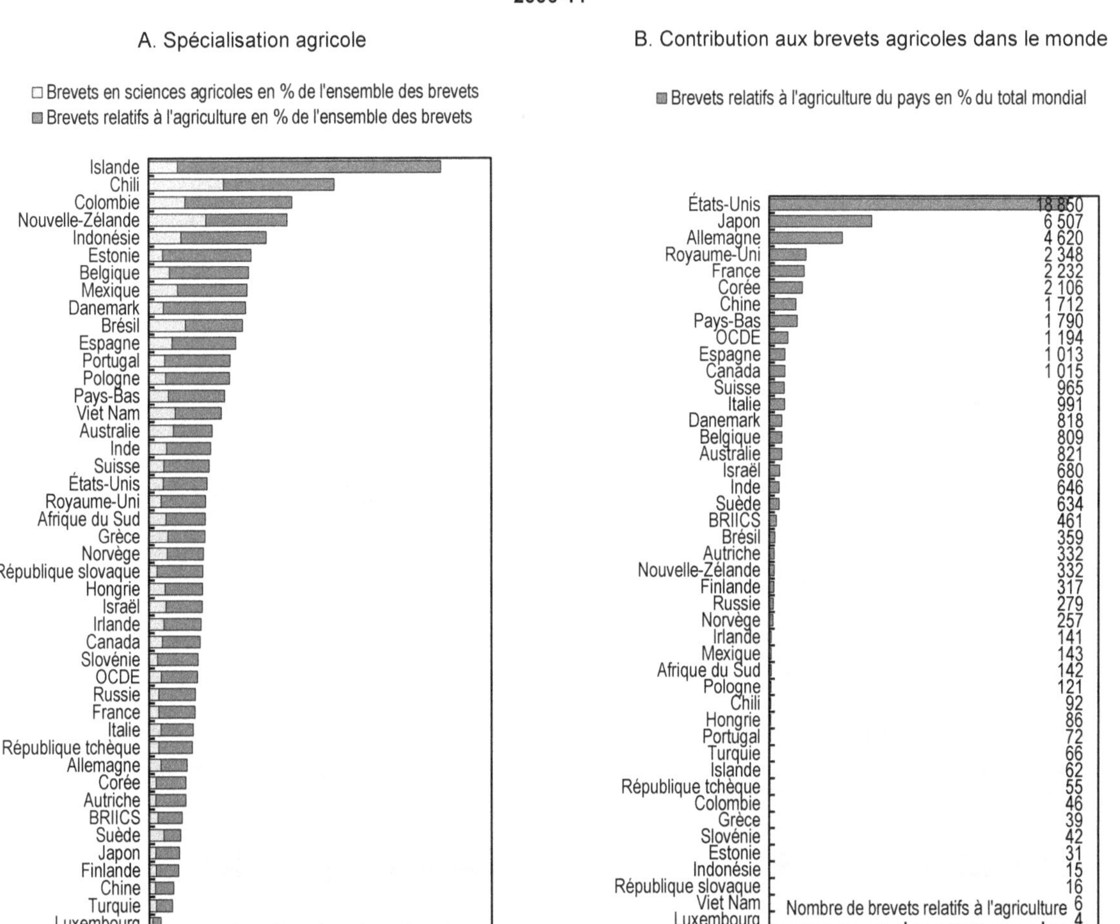

Les brevets agricoles recouvrent les catégories IPC A01, A21, A22, A23, A24, B21H 7/00, B21K 19/00, B62C, B65B 25/02, B66C 23/44, C08b, C11, C12, C13, C09K 101/00, E02B 11/00, E04H 5/08, E04H 7/22 et G06Q 50/02.

Le nombre de brevets est calculé à partir de la date de dépôt (de la première demande de brevet mondial) et du pays de résidence de l'inventeur, avec des comptages partiels.

Source : Base de données de l'OCDE sur les brevets, janvier 2014.

StatLink http://dx.doi.org/10.1787/888933290520

Graphique 7.A5.2. Brevets agricoles avec un co-inventeur étranger répertoriés dans le Traité de coopération en matière de brevets (PCT), 2006-11

A. Coopération dans l'agriculture

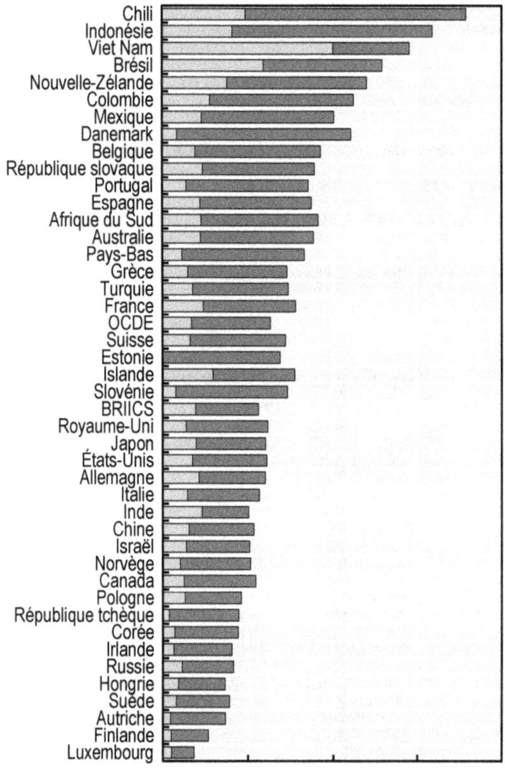

B. Contribution aux brevets agricoles dans le monde

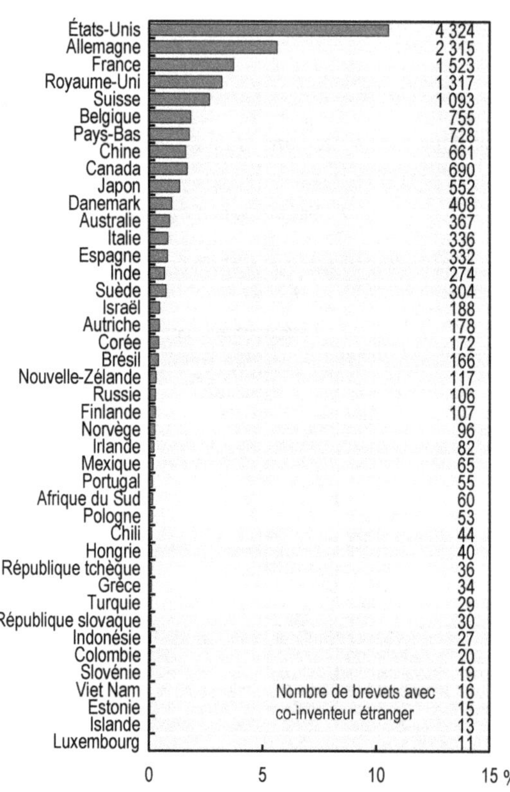

Les brevets agricoles recouvrent les catégories IPC A01, A21, A22, A23, A24, B21H 7/00, B21K 19/00, B62C, B65B 25/02, B66C 23/44, C08b, C11, C12, C13, C09K 101/00, E02B 11/00, E04H 5/08, E04H 7/22 et G06Q 50/02.

Le nombre de brevets est calculé à partir de la date de dépôt (de la première demande de brevet mondial) et du pays de résidence de l'inventeur, avec des comptages partiels. Les totaux pour l'UE28 et les BRIICS excluent les travaux en collaboration à l'intérieur de ces zones.

Source : Base de données de l'OCDE sur les brevets, janvier 2014.

StatLink http://dx.doi.org/10.1787/888933290534

Graphique 7.A5.3. Publications dans le domaine de l'agriculture, 2007-12

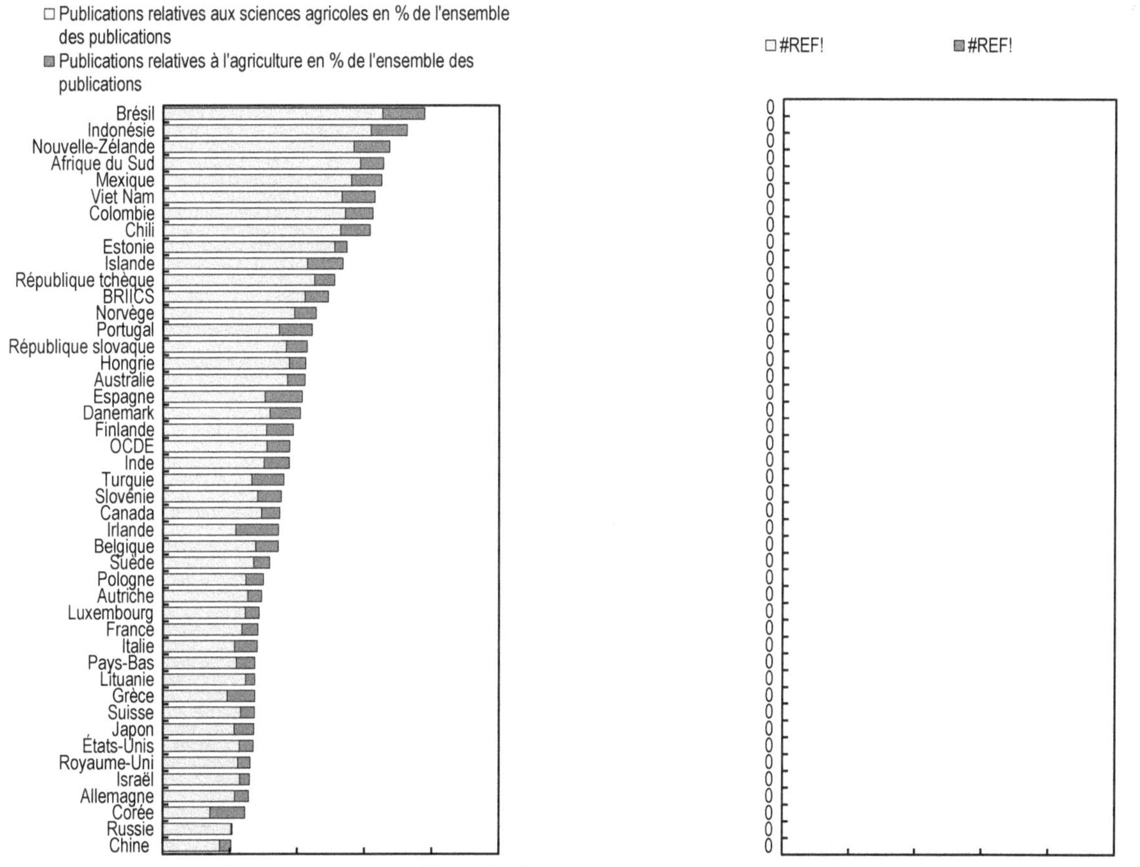

Les sciences agricoles recouvrent les catégories utilisées dans la classification Scopus de revues, à savoir agronomie et science des plantes cultivées, zootechnique et zoologie, sciences aquatiques, systématique de l'écologie, de l'évolution et du comportement, sylviculture, horticulture, entomologie, botanique et pédologie, et disciplines diverses de l'agriculture et de la biologie.

Les publications relatives à l'agriculture incluent aussi les sciences relatives à la production des aliments.

Source : SCImago. (2007). SJR — SCImago Journal & Country Rank. Extraction du 19 mars 2014, www.scimagojr.com.

StatLink http://dx.doi.org/10.1787/888933290542

Graphique 7. 7.A5.4. Citations dans le domaine de l'agriculture, 2007-12

A. Spécialisation agricole

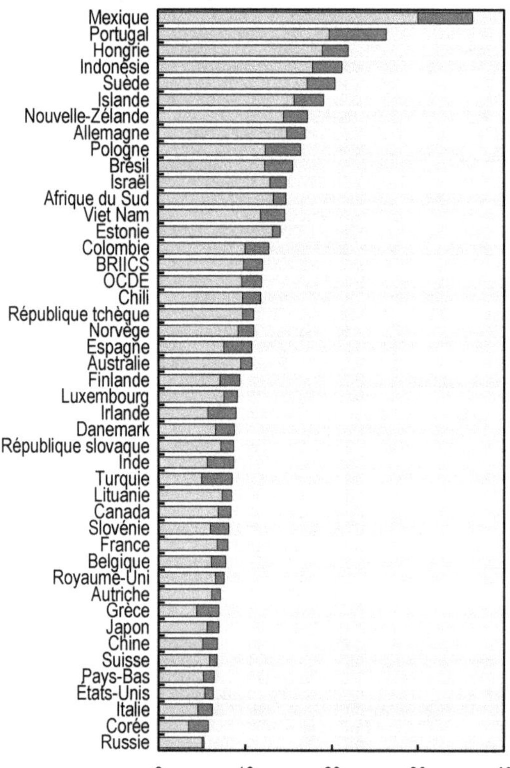

B. Contribution aux citations relatives à l'agriculture dans le monde

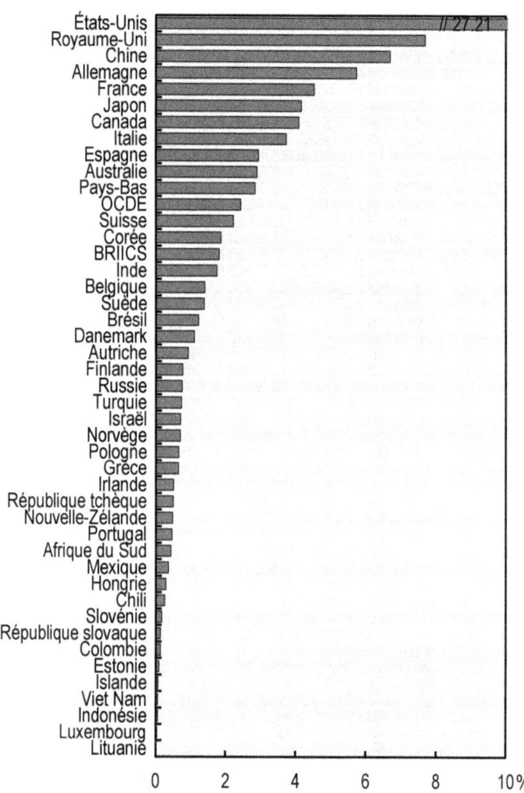

Les sciences agricoles recouvrent les catégories utilisées dans la classification Scopus de revues, à savoir agronomie et science des plantes cultivées, zootechnique et zoologie, sciences aquatiques, systématique de l'écologie, de l'évolution et du comportement, sylviculture, horticulture, entomologie, botanique et pédologie, et disciplines diverses de l'agriculture et de la biologie.

Les publications relatives à l'agriculture incluent aussi les sciences relatives à la production des aliments.

Source : SCImago. (2007). SJR — SCImago Journal & Country Rank. Extraction du 19 mars 2014, www.scimagojr.com.

StatLink http://dx.doi.org/10.1787/888933290550

Graphique 7.A5.5. Collaboration internationale, 2007-12

Pourcentage de documents rédigés en collaboration dans des pays étrangers

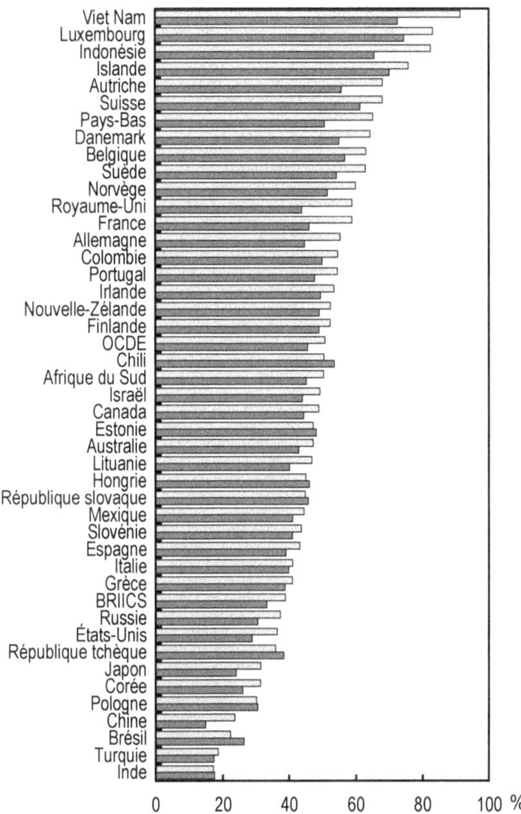

Les sciences agricoles recouvrent les catégories utilisées dans la classification Scopus de revues, à savoir agronomie et science des plantes cultivées, zootechnique et zoologie, sciences aquatiques, systématique de l'écologie, de l'évolution et du comportement, sylviculture, horticulture, entomologie, botanique et pédologie, et disciplines diverses de l'agriculture et de la biologie.

Source : SCImago. (2007). SJR — SCImago Journal & Country Rank. Extraction du 19 mars 2014, www.scimagojr.com.

StatLink http://dx.doi.org/10.1787/888933290569

ORGANISATION DE COOPÉRATION ET DE DÉVELOPPEMENT ÉCONOMIQUES

L'OCDE est un forum unique en son genre où les gouvernements oeuvrent ensemble pour relever les défis économiques, sociaux et environnementaux que pose la mondialisation. L'OCDE est aussi à l'avant-garde des efforts entrepris pour comprendre les évolutions du monde actuel et les préoccupations qu'elles font naître. Elle aide les gouvernements à faire face à des situations nouvelles en examinant des thèmes tels que le gouvernement d'entreprise, l'économie de l'information et les défis posés par le vieillissement de la population. L'Organisation offre aux gouvernements un cadre leur permettant de comparer leurs expériences en matière de politiques, de chercher des réponses à des problèmes communs, d'identifier les bonnes pratiques et de travailler à la coordination des politiques nationales et internationales.

Les pays membres de l'OCDE sont : l'Allemagne, l'Australie, l'Autriche, la Belgique, le Canada, le Chili, la Corée, le Danemark, l'Espagne, l'Estonie, les États-Unis, la Finlande, la France, la Grèce, la Hongrie, l'Irlande, l'Islande, Israël, l'Italie, le Japon, le Luxembourg, le Mexique, la Norvège, la Nouvelle-Zélande, les Pays-Bas, la Pologne, le Portugal, la République slovaque, la République tchèque, le Royaume-Uni, la Slovénie, la Suède, la Suisse et la Turquie. La Commission européenne participe aux travaux de l'OCDE.

Les Éditions OCDE assurent une large diffusion aux travaux de l'Organisation. Ces derniers comprennent les résultats de l'activité de collecte de statistiques, les travaux de recherche menés sur des questions économiques, sociales et environnementales, ainsi que les conventions, les principes directeurs et les modèles développés par les pays membres.

ÉDITIONS OCDE, 2, rue André-Pascal, 75775 PARIS CEDEX 16
(51 2015 15 2 P) ISBN 978-92-64-23862-6 – 2015

www.ingramcontent.com/pod-product-compliance
Lightning Source LLC
LaVergne TN
LVHW081402110826
845149LV00010B/1643

* 9 7 8 9 2 6 4 2 3 8 6 2 6 *